Erwin Hake · Konstantin Meskouris

# Statik der Flächentragwerke

D1717914

Erwin Hake · Konstantin Meskouris

# Statik der Flächentragwerke

Einführung
mit vielen durchgerechneten Beispielen

2., korrigierte Auflage

Mit 220 Abbildungen

Springer

Dr.-Ing. Erwin Hake
*hake@baustatik.rwth-aachen.de*

Prof. Dr.-Ing. Konstantin Meskouris
*kmeskou@lbb.rwth-aachen.de*

RWTH Aachen
Lehrstuhl für Baustatik und Baudynamik
Mies-van-der-Rohe-Str. 1
52074 Aachen
Germany

Bibliografische Information der Deutschen Nationalbibliothek
Die Deutsche Nationalbibliothek verzeichnet diese Publikation in der Deutschen Nationalbibliografie;
detaillierte bibliografische Daten sind im Internet über http://dnb.d-nb.de abrufbar.

ISBN  978-3-540-72623-4  2. Auflage Springer Berlin Heidelberg New York
ISBN  978-3-540-41997-6  1. Auflage Springer Berlin Heidelberg New York

Springer ist ein Unternehmen von Springer Science+Business Media

springer.de

© Springer-Verlag Berlin Heidelberg 2001, 2007

Satz: Digitale Vorlagen der Autoren
Herstellung: LE-TeX Jelonek, Schmidt & Vöckler GbR, Leipzig
Einbandgestaltung: WMXDesign, Heidelberg

Gedruckt auf säurefreiem Papier    68/3180/YL – 5 4 3 2 1 0

# Vorwort

Das vorliegende Lehrbuch ist aus dem Manuskript der Lehrveranstaltung „Statik der Flächentragwerke" an der RWTH Aachen entstanden. Es behandelt die klassischen Methoden zur Berechnung zweidimensionaler Tragelemente und beschränkt sich dementsprechend auf Verfahren für die Handrechnung sowie auf geometrisch und physikalisch lineare Aufgaben der Scheiben-, Platten- und Schalentheorie. Letztere bezieht sich als Folge einer notwendigen Begrenzung des Stoffumfangs nur auf rotationssymmetrische Probleme. Ein häufig verwendetes Konstruktionselement bei zusammengesetzten Flächentragwerken ist der stabförmige Kreisring. Ihm wird ein eigenes Kapitel gewidmet.

Zur analytischen Herleitung der benötigten Gleichungen wird unter Voraussetzung baustatischer Grundkenntnisse jeweils ein möglichst anschaulicher und mathematisch einfacher Zugang gewählt. Der gesamte Lehrstoff und die behandelten Verfahren werden mit - meist praxisbezogenen - Beispielen belegt. Übliche Idealisierungen, gebräuchliche Näherungen und Bezüge zu den geltenden Bauvorschriften werden deutlich hervorgehoben. Ausführliche Formel- und Zahlentabellen für vierseitig gelagerte Rechteckplatten sowie für rotationssymmetrische Scheiben, Platten, Ringe, Zylinder-, Kugel- und Kegelschalen sollen die praktische Anwendung der Ergebnisse erleichtern.

Dem Buch ist eine CD-ROM beigefügt, die auf den behandelten Verfahren basierende Programme für drei- und vierseitig gelenkig gelagerte Rechteckplatten sowie für rotationssymmetrische Platten und Schalen enthält. Damit wird der Lehrbuchcharakter in Richtung auf die Praxis hin erweitert und Handwerkszeug sowohl für die Aufstellung von Berechnungen als auch für Kontrollen anderweitiger Computerergebnisse zur Verfügung gestellt.

Besonderer Wunsch der Verfasser ist es, dem Leser ein gesundes statisches Gefühl für die Beanspruchungen, die Lastabtragung und den Wirkungsmechanismus von Flächentragwerken, eingeschlossen die Lastfälle Vorspannung und Temperatur, zu vermitteln. Hierzu soll auch eine Vielzahl von Berechnungsbeispielen aus Scheiben, Platten, Ringen und Schalen zusammengesetzter, rotationssymmetrischer Flächentragwerke dienen.

Die Autoren danken Frau Anke Madej für die druckreife Erstellung des Manuskripts sowie Frau cand. ing. Katrin Bolender, Herrn Dipl.-Ing. Sam-Young Noh, Herrn cand. ing. Philippe Renault, Herrn Dipl.-Ing. Hamid Sadegh-Azar und Herrn Dipl.-Ing. Rocco Wagner für die Programmierung und die Arbeit an der CD-ROM. Dem Verlag gebührt Dank für die gediegene Ausstattung des Buches.

Aachen, Juli 2001              Erwin Hake              Konstantin  Meskouris

# Inhaltsverzeichnis

# 1 Einleitung

Die in diesem Buch behandelten Elemente der Flächentragwerke sollen im folgenden kurz vorgestellt und beschrieben werden. Dabei wird zur Veranschaulichung der zweiachsigen Beanspruchung vom eindimensionalen Stab mit Querdehnung ausgegangen.

## 1.1
## Der ein- und der zweiachsige Spannungszustand

Stabtragwerke setzen sich aus eindimensionalen Elementen zusammen, bei denen zwei der drei Abmessungen klein sind gegenüber der dritten, der Länge. Abgesehen von Schubspannungen, die bei der Berechnung der Schnittgrößen und Verformungen des Systems keine Rolle spielen, treten nur Längsspannungen $\sigma_x$ auf. Diese verursachen Dehnungen in allen drei Richtungen.

Im dreidimensionalen kartesischen Koordinatensystem x,y,z lautet das HOOKEsche Gesetz, das den Zusammenhang zwischen den Dehnungen $\varepsilon$ und den Spannungen $\sigma$ beschreibt,

$$\varepsilon_x = \frac{1}{E}\left(\sigma_x - \mu\sigma_y - \mu\sigma_z\right),$$

$$\varepsilon_y = \frac{1}{E}\left(-\mu\sigma_x + \sigma_y - \mu\sigma_z\right), \qquad (1.1.1)$$

$$\varepsilon_z = \frac{1}{E}\left(-\mu\sigma_x - \mu\sigma_y + \sigma_z\right).$$

Darin werden der Elastizitätsmodul E und die Querdehnzahl $\mu$ als konstant angesehen, so daß (1.1.1) eine lineare Beziehung darstellt.

Für den eindimensionalen Spannungszustand mit $\sigma_y = \sigma_z = 0$ erhält man aus (1.1.1)

$$\varepsilon_x = \frac{1}{E}\sigma_x \; ; \quad \varepsilon_y = \varepsilon_z = -\frac{1}{E}\mu\sigma_x . \qquad (1.1.2)$$

In Bild 1.1-1 sind diese Zusammenhänge für einen zentrisch beanspruchten Stab dargestellt.

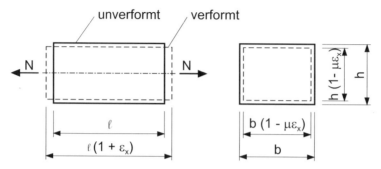

**Bild 1.1-1:**    Stab mit zentrischer Normalkraft

Die Querdehnungen $\varepsilon_y$ und $\varepsilon_z$ des Stabes wirken sich nicht auf die Spannungen aus, da der Querschnitt nicht an einer Verformung in seiner Ebene behindert wird und sich die Querschnittsfläche nur so geringfügig verändert, daß dies unberücksichtigt bleiben darf.

Anders ist das im zweiachsigen Spannungszustand, wie er in dünnen Flächentragwerken herrscht. Hier kann die senkrecht zur Fläche des Tragwerkteils, z.B. einer Platte, wirkende Spannung wegen Geringfügigkeit vernachlässigt werden. Es gilt also $\sigma_z = 0$, während die anderen beiden Spannungen nicht verschwinden. Aus (1.1.1) ergibt sich dann für die Dehnungen

$$\varepsilon_x = \frac{1}{E}\left(\sigma_x - \mu\sigma_y\right),$$

$$\varepsilon_y = \frac{1}{E}\left(\sigma_y - \mu\sigma_x\right). \tag{1.1.3}$$

Löst man diese Beziehungen nach den Spannungen auf, so folgt

$$\sigma_x = \frac{E}{1-\mu^2}\left(\varepsilon_x + \mu\varepsilon_y\right),$$

$$\sigma_y = \frac{E}{1-\mu^2}\left(\varepsilon_y + \mu\varepsilon_x\right). \tag{1.1.4}$$

Man erkennt, daß eine einzelne Spannung Dehnungen in beiden Richtungen der Tragwerksfläche erzeugt und umgekehrt. In einem ebenen Flächenträger, den man sich aus vielen, eng nebeneinander liegenden, schmalen Stäben zusammengesetzt denken kann, entstehen also im allgemeinen infolge einer einachsigen Beanspruchung in der Ebene Spannungen in beiden Richtungen.

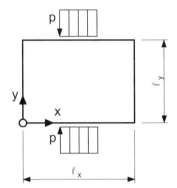

**Bild 1.1-2:**    Dünne Rechteckscheibe mit Belastung in ihrer Ebene

In Bild 1.1-2 ist hierfür ein Beispiel dargestellt. In der gesamten Scheibe treten Spannungen $\sigma_x$, $\sigma_y$ und $\tau_{xy}$ auf, weil die im Lastbereich in y-Richtung verlaufenden Fasern durch die außerhalb liegenden Scheibenbereiche in ihrer Längsverformung behindert werden.

Eine entsprechende Folgerung ergibt sich aus (1.1.2) für biegebeanspruchte Bauteile. Dies soll anhand von Bild 1.1-3 erläutert werden.

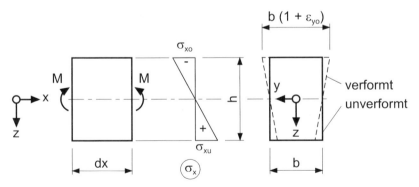

**Bild 1.1-3:**    Stab mit einachsiger Biegung

Der ursprünglich rechteckige Querschnitt des Stabes verformt sich infolge der Biegespannungen zu einem Trapez, was keine weitere Bedeutung hat, da sich der Stab seitlich frei verformen kann. Bei einer Platte, die praktisch aus vielen solchen, eng nebeneinander liegenden und miteinander in Querrichtung verbundenen Balken besteht, werden die Querverformungen jedoch behindert. Auch bei einachsiger Lastabtragung entstehen Biegemomente in beiden Richtungen.

## 1.2
## Scheiben

Als Scheiben werden ebene Flächenträger bezeichnet, die nur in ihrer Ebene belastet sind. In Bild 2-1 ist eine Scheibe in Form eines wandartigen Trägers als Beispiel dargestellt. In der Scheibe herrscht ein ebener Spannungszustand.

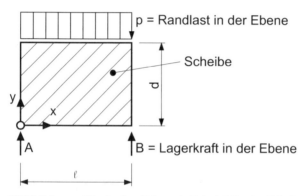

**Bild 1.2-1:**    Wandartiger Träger als Beispiel für eine Scheibe

Wie später gezeigt wird, dürfen bei hohen Trägern (z.B. bei $d > \ell/2$) die Schubverformungen nicht gegenüber den Dehnungen vernachlässigt werden, so daß die Hypothese von BERNOULLI über das Ebenbleiben der Querschnitte nicht anwendbar ist. Deshalb gilt hier auch nicht die technische Biegelehre, nach der die Biegespannungen im Balken linear verlaufen (NAVIERsches Geradliniengesetz).

Die mathematische Behandlung der Scheiben erfolgt in Kapitel 2 und führt auf die homogene, partielle, lineare Differentialgleichung 4. Ordnung, die sogenannte Scheibengleichung

$$\Delta\Delta F = F'''' + 2F''^{\cdot\cdot} + F^{\cdots} = 0, \qquad (1.2.1)$$

worin F eine Spannungsfunktion darstellt, aus der man durch zweimalige Differentiation die Spannungen $\sigma_x$, $\sigma_y$ und $\tau_{xy}$ als Funktionen von x und y erhält.

Die Scheibengleichung gilt unabhängig von der Form der Scheibe, ihrer Belastung und ihren Lagerungsbedingungen.

Wichtigste Anwendungsfälle der Scheibentheorie in der Praxis sind Kreis- und Kreisringscheiben, wandartige Träger und Krafteinleitungsprobleme, z. B. bei Spanngliedankern und Auflagern.

# 1.3
# Platten

Platten stellen ebenso wie Scheiben ebene Flächenträger dar, sind jedoch im Unterschied zu diesen nur durch Einflüsse beansprucht, die eine Verbiegung der Systemebene bewirken. Außer Lasten lotrecht zur Systemebene kommen hierfür Stützensenkungen, Temperaturunterschiede zwischen Unter- und Oberkante sowie exzentrische Vorspannungen infrage.

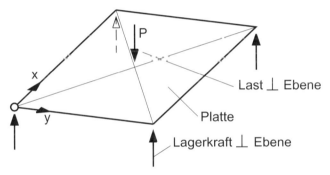

**Bild 1.3-1:**    Beispiel für eine belastete Platte

In Bild 1.3-1 ist als Beispiel eine Rechteckplatte mit Einzellast dargestellt. Alle Lasten und Lagerkräfte wirken lotrecht zur unverformten Plattenebene.

In Kapitel 3 wird das Problem mathematisch behandelt. Dabei ergibt sich die partielle, lineare Differentialgleichung 4. Ordnung, die sogenannte Plattengleichung

$$\Delta\Delta w = w'''' + 2w''^{\cdot\cdot} + w^{\cdot\cdot\cdot\cdot} = p / K \qquad (1.3.1)$$

mit    $w =$    $w(x,y) =$    Funktion der Biegefläche

$p =$    $p(x,y) =$    Flächenlast $\perp$ Platte

$K =$    $f(E,\mu,h) =$    Plattensteifigkeit

$h =$    Plattendicke.

Die Plattengleichung gilt für Platten unabhängig von der Berandungsform und der Lagerung.

Nach Lösung der Differentialgleichung unter Berücksichtigung der vorgegebenen Randbedingungen erhält man die Biegemomente und Querkräfte durch zwei- bzw. dreimalige Differentiation der Funktion w(x,y).

Außer Rechteckplatten werden in Kapitel 3 Kreis- und Kreisringplatten sowie orthogonale Mehrfeldplatten behandelt.

## 1.4
## Faltwerke ~komb. Scheibe / Platte

Faltwerke stellen eine Kombination aus Scheiben und Platten dar, wobei die einzelnen ebenen Teile des Faltwerks gleichzeitig sowohl in ihrer Ebene als auch auf Biegung mit Querkraft beansprucht werden.

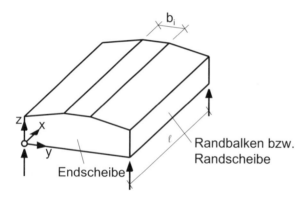

**Bild 1.4-1:**    Hallendach als Beispiel für ein Faltwerk

Bild 1.4-1 zeigt als Beispiel ein Hallendach. Falls bei diesem für alle in Längsrichtung verlaufenden Elemente $\ell > 2b_i$ gilt, ist auf der Grundlage des NAVIERschen Geradliniengesetzes eine Berechnung mit Hilfe der sogenannten Dreischübegleichung (analog der Dreimomentengleichung der Stabstatik) möglich. Jede Dreischübegleichung stellt die Formänderungsbedingung in Längsrichtung für die betreffende Kante dar. Unbekannte sind dabei die Schubkräfte längs der Kanten, für die ein cosinusförmiger Verlauf angenommen wird (siehe Bild 1.4-2), so daß die Momente in Längsrichtung und die Biegelinie sinusförmig verlaufen. Die Lastfunktion ist hierfür als FOURIER-Reihe anzusetzen.

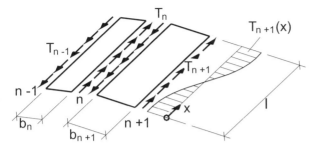

**Bild 1.4-2:**    Ansatz von Schubkräften an den Faltwerkskanten als statisch Unbestimmte

In diesem Buch werden die Faltwerke nicht weiter behandelt. Für die Praxis spielen sie außer bei Dächern auch z.B. bei Silotrichtern eine wichtige Rolle.

# 1.5
# Schalen

## 1.5.1
## Standardformen

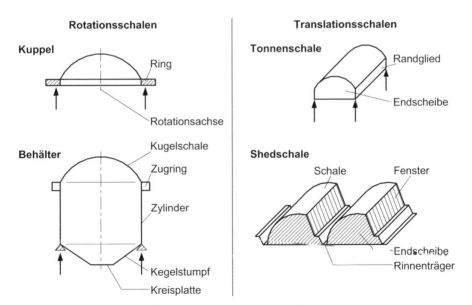

**Bild 1.5-1:**    Beispiele für Rotations- und Translationsschalen

Schalen weisen eine einfach oder doppelt gekrümmte Mittelfläche auf. Als Standardformen sind Rotations- und Translationsschalen zu unterscheiden (siehe Bild 1.5-1).

Im Rahmen dieses Buches werden nur Rotationsschalen behandelt, d.h. weder Translationsschalen noch Schalen mit allgemeiner Form. Des weiteren wird im folgenden eine rotationssymmetrische Belastung vorausgesetzt.

## 1.5.2
## Spannungszustände in Schalen

Schalen sollen ihre Lasten im wesentlichen durch Normalkräfte, d.h. ohne Biegung und Querkräfte, abtragen. Man spricht dann von einem Membranzustand, der wirtschaftlich günstiger ist als ein Biegezustand, da alle Fasern eines Querschnittes gleich ausgenutzt werden können.

Ein Membranzustand ist nur unter mehreren Bedingungen möglich, deren wichtigste sind, daß keine unstetigen Lasten und keine Randzwängungen auftreten. Die Schale muß also, um den Membranzustand nicht zu stören, momentenfrei und mit tangentialer Lasteinleitung gelagert sein. Bild 1.5-2 zeigt hierfür ein Beispiel, wobei die Auflagerkraft im Membranzustand mit A° bezeichnet ist.

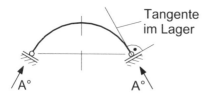

**Bild 1.5-2:**    Membranlagerung einer Rotationsschale

In rotationssymmetrisch beanspruchten Rotationsschalen setzt sich der Membranzustand in der Schalenfläche aus den Meridiankräften in Richtung der Erzeugenden und den Ringkräften in Umfangsrichtung zusammen. Beide Kräfte ergeben sich allein aus den Gleichgewichtsbedingungen (siehe Kapitel 5).

Bei Randbehinderung und bei Abweichungen von der Membranlagerung, wie sie beispielsweise in Bild 1.5-3 gezeigt werden, entstehen aus den Lagerreaktionen R = Radialkraft [kN/m] und M = Einspannmoment [kNm/m] in der Schale Querkräfte und Biegemomente, die Randstörungen genannt werden.

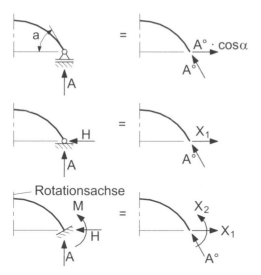

**Bild 1.5-3:**     Beispiele für Lagerungen, die Randstörungen verursachen

Die Randstörungen klingen in der Regel schnell ab (siehe Bild 1.5-4).

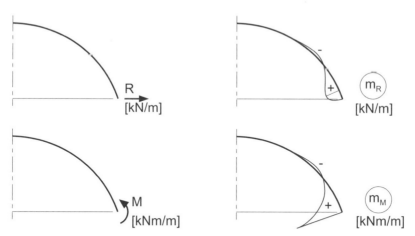

**Bild 1.5-4:**     Verlauf der Meridianmomente in einer dünnen Rotationsschale infolge der Randstörungen R und M

Die Berechnung des Biegezustands von Rotationsschalen erfolgt mit Hilfe von Differentialgleichungen 4. Ordnung unter Berücksichtigung der geometrischen Verträglichkeit (siehe Kapitel 5).

### 1.5.3
### Verknüpfung mehrerer Rotationsschalen

Wie z. B. aus Bild 1.5-1 zu ersehen ist, kommen in der Praxis ausschließlich zusammengesetzte Schalen vor, wobei oft Kombinationen von Rotationsschalen verschiedener Form mit kreis- oder kreisringförmigen Platten und Scheiben sowie mit Ringelementen vorkommen. Letzteren ist Kapitel 4 gewidmet.

An jeder Nahtstelle zwischen den einzelnen Elementen müssen die beiden Formänderungsbedingungen erfüllt werden, daß die Radialverschiebung $\Delta r$ und die Verdrehung $\psi$ um die ringförmige Verbindungslinie übereinstimmen. Bei jedem biegesteifen Anschluß sind demnach zwei statisch Unbestimmte anzusetzen, und zwar bei rotationssymmetrischer Beanspruchung ein konstantes, horizontales, radiales Kräftepaar und ein Momentenpaar. In Bild 1.5-5 wird hierfür ein Beispiel gezeigt.

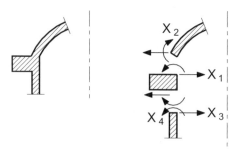

**Bild 1.5-5:**    Ansatz der statisch Unbestimmten bei einer zusammengesetzten, rotationssymmetrisch beanspruchten Rotationsschale mit Kreisring

Nach Lösung des linearen Gleichungssystems

$$\sum_k X_k \delta_{ik} + \delta_{io} = 0 \qquad (1.5.1)$$

läßt sich der Verlauf der Normal- und Querkräfte sowie der Biegemomente in den einzelnen, ebenen oder gekrümmten Flächenelementen berechnen.

Die Formeln für die Formänderungsgrößen $\delta_{io}$ und $\delta_{ik}$ sowie für den Schnittgrößenverlauf in Platten, Scheiben, Zylinder-, Kugel- und Kegelschalen sind in Tafeln zusammengestellt (siehe Kapitel 6).

# 2 Die Scheibentheorie

## 2.1
## Allgemeines

### 2.1.1
### Das Tragverhalten von Scheiben

Wie schon in Abschnitt 1.2 ausgeführt wurde, versteht man unter einer Scheibe ein dünnes, ebenes Tragelement, das nur in seiner Ebene beansprucht wird. In Bild 1.2-1 ist als Beispiel für eine Scheibe ein vertikaler wandartiger Träger dargestellt. Da alle Kräfte parallel und symmetrisch zur Mittelebene auftreten, bleibt diese bei der Verformung eben. Dementsprechend herrscht in der Scheibe ein ebener Spannungszustand, d.h. die senkrecht zur Scheibe gerichteten Spannungen $\sigma_z$, $\tau_{xz}$ und $\tau_{yz}$ verschwinden (siehe Bild 2.1-1).

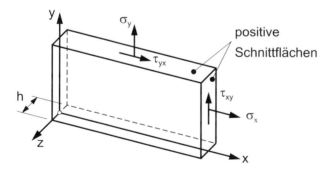

**Bild 2.1-1:**    Ebener Spannungszustand in einer Scheibe

Die verbleibenden Spannungen $\sigma_x$, $\sigma_y$ und $\tau_{xy} = \tau_{yx}$ sind gleichmäßig über die Scheibendicke h verteilt. Die beiden Normalspannungen sind als Zug positiv. Die

Schubspannungen sind positiv, wenn sie in den positiven Schnittflächen in die Richtungen der Koordinatenachsen weisen.

Die oben getroffene Aussage, daß die drei in z-Richtung wirkenden Spannungen gleich Null seien, ist theoretisch nicht exakt, stellt jedoch eine sehr gute Näherung dar, die auf alle praktischen Fälle angewandt wird. Zur Erläuterung diene Bild 2.1-2, das ein Scheibenelement vor und nach der Verformung zeigt.

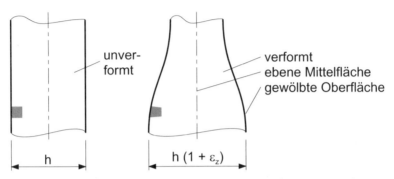

**Bild 2.1-2:**    Scheibenelement in unverformtem und verformtem Zustand

Da aus $\sigma_x$ und $\sigma_y$ gemäß (1.1.1) Querdehnungen $\varepsilon_z$ entstehen, besitzt die Scheibe nach der Belastung nicht mehr die ursprüngliche und auch keine konstante Dicke mehr, d.h. der Formänderungszustand ist nicht eben. Die im allgemeinen örtlich unterschiedliche Dickenänderung hat zur Folge, daß Schubverzerrungen $\gamma_{xz}$ und $\gamma_{yz}$ auftreten, so daß $\tau_{xz}$ und $\tau_{yz}$ nicht Null sind. Die Winkel eines ursprünglich rechteckigen Elements ändern sich, wenn auch nur sehr geringfügig. Deshalb spricht man auch bisweilen bei Scheiben von einem quasi-ebenen Spannungszustand.

Wird das ebene Tragelement nicht nur in seiner Ebene, sondern gleichzeitig senkrecht zu ihr belastet, wie z.B. ein wandartiger Träger unter der Wirkung seines Eigengewichts und einer Windlast, so sind die Lastanteile, die das Element aus seiner Ebene heraus verformen würden, abzuspalten und getrennt nach der Plattentheorie (siehe Abschnitt 3) zu erfassen. Die Ergebnisse der Scheiben- und Plattentheorie sind dann anschließend zu superponieren.

Dieses Vorgehen ist immer möglich, wenn nach der Theorie 1. Ordnung gerechnet werden darf, bei der das Gleichgewicht wegen der Kleinheit der Formänderungen am unverformten System betrachtet wird. Auf Stabilitätsprobleme dagegen ist die Scheibentheorie nicht anzuwenden. Beim Beulen einer Scheibe wirken nämlich die senkrecht zur Elementebene auftretenden Verschiebungen als Hebelarme für die Scheibenkräfte, so daß die Tragwirkungen von Scheibe und Platte untrennbar miteinander in Beziehung stehen. Die entsprechenden Differentialgleichungen enthalten deshalb sämtliche drei Verschiebungen u, v und w in Richtung der Koordinatenrichtungen x,y,z, während in der Scheibentheorie nur u und v auftreten und in der Plattentheorie nur w interessiert.

Hauptanwendungsgebiete der Scheibentheorie in der Praxis sind

- wandartige Träger,
- Kreis- und Kreisringscheiben sowie
- Krafteinleitungsprobleme.

### 2.1.1.1
### Der wandartige Träger

Bild 2.1-3 zeigt den typischen Verlauf der Spannungen $\sigma_x$ in einem stabartigen Balken und in einem wandartigen Träger.

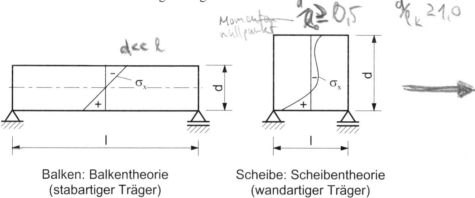

Balken: Balkentheorie
(stabartiger Träger)

Scheibe: Scheibentheorie
(wandartiger Träger)

**Bild 2.1-3:**   Verlauf der Spannung $\sigma_x$ in der Feldmitte verschieden hoher Träger

Der Balken wird nach der Balkentheorie bzw. der Technischen Biegelehre berechnet, die entsprechend der Hypothese von BERNOULLI das Ebenbleiben der Querschnitte voraussetzt, so daß $\varepsilon_x$ und $\sigma_x$ linear über y verlaufen. Dies stellt eine Näherung dar, da die Schubverzerrungen gegenüber den Dehnungen vernachlässigt werden, und ist zulässig, wenn die Konstruktionshöhe d des Trägers wesentlich geringer ist als die Stützweite $\ell$.

Für baustatische Berechnungen ist es laut Heft 240 des Deutschen Ausschusses für Stahlbeton [4.7] genau genug, die Grenze zwischen Balken und Scheibe bei $d/\ell_o = 0,5$ bzw. $d/\ell_k = 1,0$ anzunehmen. Dabei bezeichnet $\ell_o$ den ungefähren Abstand der Momentennullpunkte, wie er in Bild 2.1-4 angegeben ist, und $\ell_k$ die Länge einer Kragscheibe.

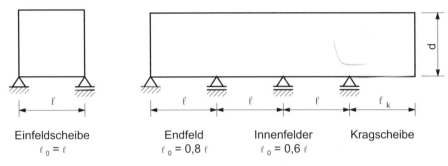

| Einfeldscheibe | Endfeld | Innenfelder | Kragscheibe |
|:---:|:---:|:---:|:---:|
| $\ell_0 = \ell$ | $\ell_0 = 0{,}8\,\ell$ | $\ell_0 = 0{,}6\,\ell$ | |

**Bild 2.1-4:**    Definition der Länge $\ell_0$ bei Trägern

Demnach muß nach der Scheibentheorie gerechnet werden, wenn

- beim gelenkig gelagerten Einfeldträger     $d > 0{,}5\,\ell$
- beim Endfeld eines Mehrfeldträgers     $d > 0{,}4\,\ell$
- beim Innenfeld eines Mehrfeldträgers     $d > 0{,}3\,\ell$
- bei einem Kragträger     $d > 1{,}0\,\ell$

ist.

In dem in Bild 2.1-3 dargestellten wandartigen Träger, wo $d/\ell_0$ deutlich größer als 0,5 ist, verlaufen die Längsspannungen $\sigma_x$ stark nichtlinear. Sie sind mit Hilfe der sogenannten Scheibengleichung zu berechnen, einer partiellen Differentialgleichung 4. Ordnung, in der die Schubverzerrungen berücksichtigt sind und die in Abschnitt 2.2 hergeleitet wird. Abschnitt 2.6 zeigt die Berechnung eines wandartigen Trägers mit Hilfe einer FOURIER-Reihe.

Ein nach der Balkentheorie berechneter wandartiger Stahlbetonträger wäre nicht nur zu schwach bewehrt, der Stahl läge auch nicht in der richtigen Höhe. Die Berechnung eines hohen Trägers nach der Scheibentheorie ist demnach ein Gebot der Sicherheit.

### 2.1.1.2
### Kreis- und Kreisringscheiben

Kreis- und Kreisringscheiben sind ein wichtiges Konstruktionselement bei rotationssymmetrischen Behältern und Türmen und werden deshalb in Abschnitt 2.5 ausführlich behandelt. Zuvor wird jedoch in Abschnitt 2.4 die Scheibengleichung in Polarkoordinaten hergeleitet.

### 2.1.1.3
### Krafteinleitungsprobleme

Wirkt im Innern oder am Rand einer Scheibe eine konzentrierte äußere Kraft, so strahlt ihre Wirkung in beide Koordinatenrichtungen aus, d.h. es entstehen Druck- und Zugspannungen, die für die Bemessung benötigt werden. Bild 2.1-5 zeigt den Verlauf der Spannung $\sigma_y$ quer zur Achse eines Spannglieds, das mittig am Rand einer Scheibe verankert ist.

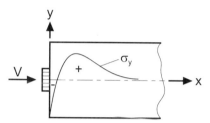

**Bild 2.1-5:**   Verlauf der Querspannungen hinter einem Spanngliedanker

Direkt hinter der Ankerplatte sind die Querspannungen negativ, wechseln jedoch bald das Vorzeichen und können im Zugbereich zu Rissen führen, wenn keine entsprechende Spaltzugbewehrung vorgesehen wird. Entsprechendes gilt für Auflagerkräfte, die auf einer Teilfläche konzentriert eingeleitet werden. Hinweise und Formeln zur Ermittlung der Zugkräfte sind z.B. dem bereits oben erwähnten Heft 240 des DAfStb [4.7] zu entnehmen. Hier wird nicht weiter auf Krafteinleitungsprobleme eingegangen.

### 2.1.2
### Idealisierungen und Annahmen

Bevor die Scheibengleichung abgeleitet wird, seien alle getroffenen Annahmen zusammengestellt. Diese betreffen die Geometrie, die Belastung, die Verformungen und das Material.

Geometrie:

- Die Mittelfläche der Scheibe ist eben.
- Die Dicke h der Scheibe ist klein gegenüber den Abmessungen in der Scheibenebene.
- Die Scheibendicke h wird im folgenden als konstant vorausgesetzt.
- Es werden keine Imperfektionen berücksichtigt.

Belastung:

- Alle äußeren Lasten, Lagerreaktionen und Lagerbewegungen wirken in der Scheibenebene. Temperaturänderungen sind über die Scheibendicke konstant.
- Alle Beanspruchungen sind zeitunabhängig.
- Die Lasten liegen unterhalb der Stabilitätsgrenze.

Verformungen:

- Die Verschiebungen u und v in x- bzw. y-Richtung sind sehr klein im Verhältnis zu den Abmessungen der Scheibe in ihrer Ebene, so daß nach der Theorie 1. Ordnung gerechnet werden darf.
- Die Dehnungen $\varepsilon_x$ und $\varepsilon_y$ sind sehr viel kleiner als 1, so daß ein linearer differentieller Zusammenhang mit den Verschiebungen u und v angenommen werden darf.

Material:

- Der Baustoff ist homogen und isotrop.
- Das Material verhält sich idealelastisch, so daß ohne Einschränkung das lineare HOOKEsche Gesetz gilt.
- Das Materialverhalten ist zeitunabhängig.

## 2.2
## Die Scheibengleichung in kartesischen Koordinaten

### 2.2.1
### Gleichgewicht am Scheibenelement

Bild 2.2-1 zeigt ein Scheibenelement mit den an seinen Rändern angreifenden, positiv definierten Spannungen, die Funktionen von x und y sind. In den positiven Schnittflächen enthalten die Spannungen jeweils einen differentiellen Zuwachs, der sich aus der partiellen Ableitung nach der betreffenden Richtung berechnet. Außer den Spannungen sind die beiden volumenbezogenen Kräfte X und Y eingezeichnet.

Bei der Formulierung des Gleichgewichts sind die Spannungen mit den Flächen zu multiplizieren, in denen sie wirken. Man erhält

$$\Sigma X = -\sigma_x \cdot h\,dy + \left( \sigma_x + \frac{\partial \sigma_x}{\partial x} dx \right) \cdot h\,dy$$

$$- \tau_{xy} \cdot h\,dx + \left( \tau_{xy} + \frac{\partial \tau_{xy}}{\partial y} dy \right) \cdot h\,dx + X \cdot h\,dx\,dy = 0.$$

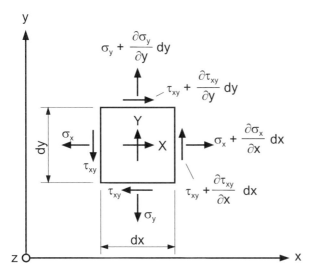

**Bild 2.2-1:**     Infinitesimales Scheibenelement mit positiven Spannungen

Daraus folgt

$$\frac{\partial \sigma_x}{\partial x} + \frac{\partial \tau_{xy}}{\partial y} + X = 0. \qquad (2.2.1)$$

Analog ergibt sich aus $\Sigma Y = 0$

$$\frac{\partial \sigma_y}{\partial y} + \frac{\partial \tau_{xy}}{\partial x} + Y = 0. \qquad (2.2.2)$$

Die Bedingung $\Sigma M = 0$ in der Ebene ist schon erfüllt, da $\tau_{xy} = \tau_{yx}$ gesetzt wurde. Es stehen also keine weiteren Gleichgewichtsbedingungen zur Verfügung. Den drei unbekannten Spannungen stehen nur zwei Gleichungen gegenüber. Um die dritte, fehlende Gleichung zu erhalten, müssen Formänderungsbetrachtungen angestellt werden.

Bei einem Stabwerk, zu dessen Berechnung die Gleichgewichtsbedingungen nicht ausreichen, würde man von statischer Unbestimmtheit sprechen. Die fehlenden Gleichungen wären als Formänderungsbedingungen aufzustellen. Bei der Scheibe ist ein solches Vorgehen nicht möglich. Denn dort muß die Formschlüssigkeit allgemein formuliert werden. Sämtliche infinitesimalen Elemente müssen nach der Verformung noch lückenlos zusammenpassen. Es darf weder Klaffungen noch Überschneidungen geben. Deshalb werden im folgenden Abschnitt zunächst die Beziehungen zwischen den Dehnungen und den Verschiebungen des Elements betrachtet.

## 2.2.2
## Dehnungs-Verschiebungs-Beziehungen

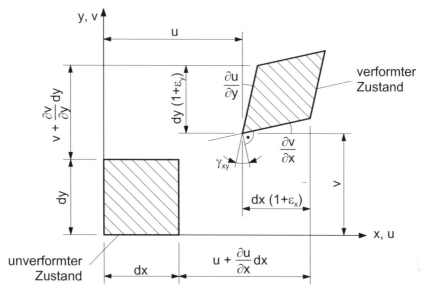

**Bild 2.2-2:**    Infinitesimales Scheibenelement vor und nach der Verformung

Das Koordinatensystem in Bild 2.2-2 gilt gleichzeitig für die Ortskoordinaten x,y und für die entsprechenden Verschiebungen u,v. Das ursprünglich rechteckige Element hat sich infolge der Spannungen nicht nur gedehnt und zu einem Parallelogramm verformt, sondern auch verschoben. Da die Theorie 1. Ordnung gilt, sind die Kantenlängen des verformten Elements gleich ihren Projektionen auf die entsprechenden Koordinatenrichtungen.

Aus dem Bild läßt sich ablesen, daß die Ursprungslänge dx plus der Verschiebung der unteren rechten Ecke des Elements in x-Richtung gleich ist der neuen Kantenlänge plus der Verschiebung u der linken unteren Ecke. Man erhält

$$dx + \left( u + \frac{\partial u}{\partial x} dx \right) = u + dx\left(1 + \varepsilon_x\right)$$

und daraus

$$\varepsilon_x = \frac{\partial u}{\partial x}. \tag{2.2.3}$$

Aus einer entsprechenden Betrachtung in y-Richtung ergibt sich

$$\varepsilon_y = \frac{\partial v}{\partial y}. \tag{2.2.4}$$

Die Änderung $\gamma_{xy}$ des ursprünglich rechten Winkels setzt sich aus zwei Anteilen zusammen:

$$\gamma_{xy} = \frac{\partial u}{\partial y} + \frac{\partial v}{\partial x}. \tag{2.2.5}$$

Mit (2.2.3) bis (2.2.5) wurden zwar drei neue Gleichungen gewonnen. Gleichzeitig treten aber fünf neue Unbekannte auf: die beiden Verschiebungen u, v und die drei Verzerrungen $\varepsilon_x$, $\varepsilon_y$, $\gamma_{xy}$. Das Defizit bei den Gleichungen hat sich demnach von 1 auf 3 erhöht. Bevor dieses Manko mit Hilfe des Elatizitätsgesetzes behoben wird, soll zunächst die Anzahl der Unbekannten reduziert werden.

## 2.2.3
## Verträglichkeitsbedingung

Aus den Dehnungs-Verschiebungs-Beziehungen ersieht man, daß die drei Verzerrungen $\varepsilon_x$, $\varepsilon_y$, $\gamma_{xy}$ von nur zwei anderen Größen, den beiden Verschiebungen u und v, abhängen. Es muß also ein differentieller Zusammenhang zwischen den Verzerrungen bestehen, sie sind nicht voneinander unabhängig. Damit die einzelnen Elemente auch nach der Verformung noch lückenlos zusammenpassen, können sie sich nicht ohne Rücksicht auf die Nachbarelemente verformen. Sie müssen der sogenannten Verträglichkeitsbedingung genügen, die man erhält, indem man aus den Gleichungen (2.2.3) bis (2.2.5) die Größen u und v eliminiert. Bildet man durch zweifache partielle Differentiation die Ausdrücke

$$\frac{\partial^2 \varepsilon_x}{\partial y^2} + \frac{\partial^2 \varepsilon_y}{\partial x^2} = \frac{\partial^3 u}{\partial x \partial y^2} + \frac{\partial^3 v}{\partial x^2 \partial y}$$

und

$$\frac{\partial^2 \gamma_{xy}}{\partial x \partial y} = \frac{\partial^3 u}{\partial x \partial y^2} + \frac{\partial^3 v}{\partial x^2 \partial y},$$

so werden die beiden rechten Seiten gleich, und als Verträglichkeitsbedingung ergibt sich

$$\frac{\partial^2 \varepsilon_x}{\partial y^2} + \frac{\partial^2 \varepsilon_y}{\partial x^2} = \frac{\partial^2 \gamma_{xy}}{\partial x \partial y}. \tag{2.2.6}$$

In (2.2.1), (2.2.2) und (2.2.6) existieren nun drei Gleichungen mit den je drei unbekannten Spannungen und Dehnungen. Durch Einführung des Elastizitätsgesetzes in diese Gleichungen erhielte man drei gekoppelte Differentialgleichungen entweder für die Spannungen oder die Dehnungen. Im folgenden Abschnitt wird gezeigt, wie sich das Problem auf eine einzige Differentialgleichung reduzieren läßt.

### 2.2.4
### Die AIRYsche Spannungsfunktion

Das Scheibenproblem vereinfacht sich wesentlich durch die Verwendung einer Funktion, aus der sich alle drei Spannungskomponenten durch Differentiation ableiten lassen. AIRY führte 1863 die nach ihm benannte Spannungsfunktion $F(x,y)$ ein. Sie steht mit den Spannungen in folgender Beziehung:

$$\sigma_x = \frac{\partial^2 F}{\partial y^2}, \quad \sigma_y = \frac{\partial^2 F}{\partial x^2}, \quad \tau_{xy} = -\frac{\partial^2 F}{\partial x\,\partial y} - (X \cdot y + Y \cdot x). \qquad (2.2.7)$$

Durch (2.2.7) werden die Gleichgewichtsbedingungen (2.2.1) und (2.2.2) erfüllt, wie sich leicht durch Einsetzen verifizieren läßt. Voraussetzung ist, daß die Volumenkräfte X und Y ortsunabhängig sind.

Die bisher abgeleiteten Gleichungen (2.2.1) bis (2.2.7) gelten unabhängig vom Spannungs-Dehnungs-Gesetz, also ungeachtet dessen, ob dieses linear oder nichtlinear, finit oder differentiell ist. Im folgenden wird, wie bereits erwähnt, nur mit dem linearen HOOKEschen Gesetz gearbeitet.

### 2.2.5
### Das Elastizitätsgesetz von HOOKE

Für den ebenen Spannungszustand wurden die Gleichungen der Dehnungen bereits in (1.1.3) angegeben. Mit (2.2.7) ergibt sich daraus

$$\varepsilon_x = \frac{1}{E}\left(\sigma_x - \mu\sigma_y\right) = \frac{1}{E}\left(F'' - \mu F'\right), \qquad (2.2.8)$$

$$\varepsilon_y = \frac{1}{E}\left(\sigma_y - \mu\sigma_x\right) = \frac{1}{E}\left(F' - \mu F''\right). \qquad (2.2.9)$$

Darin wurden die partiellen Ableitungen nach x durch einen Strich, diejenigen nach y durch einen Punkt gekennzeichnet. Hinzu kommt die Beziehung zwischen Gleitung $\gamma_{xy}$ und Schubspannung $\tau_{xy}$ in der Form

$$\gamma_{xy} = \frac{1}{G}\tau_{xy} = \frac{2(1+\mu)}{E}\tau_{xy} = -\frac{2(1+\mu)}{E}\left(F' + X \cdot y + Y \cdot x\right). \qquad (2.2.10)$$

Damit sind alle drei Dehnungen auf die eine Unbekannte $F(x,y)$ zurückgeführt.

## 2.2.6
## Die Scheibengleichung

Durch Einsetzen der drei Ausdrücke (2.2.8) bis (2.2.10) in (2.2.6) ergibt sich

$$\left(F^{....} - \mu F''^{..}\right) + \left(F'''' - \mu F''^{..}\right) + 2(1+\mu)F''^{..} = 0$$

und

$$F'''' + 2F''^{..} + F^{....} = 0. \tag{2.2.11}$$

Dies ist eine homogene, lineare, partielle Differentialgleichung 4. Ordnung. Sie wird als Scheibengleichung bezeichnet. Unter Verwendung des LAPLACEschen Operators

$$\Delta(...) = \frac{\partial^2(...)}{\partial x^2} + \frac{\partial^2(...)}{\partial y^2} \tag{2.2.12}$$

lautet sie

$$\Delta\Delta F = 0. \tag{2.2.13}$$

Diese Differentialgleichung ist unter Beachtung der Randbedingungen zu lösen. Aus dem Ergebnis F(x,y) erhält man sodann die Spannungen durch Differentiation entsprechend (2.2.7). Damit ergeben sich die Dehnungen aus dem HOOKEschen Gesetz, d.h. aus den Gleichungen (2.2.8) bis (2.2.10). Sollen die Verschiebungen u und v berechnet werden, so ist nach Abschnitt 2.2.7 zu verfahren.

## 2.2.7
## Berechnung der Verformungen

Die Verschiebungen u und v erhält man durch partielle Integration aus (2.2.3) und (2.2.4). Dabei tritt dann statt der Integrationskonstanten jeweils eine Funktion der anderen Variablen auf. Für u ergibt sich beispielsweise mit (2.2.8)

$$Eu = E\int\varepsilon_x dx = \int(F'' - \mu F'')dx = \int F'' dx - \mu F' + E\overline{u}(y) \tag{2.2.14}$$

und dementsprechend für v

$$Ev = E\int\varepsilon_y dy = \int F'' dy - \mu F'' + E\overline{v}(x). \tag{2.2.15}$$

Durch Gleichsetzen der beiden Ausdrücke (2.2.5) und (2.2.10) für $\gamma_{xy}$ erhält man mit X = Y = 0 für die beiden Funktionen $\overline{u}(y)$ und $\overline{v}(x)$ den Zusammenhang

$$\int F''^{..} dx + \int F''' dy + E\overline{u}'(y) + E\overline{v}'(x) = -2F''. \tag{2.2.16}$$

## 2.2.8
## Der ebene Dehnungszustand

Beim ebenen Spannungszustand (siehe Bild 2.1-1) gilt, wie in Abschnitt 2.1.1 erläutert,

$$\sigma_z = \tau_{xz} = \tau_{yz} = 0 \, .$$

Dabei treten elastische Dickenänderungen der Scheibe auf. Werden diese verhindert, so entsteht ein ebener Dehnungszustand mit

$$\varepsilon_z = \gamma_{xz} = \gamma_{yz} = 0 \, ,$$

der wegen

$$\varepsilon_z = \frac{1}{E}\left(\sigma_z - \mu\sigma_x - \mu\sigma_y\right) = 0$$

mit Spannungen senkrecht zur Scheibenebene verbunden ist:

$$\sigma_z = \mu\left(\sigma_x + \sigma_y\right). \tag{2.2.17}$$

Während die Gleichungen (2.2.1) bis (2.2.7) und (2.2.10) hierbei unverändert gelten, treten an die Stelle von (2.2.8) und (2.2.9) die Gleichungen

$$\varepsilon_x = \frac{1}{E}\left(\sigma_x - \mu\sigma_y - \mu\sigma_z\right) = \frac{1}{E}\left[\sigma_x\left(1 - \mu^2\right) - \mu\sigma_y\left(1 + \mu\right)\right]$$
$$= \frac{1}{E}\left[F''\left(1 - \mu^2\right) - \mu F''(1 + \mu)\right] \tag{2.2.18}$$

$$\varepsilon_y = \frac{1}{E}\left(\sigma_y - \mu\sigma_x - \mu\sigma_z\right) = \frac{1}{E}\left[\sigma_y\left(1 - \mu^2\right) - \mu\sigma_x\left(1 + \mu\right)\right]$$
$$= \frac{1}{E}\left[F''\left(1 - \mu^2\right) - \mu F''(1 + \mu)\right] \tag{2.2.19}$$

Einsetzen der zweiten Ableitungen von (2.2.18), (2.2.19) und (2.2.10) in (2.2.6) liefert für den ebenen Dehnungszustand die gleiche Differentialgleichung wie für den ebenen Spannungszustand, nämlich

$$\Delta\Delta F = F'''' + 2F'' + F''' = 0 \, . \tag{2.2.13}$$

Demnach stimmen die Spannungen $\sigma_x$, $\sigma_y$ und $\tau_{xy}$ mit denen des ebenen Spannungszustands überein. Zusätzlich gilt für $\sigma_z$ Gleichung (2.2.17).

## 2.2.9
## Die Randbedingungen

Die Randbedingungen, die bei der Lösung des Scheibenproblems zu befriedigen sind, ergeben sich aus den vorgegebenen Lasten, Zwängen und Lagerungen. Im einzelnen sind Randbedingungen möglich (siehe Bild 2.2-3) in Form von

- Randkräften bzw. Randspannungen (a)
- Kräften, die im Scheibeninnern angreifen (b)
- Randdehnungen (c)
- Verschiebungen einzelner Scheibenpunkte (d)
- Kontinuitätsbedingungen (e).

Sind als Randbedingungen lediglich Spannungen am Scheibenrand vorgegeben, handelt es sich um ein reines Randwertproblem, d.h. die Spannungsfunktion F(x,y) ist so zu bestimmen, daß sie der Scheibengleichung (2.2.13) genügt und an den Rändern die Gleichungen (2.2.7) erfüllt. Da weder die Differentialgleichung noch die Randbedingungen die Querdehnung $\mu$ enthalten, ist auch die gesamte Spannungsverteilung unabhängig von $\mu$ und damit für alle elastischen Werkstoffe gleich.

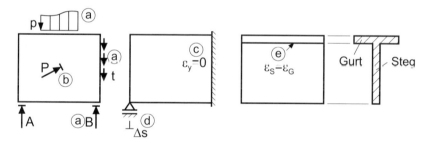

**Bild 2.2-3:**    Beispiele für Randbedingungen von Scheiben

Ein gemischtes Randwertproblem liegt vor, wenn auch Dehnungen oder Verschiebungen vorgegeben sind, da in den Dehnungen, wie aus (2.2.8) und (2.2.9) ersichtlich, die Spannungen über $\mu$ miteinander verknüpft sind. Die Spannungsverteilung ist deshalb bei Materialien mit unterschiedlicher Querdehnungszahl weder gleich noch affin.

Bei einem Plattenbalken beschreiben die Randbedingungen die Kontinuität zwischen Steg und Gurtplatte: In der Kontaktlinie müssen die Dehnungen beider Elemente übereinstimmen.

Im folgenden werden weder im Scheibeninnern angreifende Einzelkräfte noch gemischte Randwertprobleme behandelt.

## 2.3
# Elementare Lösungen in kartesischen Koordinaten

### 2.3.1
### Allgemeines Vorgehen

Die Scheibengleichung ist immer homogen. Der Ansatz enthält deshalb keinen partikulären Anteil und setzt sich aus einer Summe von Funktionen $f_i(x,y)$ zusammen, die jede für sich die Differentialgleichung erfüllen und deren Koeffizienten zunächst unbekannt sind. Dabei muß der Ansatz aus genau so vielen Summanden bestehen, wie die Ordnung der Differentialgleichung angibt, hier also vier:

$$F(x,y) = A\, f_1(x,y) + B\, f_2(x,y) + C\, f_3(x,y) + D\, f_4(x,y). \qquad (2.3.1)$$

Die unbekannten Konstanten A bis D sind aus den Randbedingungen zu berechnen, d.h. so zu ermitteln, daß die Randbedingungen befriedigt werden.

Die Funktionen $f_i$ werden als biharmonisch bezeichnet, da sie die sogenannte biharmonische Differentialgleichung erfüllen müssen. Es gibt unbegrenzt viele biharmonische Funktionen. Nur wenige davon sind jedoch für ein bestimmtes Problem geeignet, die Randbedingungen zu erfüllen. Man wählt am besten die geeigneten Funktionen $f_i(x,y)$ für den Ansatz so aus, daß sie entsprechend der Definition von AIRY (2.2.7) nach zweimaliger Differentiation zum vorgegebenen Spannungsverlauf am Scheibenrand affin verlaufen. Im folgenden Abschnitt werden einige biharmonische Funktionen angegeben.

### 2.3.2
### Biharmonische Funktionen

Die biharmonische Differentialgleichung lautet

$$\Delta\Delta F = F'''' + 2F'''\,\ddot{} + F\,\cdots = 0. \qquad (2.2.11)$$

Vorwiegend werden zu ihrer Lösung Polynome, logarithmische Funktionen sowie Produkte von Exponential- und Winkelfunktionen verwendet.

*Polynome:*
Außer den Funktionen

$$C, x, x^2, x^3, xy, x^2y, x^3y \qquad (2.3.2)$$

(sowie x und y vertauscht), die jeden Term der Scheibengleichung erfüllen, für die also

$$F''' = F''^{\cdot\cdot} = F^{\cdot\cdot\cdot\cdot} = 0$$

gilt, existiert eine beliebige Anzahl aus mehreren Summanden zusammengesetzter biharmonischer Polynome. Diese werden mit $P_{ij}$ bezeichnet, wobei i und j den Exponenten von x bzw. y im ersten Summanden angeben. Beispielsweise gilt

$$P_{51} = x^5 y - \frac{5}{3} x^3 y^3.$$

Daß $P_{51}$ biharmonisch ist, läßt sich leicht durch Einsetzen in die Scheibengleichung verifizieren. In ZWEILING [1.20] ist eine Vielzahl weiterer Lösungsfunktionen für die Scheibengleichung enthalten.

*Logarithmische Funktionen:*
Die folgenden Funktionen sind biharmonisch, auch wenn x und y vertauscht werden:

$$\ln(x^2 + y^2), (x^2 + y^2)\ln(x^2 + y^2), (ax + by)\ln(x^2 + y^2),$$
$$\ln[(x + c)^2 + y^2], (x + c)\ln[(x + c)^2 + y^2] \tag{2.3.3}$$

*Produkte aus Exponential- und Winkelfunktionen:*
Diese Gruppe biharmonischer Funktionen ist für die Praxis von großer Bedeutung, da unstetige Randbedingungen zur Erzielung einer geschlossenen Lösung durch stetige Funktionen approximiert werden müssen. Hierfür werden vorteilhaft FOURIERreihen verwendet, so daß die Randspannungen sinus- oder cosinusförmig verlaufen und durch die folgenden Funktionen erfüllt werden können:

$$e^{\alpha y} \sin \alpha x, \ e^{-\alpha y} \sin \alpha x, \ y\, e^{\alpha y} \sin \alpha x, \ y\, e^{-\alpha y} \sin \alpha x \tag{2.3.4}$$

bzw. gleichwertig

$$\sinh \alpha y \sin \alpha x, \ y \sinh \alpha y \sin \alpha x, \ x \sinh \alpha y \sin \alpha x \tag{2.3.5}$$

sowie

cos $\alpha x$  statt  sin $\alpha x$,  cosh $\alpha y$  statt  sinh $\alpha y$  und  x statt y.

Demnach sind z.B. unter  sinh $\alpha y$ sin $\alpha x$  folgende acht Funktionen zu verstehen:

sinh $\alpha y$ sin $\alpha x$   cosh $\alpha y$ sin $\alpha x$   sinh $\alpha x$ sin $\alpha y$   cosh $\alpha x$ sin $\alpha y$

$$\sinh \alpha y \cos \alpha x \quad \cosh \alpha y \cos \alpha x \quad \sinh \alpha x \cos \alpha y \quad \cosh \alpha x \cos \alpha y \tag{2.3.6}$$

### 2.3.3
### Ebener, homogener Spannungszustand

Bild 2.3-1 zeigt eine Rechteckscheibe mit konstanten Randlasten in x- und y-Richtung. Aus Symmetriegründen herrscht Gleichgewicht.

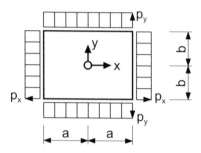

**Bild 2.3-1:**     Beispiel für einen ebenen, homogenen Spannungszustand

Mit der Scheibendicke h lauten die Randbedingungen

$$x = \pm\, a: \quad \sigma_x = +\, p_x/h, \quad \tau_{xy} = 0,$$

$$y = \pm\, b: \quad \sigma_y = +\, p_y/h, \quad \tau_{xy} = 0.$$

Da die Randspannungen konstant sind, muß der Ansatz für F(x,y) ein Polynom zweiten Grades sein, das in allgemeiner Form

$$F(x,y) = A\,x^2 + B\,y^2 + C\,xy + D\,x + E\,y + G \qquad (2.3.7)$$

lautet. Nur vier der sechs, laut (2.3.2) biharmonischen Terme sind zu verwenden. Da jedoch nicht im Vorhinein ersichtlich ist, welche beiden Summanden entbehrlich sind, wird zunächst mit dem gesamten Ansatz (2.3.7) gerechnet. Damit ergibt sich aus (2.2.7) wegen X = Y = 0

$$\sigma_x = 2B, \quad \sigma_y = 2A, \quad \tau_{xy} = -C. \qquad (2.3.8)$$

Man sieht, daß D, E und G keinen Einfluß auf das Ergebnis haben und deshalb beliebig groß gewählt werden können. Nur die Krümmungen bzw. die nicht verschwindenden zweiten Ableitungen von F(x,y) beeinflussen die Spannungen, nicht jedoch die durch

$$F(x,y) = D\,x + E\,y + G$$

beschriebene schiefe Ebene. Deshalb werden D, E und G gleich Null gesetzt. Die Konstanten A bis C werden aus den Randbedingungen ermittelt:

$$\sigma_x(a,y) = 2\,B = p_x/h \quad \Rightarrow \quad B = p_x/2h$$

$$\sigma_y(x,b) = 2\,A = p_y/h \;\Rightarrow\; A = p_y/2h$$

$$\tau_{xy}(a,y) = \tau_{xy}(x,b) = -\,C = 0 \;\Rightarrow\; C = 0$$

Damit lautet die Spannungsfunktion

$$F(x,y) = \frac{1}{2h}\!\left(p_y \cdot x^2 + p_x \cdot y^2\right).$$

Durch zweimalige Differentiation entsprechend (2.2.7) erhält man die Spannungen

$$\sigma_x(x,y) = p_x/h, \quad \sigma_y(x,y) = p_y/h, \quad \tau_{xy}(x,y) = 0$$

und die bezogenen Scheibenkräfte

$$n_x(x,y) = h\,\sigma_x(x,y) = p_x, \quad n_y(x,y) = h\,\sigma_y(x,y) = p_y, \quad n_{xy}(x,y) = h\,\tau_{xy}(x,y) = 0.$$

Es handelt sich um einen homogenen Spannungszustand, da die Spannungen in der gesamten Scheibe konstant sind.

### 2.3.4
### Reiner Schubspannungszustand

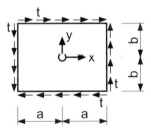

**Bild 2.3-2:**     Beispiel für einen reinen Schubspannungszustand

An der in Bild 2.3-2 dargestellten Rechteckscheibe greifen ringsum Schubkräfte t an, die positive Randschubspannungen erzeugen. Es herrscht Gleichgewicht. Die Randbedingungen lauten:

$$x = \pm\,a: \quad \sigma_x = 0, \quad \tau_{xy} = +\,t/h,$$

$$y = \pm\,b: \quad \sigma_y = 0, \quad \tau_{xy} = +\,t/h.$$

Mit dem Ansatz (2.3.7) und den daraus folgenden Spannungen (2.3.8) erhält man

$$\sigma_x(a,y) = 2\,B = 0 \;\Rightarrow\; B = 0$$

$$\sigma_y(x,b) = 2\,A = 0 \;\Rightarrow\; A = 0$$

$$\tau_{xy}(a,y) = \tau_{xy}(x,b) = -C = t/h \implies C = -t/h.$$

Das Ergebnis der Aufgabe lautet

$$F(x,y) = -\frac{t}{h} \cdot xy; \quad \sigma_x = \sigma_y = 0; \quad \tau_{xy} = \frac{t}{h} \quad \text{bzw.} \quad n_x = n_y = 0; \quad n_{xy} = t.$$

Diese Gleichungen beschreiben den reinen Schubspannungszustand.

### 2.3.5
### Reine Biegung

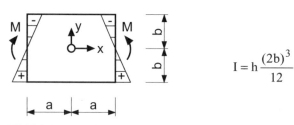

$$I = h\frac{(2b)^3}{12}$$

**Bild 2.3-3:**      Beispiel für reine Biegung

Die im Gleichgewicht stehenden Biegemomente M an den beiden Enden der in Bild 2.3-3 dargestellten Rechteckscheibe werden mittels linear verlaufender Randspannungen $\sigma_x$ eingetragen. Die Randbedingungen lauten

$$x = \pm a: \quad \sigma_x = -\frac{M}{I} \cdot y = -\frac{3M}{2hb^3} \cdot y, \quad \tau_{xy} = 0,$$

$$y = \pm b: \quad \sigma_y = \tau_{xy} = 0.$$

Entsprechend dem linearen Verlauf der Randspannungen $\sigma_x$ wird für F(x,y) ein kubischer Ansatz gewählt, der sich laut (2.3.2) aus biharmonischen Funktionen zusammensetzt:

$$F(x,y) = A \cdot x^3 + B \cdot x^2y + C \cdot xy^2 + D \cdot y^3. \tag{2.3.9}$$

Daraus ergeben sich die Spannungen

$$\sigma_x = F'' = 2Cx + 6Dy,$$
$$\sigma_y = F'' = 6Ax + 2By, \tag{2.3.10}$$
$$\tau_{xy} = -F' = -2Bx - 2Cy.$$

Es folgt die Bestimmung der vier Konstanten:

$$\left.\begin{array}{l} \tau_{xy}(a, y) = -2Ba - 2Cy = 0 \\ \tau_{xy}(x, b) = -2Bx - 2Cb = 0 \end{array}\right\} \quad \rightarrow \quad B = C = 0$$

$$\sigma_y(x, b) = 6Ax = 0 \qquad\qquad \rightarrow \quad A = 0$$

$$\sigma_x(a, y) = 6Dy = -\frac{3M}{2hb^3} \cdot y \quad \rightarrow \quad D = -\frac{M}{4hb^3}$$

Die Lösung lautet damit

$$F(x, y) = -\frac{M}{4hb^3} \cdot y^3,$$

$$\sigma_x = -\frac{3M}{2hb^3} \cdot y, \quad \sigma_y = \tau_{xy} = 0.$$

Es handelt sich um einen reinen Biegezustand: $\sigma_y$ und $\tau_{xy}$ existieren nicht, und $\sigma_x$ ist nur von y abhängig.

### 2.3.6
### Staumauer mit Dreieckquerschnitt

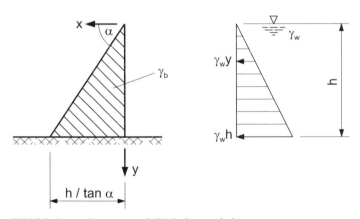

**Bild 2.3-4:**    Staumauer mit Dreieckquerschnitt

Die in Bild 2.3-4 dargestellte Staumauer soll für die Lastfälle Eigengewicht und Wasserdruck berechnet werden. Die Mauer wird als sehr lang angesehen, so daß praktisch ein ebener Dehnungszustand vorliegt (siehe Abschnitt 2.2.7). Sowohl Geometrie als auch Belastung sind linear veränderlich. Deshalb wird auf den kubischen Ansatz (2.3.9) und die Gleichungen (2.3.10) zurückgegriffen. Allerdings muß der Ausdruck für die Schubspannung entsprechend (2.2.7) für den Lastfall Eigengewicht ergänzt werden.

### 2.3.6.1
### *Lastfall Eigengewicht*

Wird das Raumgewicht des Baustoffs mit $\gamma_b$ bezeichnet, so gilt $X = 0$, $Y = \gamma_b$. Die Randbedingungen lauten für den senkrechten Rand

(a) $\qquad\qquad\qquad \sigma_x(0,y) = 0$,

(b) $\qquad\qquad\qquad \tau_{xy}(0,y) = 0$.

Am schrägen Rand sind die Normalspannung senkrecht und die Schubspannung parallel zur Oberfläche der Mauer gleich Null. Hieraus erhält man mittels einer Gleichgewichtsbetrachtung am Dreieckelement (siehe Bild 2.3-5) Randbedingungen für $\sigma_x$, $\sigma_y$ und $\tau_{xy}$.

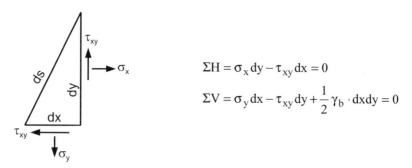

$$\Sigma H = \sigma_x\, dy - \tau_{xy}\, dx = 0$$

$$\Sigma V = \sigma_y\, dx - \tau_{xy}\, dy + \frac{1}{2}\,\gamma_b \cdot dx\, dy = 0$$

**Bild 2.3-5:**    Gleichgewicht am dreieckförmigen Randelement

Da das Gewicht des Elements von zweiter Ordnung klein ist, gilt für den schrägen Rand mit $y = x \tan\alpha$ bzw. $dy = dx \tan\alpha$

(c) $\qquad\qquad\qquad \sigma_x \tan\alpha - \tau_{xy} = 0$,

(d) $\qquad\qquad\qquad \tau_{xy} \tan\alpha - \sigma_y = 0$.

Bestimmung der Konstanten:

(a) $\quad 6Dy = 0 \qquad\qquad \Rightarrow \qquad D = 0$

(b) $\quad -2Cy = 0 \qquad\qquad \Rightarrow \qquad C = 0$

(c) $\quad 0 + 2Bx + \gamma_b x = 0 \qquad \Rightarrow \qquad B = -\dfrac{\gamma_b}{2}$

(d)      $0 - 6Ax + \gamma_b y = 0$      $\Rightarrow$      $A = \dfrac{1}{6}\gamma_b \tan\alpha$

Spannungsfunktion:      ,

$$F(x, y) = \frac{1}{6}\gamma_b \tan\alpha \cdot x^3 - \frac{1}{2}\gamma_b \cdot x^2 y$$

Die Spannungen sind Bild 2.3-6 zu entnehmen.

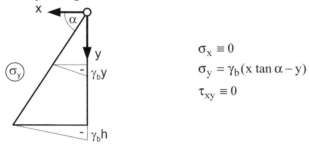

$\sigma_x \equiv 0$

$\sigma_y = \gamma_b(x \tan\alpha - y)$

$\tau_{xy} \equiv 0$

**Bild 2.3-6:**      Spannungen infolge Eigengewicht

### 2.3.6.2
### Lastfall Wasserdruck

Gegenüber dem Lastfall Eigengewicht ändert sich in den Randbedingungen (a) bis (d) nur die rechte Seite von (a), wo  $-\gamma_w y$  an die Stelle von Null tritt. Mit $\gamma_b = 0$ ergibt sich des weiteren

(a)      $6Dy = -\gamma_w \cdot y$      $\Rightarrow$      $D = -\dfrac{1}{6}\gamma_w$

(b)      $-2Cy = 0$      $\Rightarrow$      $C = 0$

(c)      $6Dy \cdot \tan\alpha + 2Bx = 0$      $\Rightarrow$      $B = +\dfrac{1}{2}\gamma_w \cdot \tan^2\alpha$

(d)      $-2Bx \cdot \tan\alpha - 6Ax - 2By = 0$      $\Rightarrow$      $A = -\dfrac{1}{3}\gamma_w \cdot \tan^3\alpha$

Spannungsfunktion:

$$F(x, y) = -\frac{1}{3}\gamma_w \tan^3\alpha \cdot x^3 - \frac{1}{6}\gamma_w \cdot y^3 + \frac{1}{2}\gamma_w \tan^2\alpha \cdot x^2 y$$

Spannungen (Verlauf siehe Bild 2.3-7):

$$\sigma_x = -\gamma_w \cdot y$$

$$\sigma_y = -2\gamma_w \tan^3 \alpha \cdot x + \gamma_w \tan^2 \alpha \cdot y$$

$$\tau_{xy} = -\gamma_w \tan^2 \alpha \cdot x$$

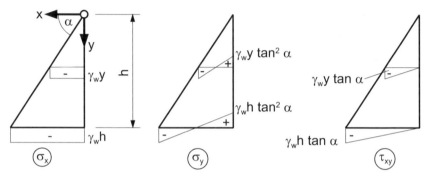

**Bild 2.3-7:**    Spannungen infolge Wasserdruck

### 2.3.6.3
### Superposition der beiden Lastfälle

Die beiden Spannungen $\sigma_x$ und $\tau_{xy}$ ergeben sich aus Bild 2.3-7, da das Eigengewicht keinen Beitrag liefert. Für $\sigma_y$ gilt

$$\sigma_y = \gamma_b(x \cdot \tan\alpha - y) + \gamma_w(-2x \cdot \tan^3 \alpha + y \cdot \tan^2 \alpha)$$

Der Maximalwert tritt am senkrechten Rand ($x = 0$) auf und beträgt

$$\max \sigma_y = (\gamma_w \cdot \tan^2 \alpha - \gamma_b) \cdot y.$$

Zur Vermeidung von Zugspannungen im Bauwerk und in der Gründungssohle muß der Ausdruck in der Klammer $\leq 0$ sein. Daraus folgt z.B. mit $\gamma_b = 23$ kN/m$^3$ und $\gamma_w = 10$ kN/m$^3$ die Forderung

$$\tan^2 \alpha \leq \gamma_b/\gamma_w = 2{,}3 \quad \text{oder} \quad \alpha \leq 56{,}6°.$$

## 2.4
## Transformation auf Polarkoordinaten bei Rotationssymmetrie

Es werden nur rotationssymmetrische Beanspruchungszustände untersucht. Die Spannungsfunktion und die Spannungen sind deshalb nur von r und nicht von φ abhängig. Sowohl die entsprechende Differentialgleichung als auch die Gleichungen der Spannungen werden rein mathematisch aus den Ergebnissen des Abschnitts 2.2 hergeleitet.

### 2.4.1
### Scheibengleichung

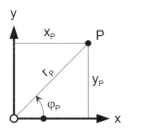

$$x = r\cos\varphi, \qquad r = \sqrt{x^2 + y^2},$$

$$y = r\sin\varphi, \qquad \varphi = \arctan\frac{y}{x}$$

**Bild 2.4-1:**    Zur Umrechnung von kartesischen in Polarkoordinaten

Um die partiellen Ableitungen von F(x,y) nach x und y durch Ableitungen nach r und φ auszudrücken, geht man von dem totalen Differential

$$dF = \frac{\partial F}{\partial r}\cdot dr + \frac{\partial F}{\partial \varphi}\cdot d\varphi$$

aus und erhält z.B.

$$\frac{\partial F}{\partial x} = \frac{\partial F}{\partial r}\frac{\partial r}{\partial x} + \frac{\partial F}{\partial \varphi}\frac{\partial \varphi}{\partial x}. \tag{2.4.1}$$

Man benötigt also die partiellen Ableitungen von r und φ nach x. Diese lauten

$$\frac{\partial r}{\partial x} = \frac{1}{2}\left(x^2 + y^2\right)^{-1/2} \cdot (2x) = \frac{x}{r} = \cos\varphi,$$

$$\frac{\partial \varphi}{\partial x} = \frac{1}{1 + (y/x)^2} \cdot \left(-\frac{y}{x^2}\right) = -\frac{y}{r^2} = -\frac{\sin\varphi}{r}.$$

Damit wird

$$\frac{\partial F}{\partial x} = \cos\varphi\frac{\partial F}{\partial r} - \frac{1}{r}\sin\varphi\frac{\partial F}{\partial \varphi},$$

$$\frac{\partial^2 F}{\partial x^2} = \left(\cos\varphi\frac{\partial}{\partial r} - \frac{1}{r}\sin\varphi\frac{\partial}{\partial \varphi}\right)\left(\cos\varphi\frac{\partial F}{\partial r} - \frac{1}{r}\sin\varphi\frac{\partial F}{\partial \varphi}\right)$$

und schließlich

$$\frac{\partial^2 F}{\partial x^2} = \cos^2\varphi\frac{d^2 F}{dr^2} + \frac{1}{r}\sin^2\varphi\frac{dF}{dr}. \tag{2.4.2}$$

Dabei wurde berücksichtigt, daß $\partial F/\partial\varphi$ wegen der rotationssymmetrischen Verhältnisse verschwindet. Aus demselben Grunde konnten in (2.4.2) anstelle der partiellen Ableitungen von F(r) gewöhnliche geschrieben werden. Entsprechend ergibt sich

$$\frac{\partial^2 F}{\partial y^2} = \sin^2\varphi\frac{d^2 F}{dr^2} + \frac{1}{r}\cos^2\varphi\frac{dF}{dr}. \tag{2.4.3}$$

Damit folgt aus (2.2.12)

$$\Delta F = \frac{\partial^2 F}{\partial x^2} + \frac{\partial^2 F}{\partial y^2} = \frac{d^2 F}{dr^2} + \frac{1}{r}\frac{dF}{dr} \tag{2.4.4}$$

und weiter

$$\Delta\Delta F = \Delta(\Delta F) = \left(\frac{d^2}{dr^2} + \frac{1}{r}\frac{d}{dr}\right)\left(\frac{d^2 F}{dr^2} + \frac{1}{r}\frac{dF}{dr}\right) = \frac{d^4 F}{dr^4} + \frac{2}{r}\frac{d^3 F}{dr^3} - \frac{1}{r^2}\frac{d^2 F}{dr^2} + \frac{1}{r^3}\frac{dF}{dr}$$

Demnach lautet die Scheibengleichung in Polarkoordinaten bei Rotationssymmetrie in Geometrie und Beanspruchung, wenn die Ableitung nach r durch einen Kopfstrich gekennzeichnet wird,

$$\Delta\Delta F(r) = F'''' + \frac{2}{r}F''' - \frac{1}{r^2}F'' + \frac{1}{r^3}F' = 0. \tag{2.4.5}$$

## 2.4.2
## Spannungen

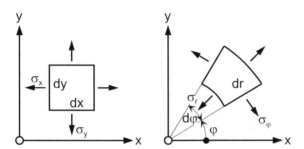

**Bild 2.4-2:**     Infinitesimales Scheibenelement in kartesischen und in Polarkoordinaten

Für $\varphi = 0$ wird bei dem in Bild 2.4-2 in Polarkoordinaten dargestellten infinitesimalen Scheibenelement $\sigma_r = \sigma_x$ und $\sigma_\varphi = \sigma_y$. Die Spannungen $\sigma_r$ und $\sigma_\varphi$ können demnach aus den Gleichungen (2.2.7) für $\sigma_x$ und $\sigma_y$ unter Verwendung von (2.4.2) und (2.4.3) hergeleitet werden:

$$\sigma_x = \frac{\partial^2 F}{\partial y^2} = \sin^2 \varphi \frac{d^2 F}{dr^2} + \frac{1}{r}\cos^2 \varphi \frac{dF}{dr}$$

$$\sigma_y = \frac{\partial^2 F}{\partial x^2} = \cos^2 \varphi \frac{d^2 F}{dr^2} + \frac{1}{r}\sin^2 \varphi \frac{dF}{dr}$$

Durch Nullsetzen von $\varphi$ ergibt sich

$$\sigma_r = \frac{1}{r}\frac{dF}{dr} = \frac{1}{r}F', \tag{2.4.6}$$

$$\sigma_\varphi = \frac{d^2 F}{dr^2} = F''. \tag{2.4.7}$$

Wegen der vorausgesetzten Rotationssymmetrie ist $\tau_{r\varphi} = 0$.

## 2.5
## Elementare rotationssymmetrische Lösungen in Polarko-ordinaten

In Abschnitt 2.5.2 bis 2.5.4 werden die Kreisscheibe und die Kreisringscheibe mit konstanten radialen Randlasten behandelt. Die resultierenden Schnittkräfte und Randverformungen sind in Tafel 1 (siehe Kapitel 6) zusammengestellt.

### 2.5.1
### Biharmonische Funktionen

Die Scheibengleichung für rotationssymmetrische Zustände

$$F'''' + \frac{2}{r}F''' - \frac{1}{r^2}F'' + \frac{1}{r^3}F' = 0 \tag{2.4.5}$$

wird durch die folgenden biharmonischen Funktionen erfüllt:

$$C, \ r^2, \ \ln r \ \text{ und } \ r^2 \ln r. \tag{2.5.1}$$

### 2.5.2
### Kreisscheibe mit konstanter radialer Randlast

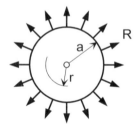

Dicke der Scheibe: h
Materialkonstanten: E, μ

**Bild 2.5-1:**    Kreisscheibe mit Linienlast R

Für den Ansatz werden die vier biharmonischen Funktionen (2.5.1) verwendet:

$$F(r) = A + B \cdot \ln r + C \cdot r^2 + D \cdot r^2 \ln r \tag{2.5.2}$$

Daraus erhält man mit (2.4.6) und (2.4.7)

$$\sigma_r = \frac{1}{r}F' = \frac{B}{r^2} + 2C + D(2\ln r + 1), \tag{2.5.3}$$

$$\sigma_\varphi = F'' = -\frac{B}{r^2} + 2C + D(2\ln r + 3). \tag{2.5.4}$$

Die Konstante A ist beliebig und wird gleich Null gesetzt. Aus der Bedingung, daß $\sigma_r$ und $\sigma_\varphi$ im Nullpunkt endlich bleiben müssen, folgt $B = D = 0$. C ergibt sich aus der Randbedingung $\sigma_r(a) = R/h = 2C$. Demnach gilt für die Spannungsfunktion des Problems und für die Spannungen bzw. Scheibenkräfte

$$F(r) = \frac{R}{2h} r^2, \tag{2.5.5}$$

$$\sigma_r = \sigma_\varphi = \frac{R}{h} \quad \text{bzw.} \quad n_r = n_\varphi = R. \tag{2.5.6}$$

Es handelt sich um einen homogenen Spannungszustand. Analog zu (1.1.3) gilt für die Dehnungen

$$\varepsilon_r = \frac{1}{E}\left(\sigma_r - \mu\sigma_\varphi\right), \tag{2.5.7}$$

und mit (2.5.6)

$$\varepsilon_r = \varepsilon_\varphi = \frac{R}{Eh}\left(1 - \mu\right). \tag{2.5.8}$$

Die Radialverschiebung $\Delta r$ wird aus der Umfangsdehnung $\varepsilon_\varphi = \Delta U/U = 2\pi\Delta r/2\pi r$ berechnet und ergibt sich zu

$$\Delta r = r\, \varepsilon_\varphi. \tag{2.5.9}$$

Mit (2.5.8) folgt daraus für die Kreisscheibe nach Bild 2.5-1

$$\Delta r = \frac{Rr}{Eh}\left(1 - \mu\right) \tag{2.5.10}$$

und für speziell für den Rand

$$\Delta r(a) = \frac{Ra}{Eh}\left(1 - \mu\right). \tag{2.5.11}$$

### 2.5.3
### Kreisringscheibe mit konstanter radialer Randlast außen

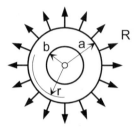

**Bild 2.5-2:**     Kreisringscheibe mit Linienlast außen

Es wird wieder der Ansatz (2.5.2) gewählt, so daß auch hier (2.5.3) und (2.5.4) gelten und $A = 0$ gesetzt werden kann. Den drei übrigen Konstanten stehen nur zwei Randbedingungen, nämlich $\sigma_r(a) = R/h$ und $\sigma_r(b) = 0$ gegenüber. Zusätzlich zu der Verträglichkeitsbedingung (2.2.6), in der die Forderung der Formschlüssigkeit aller Elemente erfüllt wird, muß aber im vorliegenden Fall eine weitere Formänderungsbedingung befriedigt werden, so daß sich eine dritte Gleichung ergibt. Da die in Bild 2.5-2 dargestellte Kreisringscheibe einen zweifach zusammenhängenden Bereich darstellt - d.h. es müssen zwei Schnitte geführt werden, um die Scheibe in zwei Teile ohne Loch zu zerlegen -, ist zu gewährleisten, daß der Ring nach der Verformung nicht klafft. Dies drückt sich in einer Beziehung zwischen $\varepsilon_r$ und $\varepsilon_\varphi$ aus: Analog zu (2.2.3) gilt mit (2.5.9)

$$\varepsilon_r = \frac{d(\Delta r)}{dr} = \varepsilon_\varphi + r\frac{d\varepsilon_\varphi}{dr}. \tag{2.5.12}$$

Mit Hilfe von (2.5.7) sowie (2.5.3) und (2.5.4) folgt hieraus nach einigen Zwischenrechnungen $D = 0$. Damit lauten die Bestimmungsgleichungen für B und C

$$\sigma_r(a) = \frac{B}{a^2} + 2C = \frac{R}{h},$$

$$\sigma_r(b) = \frac{B}{b^2} + 2C = 0.$$

Daraus ergibt sich zunächst

$$B = -\frac{R}{h}\frac{a^2 b^2}{a^2 - b^2}, \quad C = +\frac{R}{2h}\frac{a^2}{a^2 - b^2}$$

und weiter

$$F = B \ln r + C r^2 = \frac{R}{h} \frac{a^2 b^2}{a^2 - b^2} \left( \frac{1}{2} \frac{r^2}{b^2} - \ln r \right), \tag{2.5.13}$$

$$\sigma_r = \frac{B}{r^2} + 2C = \frac{R}{h} \frac{a^2}{a^2 - b^2} \left( 1 - \frac{b^2}{r^2} \right), \tag{2.5.14}$$

$$\sigma_\varphi = -\frac{B}{r^2} + 2C = \frac{R}{h} \frac{a^2}{a^2 - b^2} \left( 1 + \frac{b^2}{r^2} \right). \tag{2.5.15}$$

Da die Differentialgleichung und die Randbedingungen unabhängig von $\mu$ sind, gilt dies auch für die Spannungsfunktion und die Spannungen. Außerdem fällt auf, daß die Summe der Spannungen $\sigma_r$ und $\sigma_\varphi$ konstant ist. Deren Verlauf ist in Bild 2.5-3 dargestellt.

Bemerkenswerterweise treten am inneren Rand größere Ringspannungen auf als am Außenrand. Bei $\sigma_\varphi$ entspricht die gestrichelt berandete Ergänzungsfläche zum Rechteck dem Verlauf von $\sigma_r$.

Aus (2.5.9) erhält man mit (2.5.7), (2.5.14) und (2.5.15)

$$\Delta r = \frac{R r}{E h} \frac{a^2}{a^2 - b^2} \left[ (1 - \mu) + \frac{b^2}{r^2} (1 + \mu) \right] \tag{2.5.16}$$

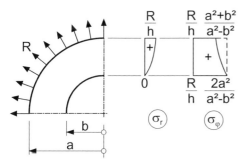

**Bild 2.5-3:** Spannungsverlauf in der Kreisringscheibe infolge R außen

und daraus die beiden Randverschiebungen

$$\Delta r(a) = \frac{R}{Eh} \frac{a^3}{a^2 - b^2} \left[ (1-\mu) + \frac{b^2}{a^2} (1+\mu) \right],$$    (2.5.17)

$$\Delta r(b) = \frac{2R}{Eh} \frac{a^2 b}{a^2 - b^2}.$$    (2.5.18)

## 2.5.4
## Kreisringscheibe mit konstanter radialer Randlast innen

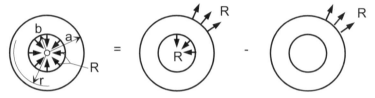

**Bild 2.5-4:**    Kreisringscheibe mit Linienlast innen

Der Lastfall Randlast am Innenrand läßt sich, wie in Bild 2.5-4 dargestellt, als Differenz zweier Lastfälle deuten, deren erster dem Spannungszustand nach Abschnitt 2.5.2 entspricht, während der zweite in Abschnitt 2.5.3 behandelt wurde. Deshalb erhält man sämtliche Ergebnisse durch entsprechende Differenzbildung:

$$\sigma_r = \frac{R}{h} - \frac{R}{h} \frac{a^2}{a^2 - b^2} \left( 1 - \frac{b^2}{r^2} \right) = \frac{R}{h} \frac{b^2}{a^2 - b^2} \left( \frac{a^2}{r^2} - 1 \right)$$    (2.5.19)

$$\sigma_\varphi = \frac{R}{h} - \frac{R}{h} \frac{a^2}{a^2 - b^2} \left( 1 + \frac{b^2}{r^2} \right) = -\frac{R}{h} \frac{b^2}{a^2 - b^2} \left( \frac{a^2}{r^2} + 1 \right)$$    (2.5.20)

$$\Delta r = \frac{Rr}{Eh} (1-\mu) - \frac{Rr}{Eh} \frac{a^2}{a^2 - b^2} \left[ (1-\mu) + \frac{b^2}{r^2} (1+\mu) \right]$$

$$= -\frac{Rr}{Eh} \frac{b^2}{a^2 - b^2} \left[ (1-\mu) + \frac{a^2}{r^2} (1+\mu) \right]$$    (2.5.21)

$$\Delta r(a) = -\frac{2R}{Eh}\frac{ab^2}{a^2-b^2} \tag{2.5.22}$$

$$\Delta r(b) = -\frac{R}{Eh}\frac{b^3}{a^2-b^2}\left[(1-\mu)+\frac{a^2}{b^2}(1+\mu)\right] \tag{2.5.23}$$

Der Verlauf von $\sigma_r$ und $\sigma_\varphi$ ist in Bild 2.5-5 dargestellt. Deren Summe ist konstant, und auch bei Lastangriff am Innenrand treten dort die größten absoluten Spannungen auf.

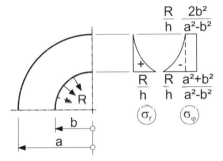

**Bild 2.5-5:**    Spannungsverlauf in der Kreisringscheibe infolge R innen

Im Grenzfall einer unendlich großen Scheibe mit rundem Loch geht a gegen ∞. Aus (2.5.19) bis (2.5.21) und (2.5.23) ergibt sich

$$\sigma_r = -\sigma_\varphi = \frac{R}{h}\frac{b^2}{r^2}, \tag{2.5.24}$$

$$\Delta r = -\frac{Rr}{Eh}(1+\mu)\frac{b^2}{r^2}, \tag{2.5.25}$$

$$\Delta r(b) = -\frac{Rb}{Eh}(1+\mu), \tag{2.5.26}$$

wobei b den Radius des Lochs bezeichnet.

### 2.5.5
### Zusammengesetzte Kreisscheibe

Als Anwendungsbeispiel für die bisher behandelten Elementarfälle soll die in Bild 2.5-6 dargestellte Scheibe unterschiedlicher Dicke berechnet werden. Gesucht ist der Spannungsverlauf infolge P.

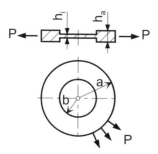

**Bild 2.5-6:**    Scheibe variabler Dicke mit konstanter radialer Randlast

An der Unstetigkeitsstelle wird die Scheibe aufgeschnitten, so daß sie in eine Kreisscheibe und eine Kreisringscheibe zerfällt (siehe Bild 2.5-7).

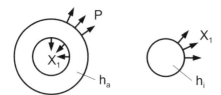

**Bild 2.5-7:**    Grundsystem und Ansatz der statisch Unbestimmten

An der Schnittstelle müssen die Radialverschiebungen beider Ränder überein-stimmen. Dies wird durch die statisch unbestimmte Linienkraft $X_1$ erreicht, die sich nach dem Kraftgrößenverfahren (siehe z.B. MESKOURIS/HAKE [1.17]) aus der Formänderungsbedingung

$$X_1 \delta_{11} + \delta_{10} = 0$$

errechnet. Die beiden Formänderungswerte $\delta_{ik}$ stellen gegenseitige Radialver-schiebungen in Richtung von $X_1$ dar, wobei $\delta_{11}$ durch $X_1 = 1$ und $\delta_{10}$ durch die äußere Last P verursacht wurde. Sowohl $\delta_{11}$ als auch $\delta_{10}$ setzt sich aus je einem Anteil der Kreisscheibe und der Kreisringscheibe zusammen.

Für die Kreisscheibe ergibt sich aus (2.5.10)

$$\delta_{11} = \frac{b}{Eh_i}(1-\mu) \quad \text{und} \quad \delta_{10} = 0.$$

Die Anteile der Kreisringscheibe lauten entsprechend (2.5.23) bzw. (2.5.18)

$$\delta_{11} = \frac{1}{Eh_a}\frac{b^3}{a^2-b^2}\left[(1-\mu)+\frac{a^2}{b^2}(1+\mu)\right],$$

$$\delta_{10} = -\frac{2P}{Eh_a}\frac{a^2b}{a^2-b^2}.$$

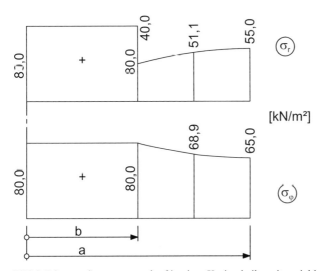

**Bild 2.5-8:**     Spannungsverlauf in einer Kreisscheibe mit variabler Dicke

Werden beispielsweise die Zahlenwerte $a = 2{,}00$ m, $b = 1{,}00$ m, $h_i = 0{,}10$ m, $h_a = 0{,}20$ m, $\mu = 0$ und $P = 11$ kN/m angenommen, so wird

$$E\cdot\delta_{11} = \frac{1{,}00}{0{,}10} + \frac{1}{0{,}20}\frac{1{,}00^3}{2{,}00^2-1{,}00^2}\left(1+\frac{2{,}00^2}{1{,}00^2}\right) = 10+\frac{25}{3} = \frac{55}{3},$$

$$E\cdot\delta_{10} = 0 - \frac{2\cdot 11}{0{,}20}\frac{2{,}00^2\cdot 1{,}00}{2{,}00^2-1{,}00^2} = -\frac{440}{3},$$

$$X_1 = -\frac{\delta_{10}}{\delta_{11}} = +\frac{440}{3} \cdot \frac{3}{55} = +8{,}0 \text{ kN}/\text{m} \ .$$

Bei h = const. wäre $X_1 = P$ geworden. Der Verlauf der Spannungen $\sigma_r$ und $\sigma_\varphi$ ergibt sich für die Kreisscheibe aus (2.5.6), für die Kreisringscheibe aus (2.5.14), (2.5.15), (2.5.19) und (2.5.20). Er ist in Bild 2.5-8 dargestellt.

Wäre $\mu \neq 0$, so würde auch in der $\sigma_\varphi$-Linie bei $r = b$ ein Sprung auftreten.

## 2.5.6
## Schrumpfring

Zwei Kreisringscheiben gleicher Dicke h sollen durch Temperaturschrumpfen miteinander verbunden werden. Der Außenradius $a_1$ der kleineren Scheibe ist nur wenig größer als der Innenradius $b_2$ der äußeren. Es gilt

$$a_1 - b_2 = \Delta a \ \ll a_1 \ .$$

Die größere Scheibe wird soweit erwärmt, daß beide Teile ineinandergesteckt werden können. Bei der Abkühlung entsteht dann eine Schrumpfverbindung. Die Kontaktkraft nach dem Temperaturausgleich wird mit R bezeichnet und ist als Druckkraft positiv. Mit den elastischen Radialverformungen $\Delta r_1$ und $\Delta r_2$, die sich aus (2.5.17) bzw. (2.5.23) ergeben, lautet die Formänderungsbedingung

$$a_1 + \Delta r_1 = b_2 + \Delta r_2 \ .$$

Mit

$$a_1 \approx b_2 \approx a,$$

$$\Delta r_1 = -\frac{R}{Eh}\frac{a_1^{\,3}}{a_1^{\,2}-b_1^{\,2}}\left[(1-\mu)+\frac{b_1^{\,2}}{a_1^{\,2}}(1+\mu)\right]$$

und

$$\Delta r_2 = +\frac{R}{Eh}\frac{b_2^{\,3}}{a_2^{\,2}-b_2^{\,2}}\left[(1-\mu)+\frac{a_2^{\,2}}{b_2^{\,2}}(1+\mu)\right]$$

erhält man

$$\Delta a = -\Delta r_1 + \Delta r_2 = \frac{Ra}{Eh}\left(\frac{a^2+b_1^{\,2}}{a^2-b_1^{\,2}}+\frac{a_2^{\,2}+a^2}{a_2^{\,2}-a^2}\right). \qquad (2.5.27)$$

Aus dieser Formel läßt sich entweder das Maß $\Delta a$ zu einer geforderten Kontaktkraft R oder die aus einem vorgegebenen $\Delta a$ resultierende Kraft R berechnen.

Voraussetzung für die Gültigkeit von (2.5.27) ist, daß beide Ringscheiben gleich dick sind und aus demselben Werkstoff bestehen.

### 2.5.7
### Reine Biegung eines Kreisringsektors

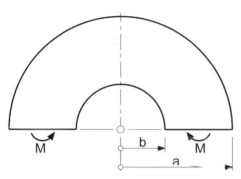

Dicke der Scheibe: h

**Bild 2.5-9:**    Kreisringsektor mit Momentenpaar

In dem durch ein Momentenpaar beanspruchten Kreisringsektor nach Bild 2.5-9 herrscht ein rotationssymmetrischer Spannungszustand. Deshalb kann der Ansatz nach Gleichung (2.5.2) verwendet werden. Die Spannungen ergeben sich dann aus

$$\sigma_r = \frac{B}{r^2} + 2C + D(2\ln r + 1), \qquad (2.5.3)$$

$$\sigma_\varphi = -\frac{B}{r^2} + 2C + D(2\ln r + 3). \qquad (2.5.4)$$

Es sind folgende Randbedingungen zu erfüllen:

(a) $\qquad\qquad \sigma_r(a) = 0$,

(b) $\qquad\qquad \sigma_r(b) = 0$,

(c) $\qquad\qquad \int_b^a \sigma_\varphi \cdot h \cdot dr = 0$,

(d) $\qquad\qquad \int_b^a \sigma_\varphi \cdot hr \cdot dr = M$.

Daraus ergeben sich für die Konstanten des Ansatzes die Bestimmungsgleichungen

(a)
$$\frac{B}{a^2} + 2C + D(2\ln a + 1) = 0$$

(b)
$$\frac{B}{b^2} + 2C + D(2\ln b + 1) = 0$$

(c)
$$B\left(\frac{1}{a} - \frac{1}{b}\right) + 2C(a-b) + 2D(a\ln a - b\ln b) + D(a-b) = 0$$

(d)
$$h\left[-B\ln\frac{a}{b} + (C+D)(a^2 - b^2) + D(a^2\ln a - b^2\ln b)\right] = M$$

Da A = 0 gesetzt werden kann, ist eine der Gleichungen überzählig. Mit dem Hilfswert

$$H = h\left[(a^2 - b^2)^2 - 4a^2b^2(\ln\frac{a}{b})^2\right]$$

erhält man aus (a), (b) und (d)

$$B = \frac{M}{H} \cdot 4a^2b^2\ln\frac{a}{b},$$

$$C = -\frac{M}{H}\left[(a^2 - b^2) + 2(a^2\ln a - b^2\ln b)\right],$$

$$D = \frac{M}{H} \cdot 2(a^2 - b^2).$$

Durch Einsetzen findet man, daß hiermit auch (c) erfüllt wird. Schließlich lauten die Gleichungen für die Spannungen

$$\sigma_r = \frac{4M}{H}\left(a^2\ln\frac{r}{a} - b^2\ln\frac{r}{b} + \frac{a^2b^2}{r^2}\ln\frac{a}{b}\right), \qquad (2.5.28)$$

$$\sigma_\varphi = \frac{4M}{H}\left[(a^2 - b^2) + a^2\ln\frac{r}{a} - b^2\ln\frac{r}{b} - \frac{a^2b^2}{r^2}\ln\frac{a}{b}\right]. \qquad (2.5.29)$$

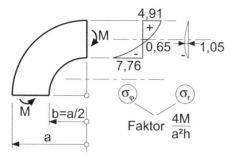

**Bild 2.5-10:**    Spannungsverlauf im Kreisringsektor mit a/b = 2 infolge reiner Biegung

Für die Darstellung des Spannungsverlaufs in Bild 2.5-10 wurde als Beispiel ein Sektor mit dem Radienverhältnis a/b = 2 gewählt. Die Ringspannung verläuft stark nichtlinear und weist am Innenrand den größten Absolutwert auf. Das Verhältnis der beiden Randspannungen ergibt sich aus (2.5.28) und (2.5.29) zu

$$\eta = \frac{\sigma_\varphi(b)}{\sigma_\psi(a)} = \frac{1-(b/a)^2 + 2\ln b/a}{1-(b/a)^2 \cdot (1-2\ln b/a)}$$

und strebt gegen –1, wenn sich b/a dem Wert 1 nähert.

Da $\sigma_\varphi$ in der Ringachse nicht verschwindet, erfährt diese eine Dehnung infolge Biegung. Beim gekrümmtem Stab gilt demnach für die Längenänderung $\Delta l = f(M,N)$ und für die Verkrümmung dementsprechend nach MAXWELL $\kappa = f(M,N)$. Beim geraden Stab ergibt sich bekanntlich $\Delta l$ allein aus N und $\kappa$ allein aus M.

Bei öffnendem Moment, d.h. wenn M negativ ist, entstehen positive Radialspannungen, für die im Stahlbetonbau eine entsprechende Umlenkbewehrung in Form von Bügeln vorzusehen wäre.

## 2.5.8
## Der Satz von BETTI an der Kreisringscheibe

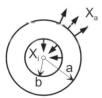

**Bild 2.5-11:**    Kreisringscheibe mit zwei Lastgruppen

An der in Bild 2.5-11 dargestellten Kreisringscheibe wirken die beiden Randlasten $X_i$ und $X_a$. Je nachdem, welche der beiden Lasten zuerst aufgebracht wird, lautet die verrichtete Gesamtarbeit $W_{ii} + W_{ia} + W_{aa}$ oder $W_{aa} + W_{ai} + W_{ii}$. Bei elastischem Materialverhalten sind beide Ausdrücke gleich. Es gilt demnach $W_{ia} = W_{ai}$. Dabei bezeichnet der erste Index den Ort, der zweite die Ursache. Wird die Arbeit als Produkt aus Kraft und Weg ausgedrückt, so folgt

$$2\pi b X_i \cdot \delta_{ia} = 2\pi a X_a \cdot \delta_{ai} . \tag{2.5.30}$$

Darin ist z.B. $\delta_{ia}$ die durch $X_a$ verursachte Verschiebung des inneren Randes in Richtung von $X_i$. Für $X_i = X_a = 1$ ergibt sich

$$\frac{\delta_{ai}}{\delta_{ia}} = \frac{b}{a} . \tag{2.5.31}$$

Diese Gleichung bestätigt sich durch einen Vergleich von (2.5.18) mit (2.5.22).

Demnach ist der Satz von MAXWELL, nach dem die Indizes von $\delta_{ik}$ vertauscht werden dürfen, nur gültig, wenn $X_i$ und $X_k$ auf demselben Radius wirken. Ist dies nicht der Fall, dann verhalten sich die beiden Formänderungswerte wie die Radien der Lastangriffsorte. Aus $\delta_{ik} \neq \delta_{ki}$ folgt dann außerdem, daß das Gleichungssystem des Kraftgrößenverfahrens unsymmetrisch wird. In Bild 2.5-12 wird hierfür ein Beispiel gezeigt.

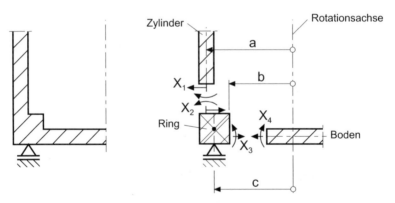

**Bild 2.5-12:**    Beispiel für die Ungültigkeit des Satzes von MAXWELL

Nach (2.5.31) ergibt sich

$$\delta_{12} = \delta_{21} \quad \text{und} \quad \delta_{34} = \delta_{43} ,$$

aber

$$\frac{\delta_{13}}{\delta_{31}} = \frac{\delta_{23}}{\delta_{32}} = \frac{\delta_{14}}{\delta_{41}} = \frac{\delta_{24}}{\delta_{42}} = \frac{b}{a} \,.$$

## 2.5.9
## Grenzübergang zum stabförmigen Kreisring

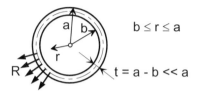

$b \le r \le a$

$t = a - b << a$

**Bild 2.5-13:**    Dünner Kreisring mit an der Ringachse angreifender Radialkraft

Wenn (2.5.15) in der Form

$$\sigma_\varphi = \frac{R}{h} \frac{a^2}{(a+b)(a-b)} \frac{r^2+b^2}{r^2}$$

geschrieben wird, ergibt sich beim Grenzübergang $b \to a$ (siehe Bild 2.5-13) mit
$a - b = t$ und $a \approx b \approx r$

$$\lim_{b \to a} \sigma_\varphi = \frac{R}{h} \frac{a}{t} \,.$$

Mit der Querschnittsfläche $A = h \cdot t$ erhält man weiter

$$N = \sigma_\varphi \cdot A = R \cdot a \,, \tag{2.5.32}$$

$$\Delta r = a\varepsilon_\varphi = a \cdot \frac{N}{EA} = \frac{Ra^2}{EA} \,. \tag{2.5.33}$$

Diese Gleichungen gelten unabhängig von der Form des Ringquerschnitts und
können mit guter Genauigkeit auf Ringe mit $t/a \le 0,1$ angewandt werden. Da die
Querschnittsveränderung infolge Querdehnung bei Stäben nicht berücksichtigt
wird, gilt $\Delta r$ sowohl für die Innen- als auch für die Außenkante des Ringes. Die
Radialkraft R ist auf die Ringachse mit dem Radius a bezogen. Gleichung (2.5.32)
wird als Kesselformel bezeichnet.

## 2.6
## Die Berechnung des wandartigen Trägers unter Verwendung von FOURIER-Reihen

### 2.6.1
### Entwicklung der Randbelastung in eine Reihe

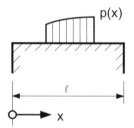

p(x) = wirkliche Randlast

$\overline{p}(x)$ = auf der Länge l  stetige Näherung für p(x)

**Bild 2.6-1:**    Unstetige Randbelastung einer Scheibe

Falls die Randbelastung einer Scheibe, wie z.B. in Bild 2.6-1 dargestellt, unstetig ist, darf man keine stetige Spannungsfunktion bzw. keine geschlossene Lösung der Scheibengleichung erwarten. Um trotzdem analytisch rechnen zu können, wird die tatsächliche, unstetige Randlast p(x) mittels einer FOURIER-Reihe durch eine stetige Funktion $\overline{p}(x)$ angenähert:

$$\overline{p}(x) = \frac{a_0}{2} + \sum a_n \cos\frac{2n\pi x}{L} + \sum b_n \sin\frac{2n\pi x}{L} \qquad (2.6.1)$$

Darin ist L die Länge der Periode, die im allgemeinen nicht mit der Länge $\ell$ des Randes übereinstimmt.

Da alle Reihenglieder, die den Sinus oder Cosinus enthalten, innerhalb der Periode L keine Resultierende aufweisen, stellt das Glied $a_0/2$ aus Gleichgewichtsgründen die Durchschnittsbelastung im Bereich L dar.

Die Freiwerte $a_n$ und $b_n$ werden so bestimmt, daß die Summe S der Fehlerquadrate über die Periode L ein Minimum annimmt. Aus

$$S = \int_L [p(x) - \overline{p}(x)]^2 dx \overset{!}{=} \text{Minimum} \qquad (2.6.2)$$

folgt

$$a_n = \frac{2}{L} \int_0^L p(x) \cos \frac{2n\pi x}{L} \, dx \qquad \text{für} \quad n = 0, 1, 2 \cdots \qquad (2.6.3)$$

$$b_n = \frac{2}{L} \int_0^L p(x) \sin \frac{2n\pi x}{L} \, dx \qquad \text{für} \quad n = 1, 2, 3 \cdots \qquad (2.6.4)$$

Das Glied $a_0/2$ stört insofern, als es sich als Randbedingung nicht wie die Winkelfunktionen durch einen Produktansatz in der Form von (2.6.10) befriedigen läßt. Deshalb ist es nützlich, $L = 2\ell$ zu wählen und $p(x)$ entsprechend Bild 2.6-2 in Gedanken antimetrisch zu ergänzen.

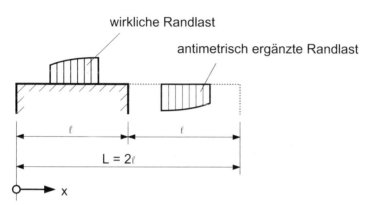

**Bild 2.6-2:**     Belasteter Scheibenrand mit antimetrischer Ergänzung

Dann verschwinden nämlich sämtliche $a_n$, und die Näherungsfuktion für $p(x)$ lautet

$$\overline{p}(x) = \sum b_n \sin \frac{2n\pi x}{L} \qquad n = 1, 2, 3 \cdots \qquad (2.6.5)$$

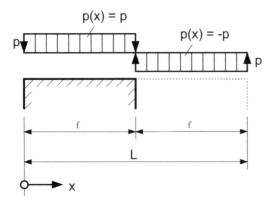

**Bild 2.6-3:**    Gerader Scheibenrand mit Gleichlast

Für den in Bild 2.6-3 dargestellten Fall einer Gleichlast erhält man aus (2.6.4)

$$b_n = \frac{2}{L} \int_0^L p(x) \sin \frac{2n\pi x}{L} \, dx = 2 \cdot \frac{2}{L} \int_0^{L/2} p \cdot \sin \frac{2n\pi x}{L} \, dx$$

$$= -\frac{2p}{n\pi} (\cos n\pi - 1) \ = \ \begin{cases} 0 & \text{für} \quad n = 2, 4, 6 \cdots \\ +\dfrac{4p}{n\pi} & \text{für} \quad n = 1, 3, 5 \cdots \end{cases} \tag{2.6.6}$$

Somit gilt

$$\overline{p}(x) = \frac{4p}{\pi} \sum \frac{1}{n} \sin \frac{n\pi x}{\ell}, \quad \text{mit} \quad n = 1, 3, 5 \cdots \tag{2.6.7}$$

### 2.6.2
### Wandartiger Träger mit Randlast

### *2.6.2.1*
### *Spannungsermittlung*

Bild 2.6-4 zeigt einen wandartigen Träger mit beliebiger vertikaler Belastung

$$p(x) = \sum_n p_n \sin \frac{n\pi x}{\ell}, \quad n = 1, 2, 3 \ldots \tag{2.6.8}$$

am oberen Rand (vgl. GIRKMANN [1.1]). Die Auflagerkräfte werden durch Schub an den beiden vertikalen Rändern eingeleitet.

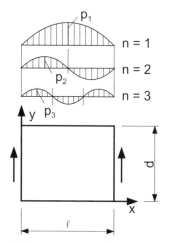

**Bild 2.6-4:** Wandartiger Träger mit Randlast oben

Die Berechnung soll allgemein für das n-te Reihenglied erfolgen, so daß

$$p(x) = p_n \sin \alpha_n x \quad \text{mit} \quad \alpha_n = \frac{n\pi}{\ell}, \quad n = 1, 2, 3 \cdots \quad (2.6.9)$$

gilt. Die Randbedingungen lauten

(a) $\qquad \sigma_x(0, y) = 0$,

(b) $\qquad \sigma_x(\ell, y) = 0$,

(c) $\qquad \sigma_y(x, 0) = 0$,

(d) $\qquad \tau_{xy}(x, 0) = 0$,

(e) $\qquad \sigma_y(x, d) = \dfrac{-p(x)}{h}$,

(f) $\qquad \tau_{xy}(x, d) = 0$.

Es wird versucht, für die Spannungsfunktion einen Produktansatz

$$F(x, y) = f(x) \cdot g(y) \quad (2.6.10)$$

zu finden, der die Randbedingungen erfüllen kann. Aus (2.6.10) folgt

$$\sigma_y(x, y) = F'' = f''(x) \cdot g(y),$$

so daß sich mit (e) für den oberen Rand

$$\sigma_y(x,d) = -\frac{1}{h} p_n \sin \alpha_n x = f''(x) \cdot g(d)$$

ergibt. Demnach muß gelten

$$f''(x) = c \cdot \sin \alpha_n x ,$$

und man erhält durch Integration

$$f(x) = -\frac{c}{\alpha_n^2} \cdot \sin \alpha_n x . \qquad (2.6.11)$$

Der Ansatz (2.6.10) besteht natürlich aus vier unabhängigen, biharmonischen Funktionen. Jede von ihnen muß den Faktor $\sin \alpha_n x$ enthalten. Dementsprechend werden aus dem Katalog der biharmonischen Funktionen in Abschnitt 2.3.2, und zwar aus (2.3.5), ausgewählt:

$$\sin \alpha_n x \sinh \alpha_n y, \sin \alpha_n x \cosh \alpha_n y, \sin \alpha_n x \cdot y \cdot \sinh \alpha_n y, \sin \alpha_n x \cdot y \cdot \cosh \alpha_n y.$$

Der Ansatz für die Spannungsfunktion lautet damit

$$F = \frac{1}{\alpha_n^2}(A_n \cosh \alpha_n y + \alpha_n y\, B_n \sinh \alpha_n y$$
$$+ C_n \sinh \alpha_n y + \alpha_n y\, D_n \cosh \alpha_n y)\sin \alpha_n x . \qquad (2.6.12)$$

Der Faktor vor der Klammer und der Faktor $\alpha_n$ jeweils vor dem y wurden eingeführt, um eine elegantere Lösung für die Spannungen zu erhalten. Nach den Definitionen von AIRY (2.2.7) ergeben sich mit dem Ansatz (2.6.12) für die Spannungen folgende Ausdrücke:

$$\sigma_x = F^{\cdot\cdot} = [(A_n + 2B_n)\cosh \alpha_n y + B_n \alpha_n y \sinh \alpha_n y$$
$$+ (C_n + 2D_n)\sinh \alpha_n y + D_n \alpha_n y \cosh \alpha_n y]\sin \alpha_n x ,$$
$$\sigma_y = F'' = -(A_n \cosh \alpha_n y + B_n \alpha_n y \sinh \alpha_n y$$
$$+ C_n \sinh \alpha_n y + D_n \alpha_n y \cosh \alpha_n y)\sin \alpha_n x , \qquad (2.6.13)$$
$$\tau_{xy} = -F^{\cdot\prime} = -[(A_n + B_n)\sinh \alpha_n y + B_n \alpha_n y \cosh \alpha_n y$$
$$+ (C_n + D_n)\cosh \alpha_n y + D_n \alpha_n y \sinh \alpha_n y]\cos \alpha_n x .$$

Die Konstanten $A_n$ bis $D_n$ sind aus den Randbedingungen zu bestimmen. Wegen

$$\sin \alpha_n x = 0 \qquad \text{für} \quad x = 0 \text{ und } x = \ell$$

sind (a) und (b) bereits durch den Ansatz erfüllt, so daß entsprechend der Anzahl der Unbekannten noch vier Randbedingungen übrig bleiben. Diese lauten mit (2.6.13)

(c) $\qquad -A_n \cdot \sin \alpha_n x = 0 \qquad \rightarrow \quad A_n = 0$

(d) $\qquad -(C_n + D_n)\cos \alpha_n x = 0 \qquad \rightarrow \quad D_n = -C_n$

(e)
$$-[B_n \alpha_n d \sinh \alpha_n d + C_n (\sinh \alpha_n d - \alpha_n d \cosh \alpha_n d)]\sin \alpha_n x$$
$$= -\frac{p_n}{h}\sin \alpha_n x$$

(f) $\qquad -[B_n(\sinh \alpha_n d + \alpha_n d \cosh \alpha_n d) - C_n \alpha_n d \sinh \alpha_n d]\cos \alpha_n x = 0$

Hieraus erhält man

$$A_n = 0,$$
$$B_n = \frac{p_n}{h}\frac{\alpha_n d \sinh \alpha_n d}{\sinh^2 \alpha_n d - \alpha_n^2 d^2},$$
$$C_n = -D_n - \frac{p_n}{h}\frac{\sinh \alpha_n d + \alpha_n d \cosh \alpha_n d}{\sinh^2 \alpha_n d - \alpha_n^2 d^2}.$$

(2.6.14)

Mit den Ergebnissen der Bedingungen (c) und (d) ergibt sich aus (2.6.13)

$$\sigma_x = [B_n(2\cosh \alpha_n y + \alpha_n y \sinh \alpha_n y) - C_n(\sinh \alpha_n y + \alpha_n y \cosh \alpha_n y)]\cdot$$
$$\sin \alpha_n x$$
$$\sigma_y = -[B_n \alpha_n y \sinh \alpha_n y + C_n(\sinh \alpha_n y - \alpha_n y \cosh \alpha_n y)]\sin \alpha_n x$$
$$\tau_{xy} = -[B_n(\sinh \alpha_n y + \alpha_n y \cosh \alpha_n y) - C_n \alpha_n y \sinh \alpha_n y]\cos \alpha_n x$$

(2.6.15)

Hierin sind die nach (2.6.14) berechneten Konstanten $B_n$ und $C_n$ einzusetzen.

### 2.6.2.2
### Zahlenbeispiele

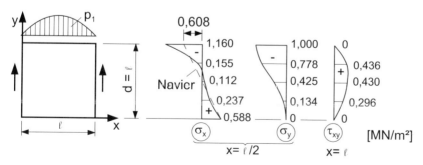

**Bild 2.6-5:** Quadratische Scheibe mit sinusförmiger Randlast

Die in Bild 2.6-5 dargestellte, quadratische Scheibe wurde für das erste Reihenglied der Belastung $p(x)$ nach (2.6.9) berechnet, wobei $p_1/h = 1$ MN/m$^2$ gewählt wurde. Gesucht waren der Verlauf von $\sigma_x$ und $\sigma_y$ in Feldmitte sowie derjenige von $\tau_{xy}$ am Scheibenende.

Mit $\alpha_1 \cdot d = \pi$ lauten die Konstanten nach (2.6.14)

$$B_1 = 1 \cdot \frac{\pi \cdot \sinh \pi}{\sinh^2 \pi - \pi^2} = 0{,}294, \qquad C_1 = 1 \cdot \frac{\sinh \pi + \pi \cosh \pi}{\sinh^2 \pi - \pi^2} = 0{,}388.$$

Die Spannung $\sigma_x$ verläuft stark nichtlinear und erreicht am belasteten Rand fast das Doppelte des nach der Balkentheorie berechneten Wertes. Dieser ergibt sich aus

$$M(x) = -\int\int p(x)dx = p_1\left(\frac{d}{\pi}\right)^2 \sin\frac{\pi}{d}x,$$

$$M\left(\frac{\ell}{2}\right) = p_1\left(\frac{d}{\pi}\right)^2 \qquad \text{und} \qquad W = \frac{1}{6}hd^2$$

zu

$$\sigma\left(\frac{\ell}{2},d\right) = -\frac{M(\ell/2)}{W} = -\frac{6}{\pi^2}\frac{p_1}{h} = -0{,}608 \, \text{MN}/\text{m}^2.$$

Aus (2.6.10) erhält man

$$\sigma_x = F'' = f(x)\cdot g''(y) \qquad \text{und} \qquad \tau_{xy} = -F'' = f'(x)\cdot g'(y).$$

Daraus folgt, daß der Extremwert von $\tau_{xy}$ in Höhe des Nullpunkts von $\sigma_x$ liegt.

Für das Verhältnis $d/\ell = 2$ weicht $\sigma_x$ bei gleicher Belastung noch mehr vom NAVIERschen Spannungsverlauf ab, wie aus Bild 2.6-6 hervorgeht.

Die obere Randspannung $\sigma_x$ ist trotz doppelter Konstruktionshöhe nicht wesentlich geringer als bei der quadratischen Scheibe. Die untere Hälfte der Scheibe beteiligt sich nämlich nur in geringem Maße an der Lastabtragung. Daraus zieht man die Erkenntnis, daß es aus statischen Gründen nicht sinnvoll ist, wandartigen Trägern eine Höhe zu geben, die größer als die Stützweite ist.

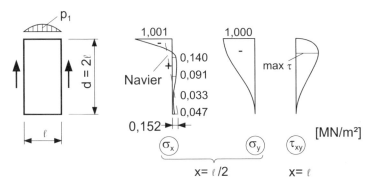

**Bild 2.6-6:**     Hohe Rechteckscheibe mit sinusförmiger Randlast

### 2.6.2.3
### Durchlaufscheiben unter Gleichlast

Ob die Gleichlast p am unteren oder oberen Rand der Scheibe angreift (siehe Bild 2.6-7), ist für den Verlauf der Spannungen $\sigma_x$ unerheblich.

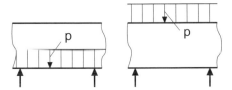

**Bild 2.6-7:**     Belastung einer Durchlaufscheibe am unteren oder oberen Rand

Dies folgt aus Bild 2.6-8, wo der Lastfall (b) laut Abschnitt 2.3.3 nur konstante Spannungen $\sigma_y = - p/h$ erzeugt. Von Einfluß auf den Spannungsverlauf ist dagegen wohl die Lagerung der Scheibe. Die größten Randspannungen treten immer auf der Seite der Lager auf.

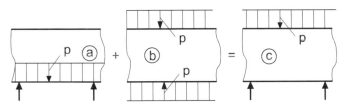

**Bild 2.6-8:**     Beziehung zwischen den Lastfällen Gleichlast unten und oben

Wenn die Last p wie im Fall (a) an der gelagerten Seite der Scheibe angreift, braucht nur für eine Randbelastung eine FOURIER-Analyse durchgeführt zu werden, während am anderen Rand die Randbedingung $\sigma_y = 0$ gilt. Sind jedoch wie im Fall (c) beide Ränder belastet, wird man die Lösung aus den beiden Fällen (a) und (b) herleiten.

Aus Bild 2.6-9 ist zu ersehen, wie die resultierende, in eine Reihe zu entwickelnde Randbelastung aus der angreifenden Linienlast p und den Lagerpressungen $\bar{p}$ zu ermitteln ist.

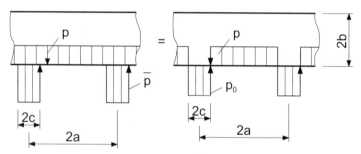

**Bild 2.6-9:**    Resultierende Randbelastung

Aus dem Gleichgewicht in Vertikalrichtung ergibt sich an den Lagern $\bar{p} = p \cdot a / c$ und

$$p_0 = \bar{p} - p = p \frac{a-c}{c} \, .$$

Wird bei der FOURIER-Entwicklung nach (2.6.1) die Periode $L = 2a$ gewählt, so verschwinden die Koeffizienten $b_n$ laut (2.6.4) aus Symmetriegründen. Außerdem wird $a_0 = 0$, da am Rand Gleichgewicht herrscht. Es sind nur noch die Werte $a_n$ nach (2.6.3) für $n = 1,2,3...$ zu berechnen.

Den Verlauf der Biegespannungen $\sigma_x$ in Abhängigkeit von den Längenverhältnissen b/a und c/a entnimmt man z.B. THEIMER [3.2], und zwar sowohl für die Feldmitte, als auch für die Stützenmitte. Die Diagramme in Bild 2.6-10 sind dem erwähnten Werk entnommen. Sie gelten, wie zuvor nachgewiesen, unverändert für eine Belastung p am oberen statt am unteren Rand.

Biegespannungen in Feldmitte in durchlaufenden wandartigen Trägern bei
gleichmäßig verteilter Belastung p

Verhältnisse: $\beta = \dfrac{b}{a}$, $\varepsilon = \dfrac{c}{a}$; Scheibendicke = h

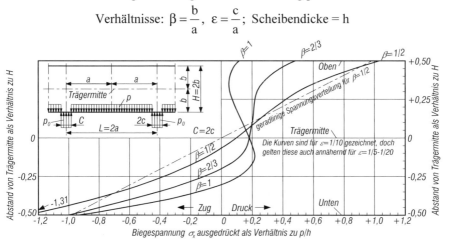

Biegespannungen in Stützenmitte durchlaufender wandartiger Träger bei gleichmäßig verteilter Belastung p

Verhältnisse: $\beta = \dfrac{b}{a}$, $\varepsilon = \dfrac{c}{a}$; Scheibendicke = h für $\varepsilon = \dfrac{1}{5}$

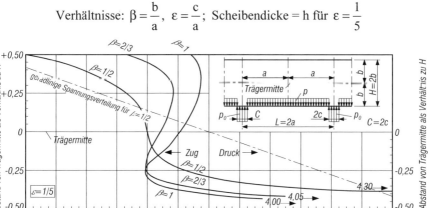

(entnommen aus THEIMER)

**Bild 2.6-10:** Biegespannungen von Durchlaufträgern unter Gleichlast

THEIMER macht auch Zahlenangaben für die resultierenden inneren Zug- und
Druckkräfte sowie für deren Höhenlage (siehe Bild 2.6-11).

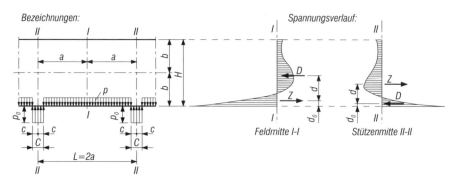

**Bild 2.6-11:**    Resultierende innere Kräfte in Durchlaufscheiben

Die folgende Tabelle enthält z.B. die Ergebnisse für eine Durchlaufscheibe mit $b/a = 1,0$ und $c/a = 0,2$.

|  | Z | d | $d_0$ | $Z_N$ | $d_N$ | $d_{0N}$ |
|---|---|---|---|---|---|---|
| Feld | 0,172 | 0,924 | 0,121 | 0,120 | 1,333 | 0,333 |
| Stütze | 0,324 | 0,740 | 0,059 | 0,180 | 1,333 | 0,333 |
| Faktor | pa | a | a | pa | a | a |

Für einen linearen Verlauf von $\sigma_x$ hätte man nach NAVIER die Größen $Z_N$, $d_N$ und $d_{0N}$ erhalten und damit nicht nur die tatsächlich wirkenden Zugkräfte Z deutlich unterschätzt, sondern auch deren Höhenlage wirklichkeitsfern angenommen, was im Stahlbetonbau zu einer falschen Lage der Bewehrung geführt hätte. Das gilt besonders für den Stützenquerschnitt. Dort liegt bei obigem Beispiel Z nicht halb so hoch wie nach der Balkentheorie.

In den Abschnitten 2.1.1.1 und 2.1.1.3 wurde bereits auf das Heft 240 des Deutschen Ausschusses für Stahlbeton [4.7] hingewiesen. Dort findet man auch Bemessungshilfen für Einzel-, Mehrfeld- und Kragscheiben. In Tabellen werden für verschiedene Lastfälle die resultierenden Zugkräfte angegeben. Außerdem ist der Verlauf der Zugspannungen und dessen Idealisierung für die Anordnung der Bewehrung dargestellt.

# 2.7
# Die mitwirkende Breite des Plattenbalkens

## 2.7.1
## Problemstellung

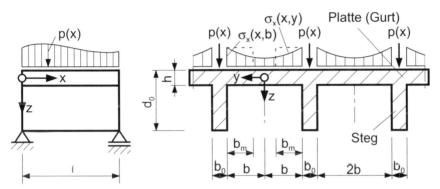

**Bild 2.7-1:**    Symmetrischer Plattenbalken mit belastetem Steg

Hier wird nur der mehrstegige, einfeldrige Plattenbalken mit konstantem Stegabstand (siehe Bild 2.7-1) behandelt. Das Verhältnis $d_0/\ell$ sei so klein, daß der Steg als Balken berechnet werden darf.

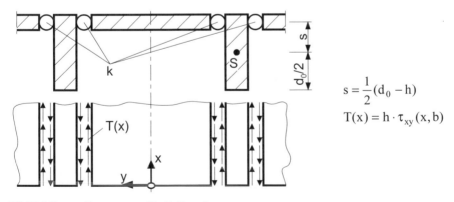

$$s = \frac{1}{2}(d_0 - h)$$

$$T(x) = h \cdot \tau_{xy}(x, b)$$

**Bild 2.7-2:**    Ersatzsystem für die Berechnung

Die Längsspannungen $\sigma_x$ sind in der Platte nicht über y konstant, sondern nehmen mit der Entfernung vom Stegrand ab. Um diese Wirkung der Schubspannungen zu erfassen, ist auf den Gurt die Scheibentheorie anzuwenden. Für die Berechnung wird das Problem idealisiert, indem, wie in Bild 2.7-2 dargestellt, in den Kontaktlinien k zwischen Platte und Steg gelenkige, scharnierartige Verbindungen angenommen werden.

### 2.7.2
### Definition der mitwirkenden Breite

Die mitwirkende Breite $b_m$ sei hier als Ersatzbreite definiert, auf der bei Gleichheit der Plattenlängskraft für $\sigma_x$ der konstante Randwert $\sigma_x(x,b)$ angenommen werden kann:

$$b_m \cdot \sigma_x(x,b) = \int_0^b \sigma_x(x,y)\,dy \qquad (2.7.1)$$

$b_m$ hängt von den Querschnittsabmessungen, der Stützweite, der Lagerung am Balkenende und der Art der Belastung ab.

### 2.7.3
### Ansatz für die Spannungsfunktion

Für die Spannungsfunktion des Gurtes wird der gleiche Ansatz (2.6.12) wie für den wandartigen Träger gewählt:

$$F(x,y) = \sum \frac{1}{\alpha_n^2}\,(A_n \cosh\alpha_n y + B_n\alpha_n y \sinh\alpha_n y +$$

$$C_n \sinh\alpha_n y + D_n\alpha_n y \cosh\alpha_n y)\sin\alpha_n x$$

$$\alpha_n = \frac{n\pi}{\ell}, \qquad n = 1, 2, 3\cdots$$

Wegen der Symmetrie zur x-Achse entfallen die Terme mit $C_n$ und $D_n$, und es verbleibt

$$F(x,y) = \sum_1^\infty \frac{1}{\alpha_n^2}(A_n \cosh\alpha_n y + B_n\alpha_n y \sinh\alpha_n y)\sin\alpha_n x . \qquad (2.7.2)$$

Entsprechend (2.6.13) folgt daraus

$$\sigma_x = \sum\left[(A_n + 2B_n)\cosh\alpha_n y + B_n\alpha_n y \sinh\alpha_n y\right]\sin\alpha_n x,$$

$$\sigma_y = -\sum(A_n \cosh\alpha_n y + B_n\alpha_n y \sinh\alpha_n y)\sin\alpha_n x, \qquad (2.7.3)$$

$$\tau_{xy} = -\sum\left[(A_n + B_n)\sinh\alpha_n y + B_n\alpha_n y \cosh\alpha_n y\right]\cos\alpha_n x.$$

## 2.7.4
## Randbedingungen des Gurtes

An den Rändern $x = 0$ und $x = \ell$ lauten die Randbedingungen

$$\sigma_x(0,y) = \sigma_x(\ell,y) = 0. \tag{2.7.4}$$

Wegen $\sin 0 = \sin n\pi = 0$ sind sie laut (2.7.3) bereits erfüllt. An den Rändern $y = 0$ und $y = b$ gilt aus Symmetriegründen

$$v(x,0) = v(x,b) = 0, \tag{2.7.5}$$

wenn die Querdehnung des Steges vernachlässigt wird. Mit (2.7.2) folgt aus (2.2.15)

$$Ev = \int F'' dy - \mu F' + f(x)$$

$$= -\sum \frac{1}{\alpha_n} \left[ (A_n - B_n) \sinh \alpha_n y + B_n \alpha_n y \cosh \alpha_n y \right] \sin \alpha_n x \tag{2.7.6}$$

$$- \mu \sum \frac{1}{\alpha_n} \left[ (A_n + B_n) \sinh \alpha_n y + B_n \alpha_n y \cosh \alpha_n y \right] \sin \alpha_n x + f(x).$$

Mit (2.7.5) erhält man hieraus

$$f(x) = 0,$$

$$A_n = B_n \left( \frac{1-\mu}{1+\mu} - \alpha_n b \coth \alpha_n b \right). \tag{2.7.7}$$

Die verbleibende Konstante $A_n$ bzw. $B_n$ erhält man aus der Kontinuitätsbedingung am Plattenrand: $\varepsilon_x$ muß an den Kontaktlinien bei Scheibe und Balken übereinstimmen.

Für die Randdehnung der Scheibe gilt mit (1.1.3) und (2.7.3)

$$E\varepsilon_{x,k} = \sigma_x(x,b) - \mu\sigma_y(x,b) = \sum [(A_n + 2B_n) \cosh \alpha_n b +$$

$$B_n \alpha_n b \sinh \alpha_n b] \sin \alpha_n x + \tag{2.7.8}$$

$$\mu \sum (A_n \cosh \alpha_n b + B_n \alpha_n b \sinh \alpha_n b) \sin \alpha_n x.$$

Die Dehnung des Balkens in Höhe der Gurtmittelfläche ergibt sich nach der Balkentheorie aus

$$E\varepsilon_{x,k} = -\frac{M(x)}{I} \cdot s + \frac{N(x)}{A} \quad \text{mit} \quad I = \frac{b_0 d_0^3}{12} \quad \text{und} \quad A = b_0 d_0. \tag{2.7.9}$$

Darin errechnet sich die Normalkraft N(x) des Balkens als Integral der beiden Schubkräfte T(x):

$$N(x) = 2\int_0^x T(x)dx = 2h\int_0^x \tau_{xy}(x,b)dx$$

$$= -2h\Sigma\frac{1}{\alpha_n}[(A_n + B_n)\sinh\alpha_n b + B_n\alpha_n b\cosh\alpha_n b]\sin\alpha_n x$$

(2.7.10)

Das Balkenmoment M(x) besitzt je einen Anteil aus der Linienlast p(x) und der exzentrischen Normalkraft N(x):

$$M(x) = M_0(x) - N(x)\cdot s = \Sigma m_n\sin\alpha_n x +$$

$$2hs\Sigma\frac{1}{\alpha_n}[(A_n + B_n)\sinh\alpha_n b + B_n\alpha_n b\cosh\alpha_n b]\sin\alpha_n x$$

(2.7.11)

Darin wurde der erste Term in eine trigonometrische Reihe entwickelt. Man erkennt hier, daß die mitwirkende Breite von der Art der Belastung abhängt.

### 2.7.5
### Lösung bei Belastung mit einem einzelnen Reihenglied

Aus (2.7.1) erhält man mit (2.2.7) für die mitwirkende Plattenbreite $b_m$

$$b_m = \frac{\int_0^b \sigma_x(x,y)dy}{\sigma_x(x,b)} = \frac{\int_0^b F''(x,y)dy}{F''(x,b)} = \frac{F'(x,b) - F'(x,0)}{F''(x,b)}.$$

(2.7.12)

Darin sind die aus (2.7.2) und (2.7.7) herzuleitenden Ausdrücke

$$F'(x,b) = \frac{1}{\alpha_n}\cdot B_n\cdot\frac{2}{1+\mu}\sinh\alpha_n b\sin\alpha_n x,$$

$$F'(x,0) = 0,$$

$$F''(x,b) = B_n\left(\frac{3+\mu}{1+\mu}\cosh\alpha_n b - \frac{\alpha_n b}{\sinh\alpha_n b}\right)\sin\alpha_n x$$

einzusetzen, so daß sich

$$b_m = \frac{\dfrac{1}{\alpha_n}\dfrac{2}{1+\mu}\sinh^2\alpha_n b}{\dfrac{3+\mu}{1+\mu}\cosh\alpha_n b\sinh\alpha_n b - \alpha_n b} \tag{2.7.13}$$

$$= \frac{2(\cosh 2\alpha_n b - 1)}{\alpha_n\left[(3+\mu)\sinh 2\alpha_n b - 2(1+\mu)\alpha_n b\right]}$$

ergibt. Man erkennt, daß $b_m$ bei dem betrachteten Sonderfall der Belastung mit einem einzelnen Reihenglied über die Länge des Balkens konstant ist. Außerdem hat sich die Konstante $B_n$ herausgekürzt und braucht nicht bestimmt zu werden.

Aus (2.7.13) lassen sich zwei Grenzwerte herleiten: Für $b \to \infty$ wird

$$b_m = \frac{2\ell}{(3+\mu)n\pi}, \tag{2.7.14}$$

während man für $\ell \to \infty$ nach wiederholter Anwendung der Regel von DE L'HOSPITAL

$$b_m = b. \tag{2.7.15}$$

erhält.

Zur Veranschaulichung wird (2.7.13) für das erste Reihenglied, d.h. für $n = 1$, ausgewertet. Mit der Querdehnzahl $\mu = 0,2$ von Beton ergeben sich die in der folgenden Tabelle zusammengestellten Zahlenwerte.

| $b/\ell$ | 0 | 0,1 | 0,5 | 1,0 | $\infty$ |
|---|---|---|---|---|---|
| $b_m/b$ | 1 | 0,933 | 0,406 | 0,200 | 0 |
| $b_m/\ell$ | 0 | 0,093 | 0,203 | 0,200 | 0,199 |

Man erkennt, daß sich das Verhältnis $b_m/\ell$ für $b/\ell > 0,5$ kaum ändert.

## 2.7.6
### Die mitwirkende Plattenbreite im allgemeinen Fall

Falls sich die Belastung $p(x)$ aus mehreren Reihengliedern zusammensetzt, dann sind die Koeffizienten $B_n$ aus der Kontinuitätsbedingung für $\varepsilon_{x,k}$ am Plattenrand zu bestimmen, d.h. durch Gleichsetzen von (2.7.8) und (2.7.9). In Gleichung (2.7.12) kürzt sich die Funktion $\sin\alpha_n x$ nicht mehr heraus, so daß $b_m$ von $x$ abhängig wird. Außerdem geht über den Hebelarm $s$ die Plattendicke in das Ergebnis ein. In Bild 2.7-3 ist der Verlauf von $b_m$ für verschiedene Belastungen qualitativ dargestellt.

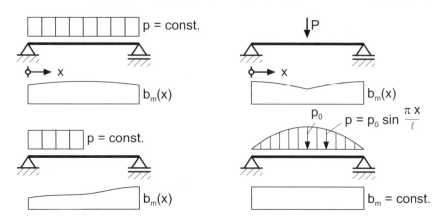

**Bild 2.7-3:**    Qualitativer Verlauf von $b_m$ für verschiedene Belastungen

In der Nähe von Einzellasten tritt jeweils eine Einschnürung auf, also auch über Zwischenauflagern. Dies ist nach den Bestimmungen für Betonbrücken, z.B. DIN 1075 [4.4], zu berücksichtigen, während im normalen Hochbau allgemein mit dem Wert gerechnet werden darf, der sich für Gleichlast in Feldmitte des statisch bestimmt gelagerten Ersatzträgers ergibt und nur von den Verhältnissen $b/\ell$ und $h/d_0$ abhängt. Eine entsprechende Tabelle enthält beispielsweise das Heft 240 des Deutschen Ausschusses für Stahlbeton [4.7]. Die dort für $h/d_0 = 0{,}15$ angegebenen Zahlenwerte stimmen gut mit den entsprechenden Ergebnissen aus der Tabelle von Abschnitt 2.7.5 überein.

Die vorstehenden Ausführungen basieren auf Gleichung (2.7.1), die die mitwirkende Plattenbreite aus der Gleichheit der Plattenlängskraft herleitet. Dementsprechend gelten die erzielten Ergebnisse für die Bemessung von Plattenbalken. Für die Ermittlung der Durchbiegungen wäre $b_m$ korrekterweise über die Gleichheit der Balkenkrümmungen gemäß

$$\frac{M(x)}{EI_0} = \frac{M_0(x)}{EI_{ers}} \qquad (2.7.16)$$

zu definieren. Man würde andere Zahlenergebnisse erhalten. Die Abweichungen sind jedoch nicht so gravierend, daß sie in der Praxis berücksichtigt werden müßten. Deshalb dürfen die für die Bemessung gültigen mitwirkenden Plattenbreiten auch der Schnittgrößenermittlung statisch unbestimmter Balken zugrunde gelegt werden

# 3 Die Plattentheorie

## 3.1 Die Tragwirkung von Platten

### 3.1.1 Allgemeines

Wie bereits in Abschnitt 1.3 erklärt wurde, stellen Platten ebene Flächentragwerke dar, die durch Lasten senkrecht zu ihrer Ebene oder durch andere Einflüsse beansprucht werden, die eine Verkrümmung der Plattenmittelfläche bewirken (z. B. Randmomente, exzentrische Vorspannung, ungleichmäßige Temperatur und Stützensenkungen). Bild 1.3-1 zeigt ein Beispiel für eine belastete Platte, die an ihren Ecken gestützt ist.

Die elastizitätstheoretische Behandlung des Plattenproblems führt auf eine partielle Differentialgleichung vierter Ordnung für die Biegefläche w(x,y), die sogenannte Plattengleichung, die erstmals von KIRCHHOFF im Jahre 1850 veröffentlicht wurde.

Platten können punktweise, linienförmig oder flächig (auf sogenannter elastischer Bettung) gelagert sein. Für die Grundrißdarstellung linienförmiger Lagerungen werden die in Bild 3.1-1 dargestellten Vereinbarungen getroffen.

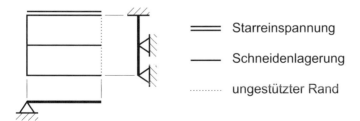

**Bild 3.1-1:**    Darstellung linienförmiger Lagerungen von Platten

Im folgenden werden die Platten horizontal liegend angenommen, wobei die kartesischen Koordinaten x, y bzw. die Polarkoordinaten r, φ die Plattenmittelfläche beschreiben. Die Koordinate z weist nach unten.

### 3.1.2
### Die Schnittgrößen von Platten

Die einzelnen Plattenstreifen werden, wie aus Bild 3.1-2 ersichtlich, bei der Beanspruchung nicht nur balkenartig verbogen, sondern auch verdrillt.

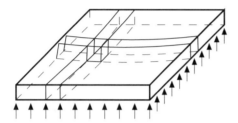

**Bild 3.1-2:**    Verformung einzelner Plattenstreifen

Dementsprechend treten in der Platte nicht nur Biegemomente $m_x$, $m_y$ mit achsenparallelen Vektoren und Querkräfte $q_x$, $q_y$, sondern auch Drillmomente $m_{xy}$ auf. Da die Belastung keine zur Plattenebene parallelen Komponenten aufweist, werden keine Normalkräfte hervorgerufen. Die an den Lagern infolge der Plattenverdrehung entstehenden Normalkräfte werden wegen Geringfügigkeit vernachlässigt. Voraussetzung hierfür ist die Beschränkung der Verformung.

Die Plattenschnittgrößen und die durch sie verursachten Spannungen sind in Bild 3.1-3 dargestellt.

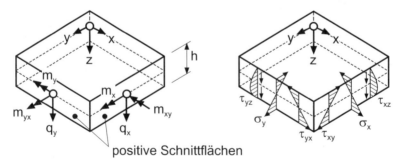

positive Schnittflächen

**Bild 3.1-3:**    Schnittgrößen und Spannungen in Platten

Die positiven Schnittkräfte sind so definiert, daß die zugeordneten Spannungen in den positiven Schnittflächen im Bereich positiver z in die Koordinatenrichtungen weisen.

Der Index bei den Biegemomenten gibt die Richtung der zugeordneten Spannungen an. Die Querkräfte erhalten den gleichen Index wie die im selben Schnitt wirkenden Biegemomente. Aus der Gleichheit der Schubspannungen $\tau_{xy}$ und $\tau_{yx}$ folgt $m_{xy} = m_{yx}$.

Sämtliche Schnittkräfte sind längenbezogen, z. B. Querkraft $q_x$ [kN/m] und Biegemoment $m_x$ [kNm/m].

### 3.1.3
### Hauptmomente

Es gibt einen ausgezeichneten Winkel $\varphi$, bei dem die Drillmomente verschwinden und die Biegemomente Extremwerte annehmen. Diese Extrema heißen Hauptmomente und werden mit $m_1$, $m_2$ bezeichnet. Ein entsprechendes infinitesimales Plattenelement ist in Bild 3.1-4 dargestellt.

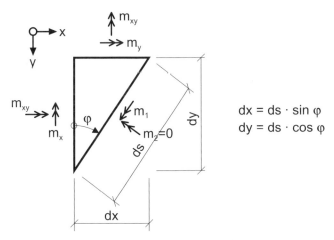

**Bild 3.1-4:** Infinitesimales Plattenelement mit Hauptmoment $m_1$

Das Momentengleichgewicht um eine Achse senkrecht zur schrägen Elementseite lautet

$$\Sigma M_2 = m_x \cdot dy \cdot \sin\varphi - m_{xy} \cdot dy \cdot \cos\varphi - m_y \cdot dx \cdot \cos\varphi + m_{xy} \cdot dx \cdot \sin\varphi = 0$$

oder

$$(m_x - m_y)\sin\varphi\cos\varphi - m_{xy}(\cos^2\varphi - \sin^2\varphi) = 0.$$

Mit Hilfe der Additionstheoreme für Winkelfunktionen ergibt sich daraus

$$\tan 2\varphi = \frac{2m_{xy}}{m_x - m_y}. \tag{3.1.1}$$

Durch Umformung dieser Gleichung erhält man

$$\tan\varphi = -\frac{m_x - m_y}{2m_{xy}} \pm \frac{1}{m_{xy}}\sqrt{\left(\frac{m_x - m_y}{2}\right)^2 + m_{xy}^2}. \tag{3.1.2}$$

Die Gleichgewichtsbedingung

$$\Sigma M_x = m_x \cdot dy + m_{xy} \cdot dx - m_1 \cdot ds \cdot \cos\varphi = 0$$

führt zunächst auf

$$m_1 = m_x + m_{xy} \cdot \tan\varphi$$

und mit (3.1.2) zum Ausdruck für die Hauptmomente

$$m_{1,2} = \frac{m_x + m_y}{2} \pm \frac{1}{2}\sqrt{(m_x - m_y)^2 + 4m_{xy}^2} \tag{3.1.3}$$

Diese Gleichung läßt sich im MOHRschen Momentenkreis graphisch deuten. Siehe hierzu Bild 3.1-5.

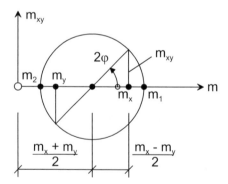

**Bild 3.1-5:**    MOHRscher Kreis für die Plattenmomente

Aus der Darstellung erkennt man, daß $\varphi$ für $m_{xy} = 0$ verschwindet, so daß $m_1 = m_x$ und $m_2 = m_y$ wird. Für die Bemessung von Platten sind die Hauptmomente maßgebend.

In einer quadratischen, gelenkig gelagerten Platte (siehe Bild 3.1-6) treten unter Gleichlast auf den beiden Koordinatenachsen aus Symmetriegründen keine Drillmomente auf. Die Momente $m_x$ und $m_y$ sind demnach Hauptmomente. Dementsprechend verlaufen die Hauptmomente auf den beiden Diagonalen parallel und senkrecht zu diesen. In der Plattenmitte liefert (3.1.1) wegen $m_x = m_y$ einen unbestimmten Ausdruck für $\varphi$. Das Maximalmoment ist in allen Richtungen gleich.

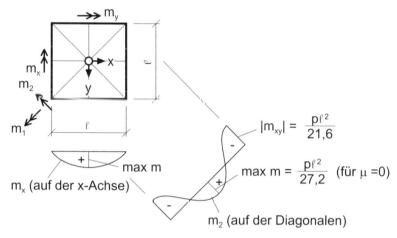

**Bild 3.1-6:** Hauptmomente einer quadratischen, gelenkig gelagerten Platte unter Gleichlast

An den Plattenecken wird $m_1 = -m_2 = m_{xy}$, da der Mittelpunkt des zugehörigen MOHRschen Kreises bei $m = 0$ liegt. Die Hauptmomente haben also denselben Absolutwert, jedoch umgekehrtes Vorzeichen. Dementsprechend muß im Stahlbetonbau die Drillbewehrung an Plattenecken oben in Richtung der Winkelhalbierenden verlaufen, unten senkrecht dazu (vgl. beispielsweise DIN 1045 [4.1], Abschnitt 20.1.6.4).

Die in Bild 3.1-6 angegebenen Zahlenwerte wurden Tafel 2 entnommen.

### 3.1.4
### Lastaufteilungsverfahren für Rechteckplatten

Wird die in Bild 3.1-2 veranschaulichte Wirkung der Drillmomente vernachlässigt, so liegt man auf der sicheren Seite, sowohl im Hinblick auf die Biegemomente, als auch auf die Durchbiegungen. Deshalb dürfen z.B. laut Abschnitt 20.1.5 der
DIN 1045 [4.1] die Biegemomente zweiachsig gespannter, allseits gelagerter
Rechteckplatten näherungsweise an sich kreuzenden Plattenstreifen gleicher größ-
ter Durchbiegung f ermittelt werden. Die auf die Platte wirkende konstante Belastung p wird bei dieser Methode mit Hilfe der Bedingung

$$f_x = f_y \qquad (3.1.4)$$

gemäß

$$p = p_x + p_y \qquad (3.1.5)$$

in die Anteile $p_x$ und $p_y$ aufgeteilt, so daß man die Platte getrennt in beiden Richtungen als Balken berechnen kann.

Die Methode wird anhand des Bildes 3.1-7 erläutert.

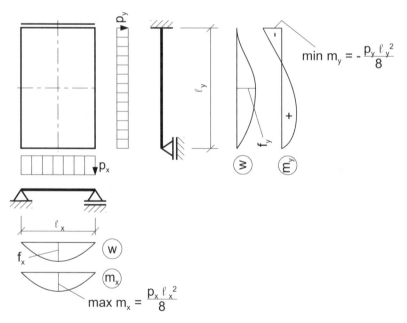

**Bild 3.1-7:**    Veranschaulichung der Streifenmethode

Mit der Lastanteilszahl κ gilt

$$p_x = \kappa p, \tag{3.1.6}$$

$$p_y = (1 - \kappa) \cdot p . \tag{3.1.7}$$

In Bild 3.1-8 sind die Mittendurchbiegungen von Balken in Abhängigkeit von den Lagerungsbedingungen angegeben (siehe z. B. HIRSCHFELD [1.16]).

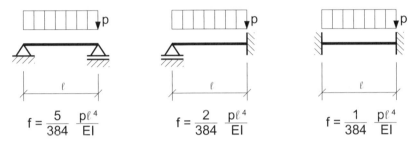

**Bild 3.1-8:**    Mittendurchbiegungen von Balken

Damit und mit $\varepsilon = \ell_y / \ell_x$ erhält man für die 6 verschiedenen Stützungsarten vierseitig gelagerter Rechteckplatten die in Bild 3.1-9 angegebenen Lastanteilszahlen κ.

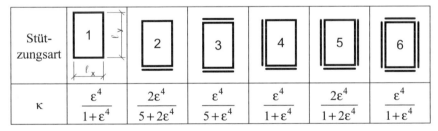

| Stüt- zungsart | 1 | 2 | 3 | 4 | 5 | 6 |
|---|---|---|---|---|---|---|
| κ | $\dfrac{\varepsilon^4}{1+\varepsilon^4}$ | $\dfrac{2\varepsilon^4}{5+2\varepsilon^4}$ | $\dfrac{\varepsilon^4}{5+\varepsilon^4}$ | $\dfrac{\varepsilon^4}{1+\varepsilon^4}$ | $\dfrac{2\varepsilon^4}{1+2\varepsilon^4}$ | $\dfrac{\varepsilon^4}{1+\varepsilon^4}$ |

**Bild 3.1-9:**    Plattenlagerungsarten und zugehörige Lastanteilszahlen κ

Bei gedrungenen Platten, d.h. bei einem Seitenverhältnis $2/3 \leq \varepsilon \leq 3/2$ ergeben sich nach der Plattentheorie wesentlich geringere Feldmomente als nach der Streifenmethode, da die Lasten im Eckbereich diagonal abgetragen werden.

Um die großen Unterschiede der Ergebnisse beider Verfahren an einem Beispiel aufzuzeigen, werden drei Platten vom Typ 2 mit unterschiedlichen Seitenverhältnissen untersucht. Nach der Streifenmethode lauten die beiden Feldmomente und das Stützmoment der betrachteten Platte allgemein

$$\max m_x = \frac{p_x \ell_x^{\,2}}{8} = \frac{p\,\ell_x \ell_y}{\alpha_{xf}},$$

$$\max m_y = \frac{9}{128} p_y \ell_y^{\,2} = \frac{p\,\ell_x \ell_y}{\alpha_{yf}},$$

$$\min m_y = \frac{-p_y \ell_y^{\,2}}{8} = \frac{p\,\ell_x \ell_y}{\alpha_{ys}}.$$

Den ermittelten Momentenbeiwerten $\alpha_{xf}$, $\alpha_{yf}$, $\alpha_{ys}$ werden in Bild 3.1-10 die entsprechenden Zahlenwerte nach der Plattentheorie (siehe Tafel 2) gegenübergestellt.

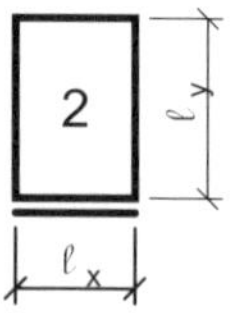

| $\varepsilon = \dfrac{\ell_y}{\ell_x}$ | $\kappa$ | Streifenmethode | | | Plattentheorie | | |
|---|---|---|---|---|---|---|---|
| | | $\alpha_{xf}$ | $\alpha_{yf}$ | $\alpha_{ys}$ | $\alpha_{xf}$ | $\alpha_{yf}$ | $\alpha_{ys}$ |
| 0,70 | 0,0876 | 63,9 | 22,3 | -12,5 | 78,3 | 29,2 | -13,1 |
| 1,00 | 0,2857 | 28,0 | 19,9 | -11,2 | 41,2 | 29,4 | -11,9 |
| 1,50 | 0,6694 | 17,9 | 28,7 | -16,1 | 24,9 | 48,5 | -13,3 |

**Bild 3.1-10:**    Lastanteilszahlen und Momentenbeiwerte für drei Platten des Typs 2

Der Einfluß der Drillmomente zeigt sich deutlich bei einem Vergleich der Feldmomente. In vorstehendem Beispiel ergeben sich diese nach der Streifenmethode um ca. 50 % größer als nach der Plattentheorie.

Die günstige Wirkung der Drillmomente darf nur in vollem Umfang berücksichtigt werden, wenn diese überall von der Platte aufgenommen werden können. Das setzt voraus, daß

- die Plattenecken gegen Abheben gesichert sind,
- an den Ecken, wo zwei frei drehbar gelagerte Ränder zusammenstoßen, eine ausreichende Eckbewehrung eingelegt wird und
- an den Ecken keine Aussparungen vorhanden sind, die die Drillsteifigkeit wesentlich beeinträchtigen.

Sind diese Bedingungen nicht erfüllt, dann dürfen die Biegemomente nicht nach der Plattentheorie ermittelt werden, wohl aber nach der Streifenmethode.

# 3.2
# Die Plattengleichung in kartesischen Koordinaten

## 3.2.1
## Idealisierungen und Annahmen

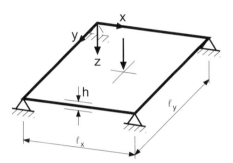

**Bild 3.2-1:** Beispiel für eine belastete Platte

Der Herleitung der KIRCHHOFFschen Plattengleichung liegen Idealisierungen und Annahmen im Hinblick auf Geometrie, Beanspruchung, Verformung und Material zugrunde, die im folgenden zusammengestellt werden.

Geometrie:

- Die Mittelfläche der unbelasteten Platte ist eben.
- Die Dicke h der Platte ist klein im Verhältnis zu deren Spannweiten.
- Die Plattendicke wird im folgenden als konstant vorausgesetzt.
- Es werden keine Imperfektionen berücksichtigt.

Belastung:

- Alle äußeren Lasten, Lagerkräfte und Lagerverschiebungen wirken senkrecht zur unverformten Mittelfläche, die Vektoren von Randmomenten oder Randverdrehungen liegen in ihr.
- Temperaturänderungen verlaufen linear über die Plattendicke mit Nullpunkt in der Mittelfläche.
- Die Spannungen $\sigma_z$ in der Platte infolge der Vertikallasten sind im Vergleich zu den Spannungen $\sigma_x$ und $\sigma_y$ vernachlässigbar gering, so daß ein ebener Spannungszustand vorausgesetzt werden darf.
- Alle Beanspruchungen sind zeitunabhängig.

Verformungen:

- Für die Neigungen der Biegefläche wird $\partial w / \partial x \ll 1$ und $\partial w / \partial y \ll 1$ vorausgesetzt, damit für die Krümmungen mit ausreichender Genauigkeit $\kappa_x = -\partial^2 w / \partial x^2$ und $\kappa_y = -\partial^2 w / \partial y^2$ gilt und die Membrankräfte vernachlässigt werden können.
- Wie beim Balken wird das Ebenbleiben der Querschnitte (Hypothese von BERNOULLI) vorausgesetzt, indem die Schubverformungen gegenüber den Biegeverformungen vernachlässigt werden. Daraus folgt, daß Punkte auf einer Normalen zur Platte nach deren Verformung auf einer Normalen zur verformten Mittelfläche liegen.
- Punkte der Mittelfläche verschieben sich bei deren Verformung nur in z-Richtung.

Material:

- Der Baustoff ist homogen und isotrop.
- Das Material verhält sich idealelastisch, so daß ohne Einschränkung das HOOKEsche Gesetz gilt.
- Das Materialverhalten ist zeitunabhängig.

### 3.2.2
### Gleichgewicht am Plattenelement

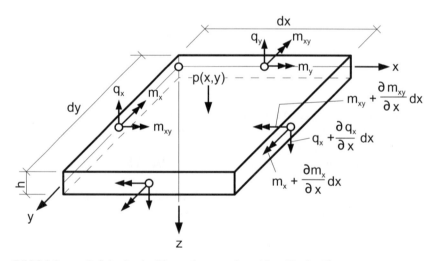

**Bild 3.2-2:**    Infinitesimales Plattenelement mit positiven Kraftgrößen

Bild 3.2-2 zeigt ein Plattenelement mit den an seinen Rändern angreifenden, positiv definierten Querkräften und Momenten (vgl. Bild 3.1-3). In den positiven Schnittflächen enthalten die Schnittgrößen jeweils einen differentiellen Zuwachs, der sich aus der partiellen Ableitung nach der betreffenden Richtung berechnet. Außer den Schnittgrößen ist die Flächenlast p(x,y) eingezeichnet. Diese kann im Bereich des Elements als konstant angesehen werden.

Am Element treten die fünf unbekannten Schnittgrößen $m_x$, $m_y$, $m_{xy}$, $q_x$ und $q_y$ auf. Dem stehen nur drei Gleichgewichtsbedingungen gegenüber, nämlich $\Sigma Z = \Sigma M_x = \Sigma M_y = 0$. Die restlichen drei Bedingungen $\Sigma X = \Sigma Y = \Sigma M_z = 0$ sind schon erfüllt, da nur Belastungen in z-Richtung auftreten und $m_{xy} = m_{yx}$ gesetzt wurde. Die vorhandenen Gleichungen reichen demnach zur Lösung des Plattenproblems nicht aus. Es müssen zusätzlich Formänderungsbetrachtungen angestellt werden.

Bei der Formulierung des Gleichgewichts sind die Schnittgrößen mit den Längen der Kanten zu multiplizieren, an denen sie wirken. Für die Vertikalrichtung erhält man

$$\Sigma V = p(x,y) \cdot dx \cdot dy + \left( q_x + \frac{\partial q_x}{\partial x} dx - q_x \right) \cdot dy + \left( q_y + \frac{\partial q_y}{\partial y} dy - q_y \right) \cdot dx = 0$$

und daraus nach Division durch die Elementfläche

$$\frac{\partial q_x}{\partial x} + \frac{\partial q_y}{\partial y} = -p(x,y) \, . \qquad (3.2.1)$$

Das Momentengleichgewicht um die rechte Kante lautet

$$\Sigma M_x = -p(x,y) \cdot dx \cdot dy \cdot \frac{dx}{2} + q_x \cdot dy \cdot dx - \left( q_y + \frac{\partial q_y}{\partial y} dy - q_y \right) \cdot dx \cdot \frac{dx}{2}$$

$$+ \left( m_x - m_x - \frac{\partial m_x}{\partial x} dx \right) \cdot dy + \left( m_{xy} - m_{xy} - \frac{\partial m_{xy}}{\partial y} dy \right) \cdot dx = 0$$

und nach Vereinfachung

$$- p(x,y) \cdot \frac{dx}{2} + q_x - \frac{\partial q_y}{\partial y} \cdot \frac{dx}{2} - \frac{\partial m_x}{\partial x} - \frac{\partial m_{xy}}{\partial y} = 0 \, .$$

Die beiden Terme, die dx enthalten, sind infinitesimal klein und können gegenüber den drei endlichen Gliedern der Gleichung vernachlässigt werden. Es verbleibt dann

$$q_x = \frac{\partial m_x}{\partial x} + \frac{\partial m_{xy}}{\partial y} \, . \qquad (3.2.2)$$

Dementsprechend ergibt sich aus einer Momentenbetrachtung um die x-Achse

$$q_y = \frac{\partial m_y}{\partial y} + \frac{\partial m_{xy}}{\partial x} \,. \tag{3.2.3}$$

Mittels (3.2.2) und (3.2.3) können die Querkräfte aus (3.2.1) entfernt werden, so daß nur noch eine Gleichung mit den drei Momenten als Unbekannten verbleibt:

$$\frac{\partial^2 m_x}{\partial x^2} + 2\frac{\partial^2 m_{xy}}{\partial x\,\partial y} + \frac{\partial^2 m_y}{\partial y^2} = -p(x,y) \,. \tag{3.2.4}$$

### 3.2.3
### Dehnungs-Verschiebungs-Beziehungen

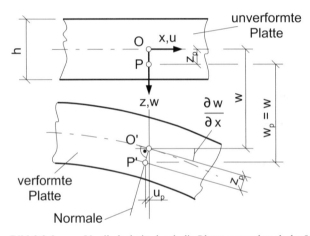

**Bild 3.2-3:**    Vertikalschnitt durch die Platte vor und nach der Verformung

Wie in Abschnitt 3.2.1 postuliert, verschiebt sich der Punkt O der Plattenmittelfläche (siehe Bild 3.2-3) nur in z-Richtung. Der darunter auf der Normalen liegende Punkt P erfährt durch die Verbiegung der Platte auch Verschiebungen in x- und y-Richtung. Diese lauten allgemein

$$u = -\frac{\partial w}{\partial x}\cdot z \,, \qquad v = -\frac{\partial w}{\partial y}\cdot z \,. \tag{3.2.5}$$

Da kleine Verformungen vorausgesetzt wurden, ist die Vertikalverschiebung w beider Punkte gleich.

Die Dehnungs-Verschiebungs-Beziehungen des ebenen Spannungszustands in der x-y-Ebene wurden bereits in Abschnitt 2.2.2 am Scheibenelement abgeleitet. Die entsprechenden Gleichungen (2.2.3) bis (2.2.5) werden hier übernommen und mit (3.2.5) kombiniert. Es ergibt sich

$$\varepsilon_x = \frac{\partial u}{\partial x} = -z \frac{\partial^2 w}{\partial x^2} , \tag{3.2.6}$$

$$\varepsilon_y = \frac{\partial v}{\partial y} = -z \frac{\partial^2 w}{\partial y^2} , \tag{3.2.7}$$

$$\gamma_{xy} = \frac{\partial u}{\partial y} + \frac{\partial v}{\partial x} = -2z \frac{\partial^2 w}{\partial x \, \partial y} . \tag{3.2.8}$$

In diesen drei Gleichungen treten vier neue Unbekannte auf, nämlich $\varepsilon_x$, $\varepsilon_y$, $\gamma_{xy}$ und w. Das in Abschnitt 3.2.2 konstatierte Defizit an Gleichungen hat sich demnach von zwei auf drei erhöht.

## 3.2.4
## Spannungs-Verschiebungs-Beziehungen

Die Beziehungen zwischen den Normalspannungen und den Verschiebungen ergeben sich aus (1.1.4) in Verbindung mit (3.2.6) und (3.2.7) zu

$$\sigma_x = \frac{E}{1-\mu^2}(\varepsilon_x + \mu \varepsilon_y) = -\frac{E \cdot z}{1-\mu^2}\left( \frac{\partial^2 w}{\partial x^2} + \mu \frac{\partial^2 w}{\partial y^2} \right), \tag{3.2.9}$$

$$\sigma_y = \frac{E}{1-\mu^2}(\varepsilon_y + \mu \varepsilon_x) = -\frac{E \cdot z}{1-\mu^2}\left( \frac{\partial^2 w}{\partial y^2} + \mu \frac{\partial^2 w}{\partial x^2} \right). \tag{3.2.10}$$

Für die Schubspannung erhält man mit (3.2.8)

$$\tau_{xy} = G \cdot \gamma_{xy} = \frac{E}{2(1+\mu)} \gamma_{xy} = -\frac{E \cdot z}{1+\mu} \frac{\partial^2 w}{\partial x \, \partial y} . \tag{3.2.11}$$

Da in den vorstehenden drei Gleichungen die drei neuen Unbekannten $\sigma_x$, $\sigma_y$, $\tau_{xy}$ auftreten, fehlen weiterhin drei Gleichungen zur Lösung des Problems. Diese werden im nächsten Abschnitt hergeleitet, indem die Äquivalenz der Momente mit den durch sie verursachten Spannungen formuliert wird.

### 3.2.5
### Momenten-Verschiebungs-Beziehungen

Anhand des Bildes 3.2-4 werden die Plattenmomente als Resultierende der inneren Spannungen mit ihren Hebelarmen ausgedrückt.

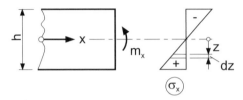

**Bild 3.2-4:**    Biegemoment $m_x$ und zugehörige Spannungen $\sigma_x$

Durch Integration über die Plattendicke erhält man unter Verwendung von (3.2.9)

$$m_x = \int\limits_{-h/2}^{h/2} \sigma_x \cdot z\,dz = -\frac{E}{1-\mu^2}\left(\frac{\partial^2 w}{\partial x^2} + \mu\frac{\partial^2 w}{\partial y^2}\right)\int\limits_{-h/2}^{h/2} z^2 dz$$

$$= -\frac{Eh^3}{12(1-\mu^2)}\left(\frac{\partial^2 w}{\partial x^2} + \mu\frac{\partial^2 w}{\partial y^2}\right).$$

Mit der sogenannten Plattensteifigkeit

$$K = \frac{Eh^3}{12(1-\mu^2)} \tag{3.2.12}$$

folgt hieraus

$$m_x = -K\left(\frac{\partial^2 w}{\partial x^2} + \mu\frac{\partial^2 w}{\partial y^2}\right) = -K(w'' + \mu\ddot{w}). \tag{3.2.13}$$

Der entsprechende Ausdruck für $m_y$ ergibt sich durch Vertauschung von x und y zu

$$m_y = -K(\ddot{w} + \mu w''). \tag{3.2.14}$$

Schließlich erhält man mit (3.2.11) für das Drillmoment

$$m_{xy} = \int\limits_{-h/2}^{h/2} \tau_{xy} \cdot z\,dz = -\frac{E}{1+\mu}\frac{\partial^2 w}{\partial x\,\partial y}\int\limits_{-h/2}^{h/2} z^2 dz$$

oder

$$m_{xy} = -K(1-\mu)w^{'\cdot}.$$  (3.2.15)

In (3.2.13) bis (3.2.15) sind keine neuen Unbekannten aufgetreten, so daß nunmehr genügend Gleichungen zur Verfügung stehen.

## 3.2.6
## Querkraft-Verschiebungs-Beziehungen

Aus (3.2.2) und (3.2.3) folgen mit (3.2.13) bis (3.2.15) nun auch die Beziehungen zwischen den Querkräften und den Verschiebungen. Für $q_x$ erhält man zunächst

$$q_x = \frac{\partial m_x}{\partial x} + \frac{\partial m_{xy}}{\partial y} = -K(w''' + \mu w^{'\cdot\cdot}) - K(1-\mu)w^{'\cdot\cdot}$$

und weiter

$$q_x = -K(w''' + w^{'\cdot\cdot}).$$  (3.2.16)

Dementsprechend wird

$$q_y = -K(w^{\cdot\cdot\cdot} + w''^{\cdot}).$$  (3.2.17)

Mit den letzten beiden Gleichungen sind nun alle Spannungen, Dehnungen und Schnittgrößen auf die eine Unbekannte w zurückgeführt.

## 3.2.7
## Plattengleichung

Die Ausdrücke (3.2.13) bis (3.2.15) für die Plattenmomente werden in die kombinierte Gleichgewichtsbedingung (3.2.4) eingeführt. Man erhält

$$\frac{\partial^2 m_x}{\partial x^2} + 2\frac{\partial^2 m_{xy}}{\partial x\,\partial y} + \frac{\partial^2 m_{xy}}{\partial y^2} = -K(w'''' + \mu w''^{\cdot\cdot}) - 2K(1-\mu)w''^{\cdot\cdot}$$

$$-K(w^{\cdot\cdot\cdot\cdot} + \mu w''^{\cdot\cdot}) = -p(x,y).$$

Nach Zusammenfassung und Division durch K folgt

$$w'''' + 2w''^{\cdot\cdot} + w^{\cdot\cdot\cdot\cdot} = p(x,y)/K$$  (3.2.18)

oder mit (2.2.12)

$$\Delta\Delta w = p(x,y)/K.$$  (3.2.19)

Dies ist eine lineare, partielle Differentialgleichung 4. Ordnung. Sie wird als Plattengleichung bezeichnet und ist vom selben Typ wie die Scheibengleichung (2.2.13), jedoch im allgemeinen inhomogen.

Die Plattengleichung ist unter Beachtung der Randbedingungen zu lösen. Aus dem Ergebnis w(x,y) erhält man die Schnittgrößen durch Differentiation entsprechend (3.2.13) bis (3.2.17).

Rückblickend soll noch einmal nachvollzogen werden, welche Grundgleichungen schließlich zur Gesamtdifferentialgleichung geführt haben. Wie auch bei der Scheibengleichung und bei jedem anderen elastizitätstheoretischen Problem sind das

- die Gleichgewichtsbedingungen, die die statische Verträglichkeit gewährleisten und den Zusammenhang zwischen den inneren und äußeren Kraftgrößen beschreiben,
- die kinematischen Beziehungen, die aus der geometrischen Verträglichkeit resultieren und den Zusammenhang zwischen den Verzerrungen und den Verschiebungen wiedergeben, sowie
- das Materialgesetz, welches den Zusammenhang zwischen den Verzerrungen und den inneren Kraftgrößen beschreibt.

## 3.2.8
## Die Randbedingungen

### 3.2.8.1
### Randscherkräfte

An jedem Rand der Platte treten drei verschiedene Schnittgrößen auf (Biegemoment, Drillmoment und Querkraft), die mit dem äußeren Randangriff im Gleichgewicht stehen müssen. Für w(x,y) als Lösung der Plattengleichung können jedoch je Rand entsprechend der Ordnung der Differentialgleichung nur zwei Randbedingungen vorgeschrieben werden. Man hilft sich, indem man die Wirkungen von $q_x$ bzw. $q_y$ und $m_{xy}$ zu einer Größe, der sogenannten Randscherkraft, zusammenfaßt. Die Herleitung wird anhand von Bild 3.2-5 erläutert.

Links ist die Plattenmittelfläche mit den positiven Randschnittgrößen dargestellt. Für die beiden Randflächen der Platte, die die Achsen x und y enthalten, sind im rechten Teil des Bildes die Drillmomente eines Abschnitts dx bzw. dy jeweils durch ein gleichwertiges Kräftepaar ersetzt worden. An den Grenzen der Abschnitte der Länge dx heben sich die Komponenten der beiden Kräftepaare teilweise auf. Es verbleibt als Resultierende $(\partial m_{xy}/\partial x) \cdot dx$. Diese Einzelkraft wird auf die Länge dx verteilt, so daß sich die bezogene Ersatzscherkraft $\partial m_{xy}/\partial x$ ergibt. Für die Randfläche $x = 0$ erhält man die Ersatzscherkraft $\partial m_{xy}/\partial y$.

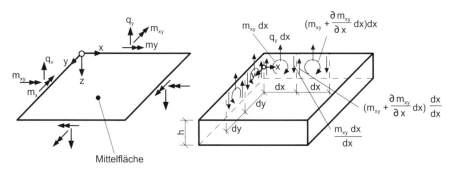

**Bild 3.2-5:**    Zur Herleitung der Ersatzscherkräfte

Die Summe aus Querkraft und zugehöriger Ersatzscherkraft wird als Randscherkraft bezeichnet:

$$\overline{q}_x = q_x + \frac{\partial m_{xy}}{\partial y} , \qquad (3.2.20)$$

$$\overline{q}_y = q_y + \frac{\partial m_{xy}}{\partial x} . \qquad (3.2.21)$$

Die Randscherkräfte entsprechen den Auflagerkräften. Im allgemeinen stimmen also Auflagerkraft und Randquerkraft nicht überein.

An einer rechtwinkligen Plattenecke addieren sich die Ersatzscherkräfte zu einer abhebenden Einzelkraft

$$A = 2\, m_{xy}. \qquad (3.2.22)$$

### 3.2.8.2
### Randbedingungen an geraden Rändern

In Bild 3.2-6 sind verschiedene Lagerungen des geraden Randes bei $x = 0$ dargestellt. Hierfür sollen im folgenden die Randbedingungen formuliert werden.

**Gerader, eingespannter Rand (a)**

Die Randbedingungen für w lauten unabhängig von $\mu$

$$w(0,y) = w'(0,y) = 0. \qquad (3.2.23)$$

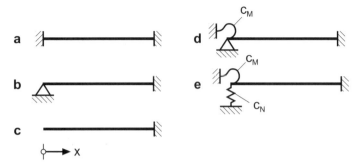

**Bild 3.2-6:**    Verschiedene Lagerungen des Randes bei x = 0

Daraus folgt durch Differentiation $w''(0,y) = 0$ und weiter mit (3.2.15)

$$m_{xy}(0,y) = -K(1-\mu)w''(0,y) = 0 .$$

Am eingespannten Rand tritt also kein Drillmoment auf. Dementsprechend gilt dort

$$\overline{q}_x(0,y) = q_x(0,y) \quad \text{und} \quad A = 0 .$$

### Gerader, gelenkig gelagerter Rand (b)

Außer der Durchbiegung verschwindet am Rand das Biegemoment $m_x$. Es gilt demnach

$$w(0,y) = m_x(0,y) = 0.$$

Da sich der Rand nicht verkrümmen kann, gilt auch $w''(0,y) = 0$, und aus (3.2.13) folgt

$$w''(0,y) = 0 .$$

Die Randbedingungen für w lauten demnach unabhängig von $\mu$

$$w(0,y) = w''(0,y) = 0 . \qquad (3.2.24)$$

Die gemischte Ableitung von w verschwindet nicht, da sich die Randverdrehung der Platte mit y ändert. Deshalb treten am gelenkig gelagerten Rand Drillmomente auf, und es gilt

$$m_{xy} \neq 0, \quad A = 2\,m_{xy} \quad \text{und} \quad q_x \neq \overline{q}_x .$$

### Gerader, freier Rand (c)

Das Randmoment und die Randscherkraft verschwinden:

$$m_x(0, y) = \overline{q}_x(0, y) = 0 .$$

Daraus erhält man mit (3.2.13) die erste Randbedingung für w:

$$w''(0, y) + \mu \cdot w''(0, y) = 0 . \tag{3.2.25}$$

Diese ist von $\mu$ abhängig. Das gilt auch für die zweite Randbedingung, die sich unter Verwendung von (3.2.15) und (3.2.16) aus (3.2.20) ergibt. Mit

$$\overline{q}_x = q_x + \frac{\partial m_{xy}}{\partial y} = -K(w''' + w''^{\cdot}) - K(1 - \mu)w'^{\cdot\cdot}$$

erhält man

$$w'''(0, y) + (2 - \mu) \cdot w'^{\cdot\cdot}(0, y) = 0 . \tag{3.2.26}$$

Ebenso wie die Randbedingungen hängt bei Rechteckplatten mit freiem Rand die gesamte Lösung der Plattengleichung von $\mu$ ab.

**Gerader, gestützter Rand mit elastischer Einspannung (d)**

Die Lösung unterscheidet sich von Fall (b) dadurch, daß das Randmoment nicht verschwindet, sondern proportional zur Randverdrehung ist:

$$m_x(0, y) = -c_M \cdot w'(0, y) .$$

Dementsprechend lauten die Randbedingungen für w

$$w(0, y) = 0, \quad c_M \cdot w'(0, y) - K \cdot w''(0, y) = 0 . \tag{3.2.27}$$

Über K ergibt sich eine Abhängigkeit von $\mu$.

**Gerader Rand mit elastischer Stützung und Einspannung (e)**

Abweichend von Fall (c) ergeben sich das Randmoment und die Randscherkraft aus den betreffenden Randverformungen zu

$$m_x(0, y) = -c_M \cdot w'(0, y) \quad \text{und} \quad \overline{q}_x(0, y) = +c_N \cdot w(0, y) .$$

Dementsprechend lauten die Randbedingungen für w

$$\begin{aligned} c_M \cdot w'(0, y) - K\big[w''(0, y) + \mu \cdot w''(0, y)\big] &= 0 , \\ c_N \cdot w(0, y) + K\big[w'''(0, y) + (2 - \mu)w'^{\cdot\cdot}(0, y)\big] &= 0 . \end{aligned} \tag{3.2.28}$$

### 3.2.9
### Einfluß der Querdehnung

#### 3.2.9.1
#### *Allgemeines*

Aus der modifizierten Form der Plattengleichung (3.2.19)

$$\Delta\Delta(K \cdot w) = p(x, y)$$

geht hervor, daß das Produkt K·w unabhängig von der Querdehnzahl $\mu$ ist, wenn das auch für die Randbedingungen gilt. Es liegt deshalb nahe, gegebenenfalls die Lösung für $\mu = 0$ zu suchen und das Ergebnis nach der Gleichung

$$K_\mu \cdot w_\mu = K_0 \cdot w_0$$

auf den Fall $\mu \neq 0$ umzurechnen. Mit K nach Gleichung (3.2.12) gilt dann

$$w_\mu = (1 - \mu^2) \cdot w_0.$$

Diese Methode ist auf Probleme mit $\mu$-freien Rändern, wie z.B. die Fälle **(a)** und **(b)** nach Bild 3.2-6, beschränkt und wird im folgenden Unterabschnitt weiter ausgeführt.

Bei den Biegemomenten besteht, wie man aus (3.2.13) und (3.2.14) ersieht, keine Affinität zwischen den Lösungen für $\mu = 0$ und $\mu \neq 0$. Eine Umrechnung ist jedoch trotzdem möglich, da z.B.

$$m_x = -K_\mu \cdot (w''_\mu + \mu \ddot{w}_\mu) = -K_0 \cdot (w''_0 + \mu \ddot{w}_0) = m_{x0} + \mu \cdot m_{y0}$$

gilt.

Im Stahlbetonbau mit Ausnahme von Fahrbahnplatten darf i.a. $\mu = 0$ angenommen werden. Im Spannbetonbau ist $\mu = 0{,}2$, bei Stahlkonstruktionen $\mu = 0{,}3$ zu setzen. Je größer $\mu$ ist, desto kleiner werden die Verformungen und desto größer die Feldmomente. Die Stützmomente und die Querkräfte sind unabhängig von $\mu$.

#### 3.2.9.2
#### *Umrechnungsformeln für Platten mit von $\mu$ unabhängigen Randbedingungen*

Vierseitig gestützte Platten, deren Ränder gelenkig gelagert oder starr eingespannt sind, besitzen von der Querdehnzahl $\mu$ unabhängige Randbedingungen. Dementsprechend bezeichnet man ihre Ränder als $\mu$-frei. Sollen mit $\mu = 0$ ermittelte Zustandsgrößen von Platten mit $\mu$-freien Rändern (siehe Bild 3.2-7) auf $\mu \neq 0$ umgerechnet werden, so gelten hierfür die in der folgenden Tabelle zusammengestellten Formeln.

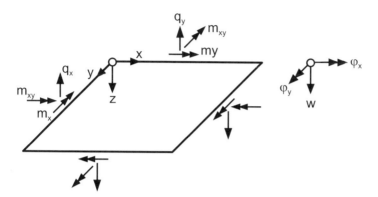

**Bild 3.2-7:**    Zustandsgrößen von Platten

| Zustandsgröße | Lösung für $\mu = 0$ | Lösung für $\mu \neq 0$ | Gleichungs-nummer |
|---|---|---|---|
| Durchbiegung | $w_0$ | $w_\mu = (1-\mu^2)w_0$ | (3.2.29) |
| Neigungen der Biegefläche | $\varphi_{x0} = w_0^{\cdot}$ $\varphi_{y0} = -w_0'$ | $\varphi_{x\mu} = (1-\mu^2)\varphi_{x0}$ $\varphi_{y\mu} = (1-\mu^2)\varphi_{y0}$ | (3.2.30) |
| Biegemomente | $m_{x0}$ $m_{y0}$ | $m_{x\mu} = m_{x0} + \mu m_{y0}$ $m_{y\mu} = m_{y0} + \mu m_{x0}$ | (3.2.31) |
| Drillmoment | $m_{xy0}$ | $m_{xy\mu} = (1-\mu)m_{xy0}$ | (3.2.32) |
| Querkräfte | $q_{x0}$ $q_{y0}$ | $q_{x\mu} = q_{x0}$ $q_{y\mu} = q_{y0}$ | (3.2.33) |
| Randscherkräfte | $\overline{q}_{x0} = q_{x0} + m_{xy0}^{\cdot}$ $\overline{q}_{y0} = q_{y0} + m_{xy0}'$ | $\overline{q}_{x\mu} = q_{x0} + (1-\mu) m_{xy0}^{\cdot}$ $\overline{q}_{y\mu} = q_{y0} + (1-\mu) m_{xy0}'$ | (3.2.34) |

### 3.2.9.3
### *Rechteckplatten mit freiem Rand*

Freie Plattenränder sind, wie in Abschnitt 3.2.8.2 nachgewiesen wurde, nicht μ-frei. Deshalb ist die Lösung w der Plattengleichung von der Querdehnzahl abhängig, und die Lösung für $\mu \neq 0$ kann nicht aus derjenigen für $\mu = 0$ hergeleitet werden. Entsprechende Tafelwerke müssen also den Parameter $\mu$ enthalten. Die für vierseitig gestützte Rechteckplatten gültigen Umrechnungsformeln würden hier zu Fehlern führen.

Mit Hilfe der diesem Buch beigefügten CD-ROM wurden für den Lastfall p = const. die Momentenbeiwerte einer Platte mit einem freien Rand für $\mu = 0$ und $\mu = 0,20$ und für drei verschiedene Seitenverhältnisse ermittelt. Sie sind der folgenden Tabelle (siehe Bild 3.2-8) zu entnehmen. Dabei gilt allgemein

$$m = \frac{p\ell_x^{\,2}}{\alpha} \, .$$

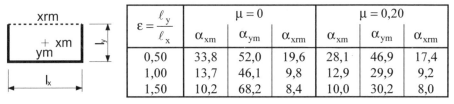

| $\varepsilon = \dfrac{\ell_y}{\ell_x}$ | $\mu = 0$ | | | $\mu = 0,20$ | | |
|---|---|---|---|---|---|---|
| | $\alpha_{xm}$ | $\alpha_{ym}$ | $\alpha_{xrm}$ | $\alpha_{xm}$ | $\alpha_{ym}$ | $\alpha_{xrm}$ |
| 0,50 | 33,8 | 52,0 | 19,6 | 28,1 | 46,9 | 17,4 |
| 1,00 | 13,7 | 46,1 | 9,8 | 12,9 | 29,9 | 9,2 |
| 1,50 | 10,2 | 68,2 | 8,4 | 10,0 | 30,2 | 8,0 |

**Bild 3.2-8:**     Momentenbeiwerte für drei Platten mit freiem Rand

Nach den hier nicht anwendbaren Umrechnungsformeln (3.2.31) würden sich die Randmomente $m_{xrm}$ für $\mu \neq 0$ nicht von denen für $\mu = 0$ unterscheiden.

### 3.2.10
### Der Lastfall ungleichmäßige Temperatur

#### 3.2.10.1
#### Temperaturverlauf

Entsprechend Bild 3.2-9 wird in der Platte ein linearer Temperaturverlauf mit Nulldurchgang in der Mittelfläche angenommen. Eine positive Temperaturdifferenz

$$\Delta T = T_u - T_o \tag{3.2.35}$$

erzeugt Verkrümmungen mit demselben Vorzeichen wie ein positives Biegemoment.

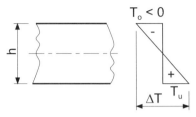

**Bild 3.2-9:** Temperaturverlauf in einer Platte

### 3.2.10.2
### *ΔT am Grundsystem*

Als Grundsystem wird eine ringsum fest eingespannte Platte gewählt. Die Ränder dieser Platte können sich nicht verdrehen. Deshalb wäre nur eine Biegefläche mit Wendepunkten denkbar. Diese würde jedoch veränderliche Biegemomente und damit Querkräfte voraussetzen, die aus Gleichgewichtsgründen nicht auftreten können. Die Platte muß also eben bleiben. Es entstehen Biegemomente, die eine Verkrümmung infolge ΔT verhindern.

Wenn die Schnittgrößen und Verformungen dieses Grundsystems mit dem Fußindex o gekennzeichnet werden, gilt für die Krümmungen mit der Wärmedehnzahl $\alpha_T$

$$\kappa_{x0} = \frac{\alpha_T \Delta T}{h} + \frac{m_{x0}}{EI} - \frac{\mu m_{y0}}{EI} = 0 \, ,$$

$$\kappa_{y0} = \frac{\alpha_T \Delta T}{h} + \frac{m_{y0}}{EI} - \frac{\mu m_{x0}}{EI} = 0 \, .$$

Daraus folgt

$$m_{x0} = m_{y0} = -\frac{EI}{1-\mu^2}(1+\mu)\frac{\alpha_T \Delta T}{h} \, .$$

Mit (3.2.12) erhält man daraus

$$m_{x0} = m_{y0} = m_0 = -K(1+\mu)\frac{\alpha_T \Delta T}{h} \, . \tag{3.2.36}$$

Die Biegemomente $m_{xo}$ und $m_{yo}$ sind in der gesamten Platte konstant. Querkräfte, Drillmomente und Durchbiegungen treten nicht auf:

$$q_{xo} = q_{yo} = m_{xyo} = w_o = 0. \tag{3.2.37}$$

### 3.2.10.3
### $\Delta T$ an der gelenkig gelagerten Platte

Da das Moment $m_{xo}$ bzw. $m_{yo}$ an einem gelenkigen Rand nicht aufgenommen werden kann, wird dem oben behandelten Grundzustand ein Lastfall überlagert, der aus der Randmomentenbelastung $m_R = -m_o$ an den gelenkigen Rändern besteht. Bild 3.2-10 zeigt ein entsprechendes Beispiel. In Abschnitt 3.3.4.3 wird eine vierseitig gelenkig gelagerte Rechteckplatte unter $\Delta T$ berechnet.

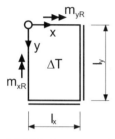

Randbedingungen
Rand x = 0:    w = 0;    $m_{xR} = -m_0$
Rand y = 0:    w = 0;    $m_{yR} = -m_0$
Rand x = $\ell_x$:    w = w' = 0
Rand y = $\ell_y$:    w = w' = 0

**Bild 3.2-10:**    Beispiel zur Berücksichtigung gelenkiger Ränder beim Lastfall $\Delta T$

### 3.2.11
### Die elastisch gebettete Platte

Bei der Berechnung der elastisch gebetteten Platte (siehe Bild 3.2-11) kann man von der normalen Plattengleichung $\Delta\Delta w = q/K$ ausgehen und dabei unter q die Differenz zwischen der Belastung p der Platte und der Bodenpressung $\sigma_b$ verstehen:

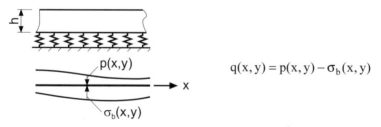

$$q(x, y) = p(x, y) - \sigma_b(x, y)$$

**Bild 3.2-11:**    Elastisch gebettete Platte

Vereinfacht wird die Sohldruckverteilung $\sigma_b(x,y)$ hier entsprechend dem Bettungsmodulverfahren affin zur Setzungsmulde angenommen:

$$\sigma_b = c \cdot w \quad \text{mit} \quad c = \text{Bettungsmodul } [MN / m^3].$$

Das entspricht der Annahme einer Lagerung auf unendlich vielen Einzelfedern, die unabhängig voneinander wirken. (Korrekt wäre es, nach dem Steifezahlverfahren diejenige Sohldruckverteilung zu suchen, bei der die Biegefläche der Platte gleich der Setzungsmulde des Geländes wird).

Man erhält

$$\Delta\Delta w + \frac{c}{K} w = \frac{p}{K}. \tag{3.2.38}$$

Der Typ der Differentialgleichung unterscheidet sich von dem der Plattengleichung. Für die Kreisplatte mit rotationssymmetrischer Beanspruchung erhält man eine geschlossene Lösung mit Hilfe der sogenannten Zylinderfunktion (siehe z.B. HIRSCHFELD [1.16]).

# 3.3
# Vierseitig gelagerte Rechteckplatten

### 3.3.1
### Allgemeines

Bei der Lagerung vierseitig gestützter Rechteckplatten werden nach den vorhandenen Einspannungen sechs Typen unterschieden. Diese sind in Bild 3.3-1 dargestellt.

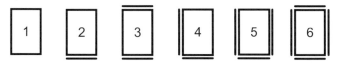

**Bild 3.3-1:**     Lagerungsfälle vierseitig gestützter Rechteckplatten

Unter der Voraussetzung, daß die Platten für die Aufnahme der Drillmomente bemessen sind und daß die Ecken gegen Abheben gesichert sind, können die Schnittgrößen dieser Platten aus der Plattengleichung als Reihenlösung ermittelt werden. Für Gleichlast und für hydrostatische Lastfälle liegen die Ergebnisse in Tabellenform vor (siehe z.B. CZERNY [3.6]), und zwar für $\mu = 0$. Falls die Querdehnzahl berücksichtigt werden soll, geschieht dies nach den Gleichungen (3.2.31) bis (3.2.33).

## 3.3.2
## Lösung der Plattengleichung mit Reihenansatz

Als Beispiel für eine Plattenberechnung mit Hilfe einer FOURIER-Reihe wird die in Bild 3.3-2 dargestellte, vierseitig gelenkig gelagerte Platte (vgl. GIRKMANN [1.1]) unter der Wirkung der konstanten Flächenlast p gewählt.

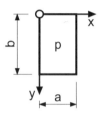

Randbedingungen:
$$x = 0 \quad \text{und} \quad x = a: \qquad w = m_x = 0$$
$$y = 0 \quad \text{und} \quad y = b: \qquad w = m_y = 0$$

**Bild 3.3-2:**     Gelenkig gelagerte Rechteckplatte mit Randbedingungen

### 3.3.2.1
### Lösungsansatz

Die Lösung der Plattengleichung $\Delta\Delta w = p/K$ setzt sich gemäß

$$w = w_h + w_p \tag{3.3.1}$$

aus einem homogenen und einem partikulären Anteil zusammen, wobei für $w_h$

$$\Delta\Delta w_h = 0 \quad \text{und} \quad w_h = A \cdot f_1(x,y) + B \cdot f_2(x,y) + C \cdot f_3(x,y) + D \cdot f_4(x,y) \tag{3.3.2}$$

mit den vier unabhängigen, biharmonischen Funktionen $f_i(x,y)$ gilt. Die Konstanten A bis D dienen der Befriedigung der Randbedingungen und sind aus diesen zu bestimmen.

Die partikuläre Lösung $w_p$ ist unabhängig von den Randbedingungen und enthält keine unbekannten Konstanten. Man erhält sie aus

$$\Delta\Delta w_p = p(x,y)/K. \tag{3.3.3}$$

Als Ansatz für die partikuläre Lösung $w_p$ wird die Doppelreihe

$$w_p(x, y) = \sum_m \sum_n w_{mn} \sin\frac{m\pi x}{a} \sin\frac{n\pi y}{b} \tag{3.3.4}$$

gewählt. Diese erfüllt alle, in Bild 3.3-2 angegebenen Randbedingungen der Platte. Deshalb werden die Konstanten A bis D der homogenen Lösung nicht benötigt, und es wird $w_h = 0$. Demnach gilt für das gewählte Beispiel

$$w = w_p. \tag{3.3.5}$$

Für die Gleichlast p auf der Platte wird als Näherung ein zweidimensionaler Ansatz in Form der FOURIERschen Doppelreihe

$$p \approx \overline{p}(x, y) = \sum_m \sum_n a_{mn} \sin\frac{m\pi x}{a} \cdot \sin\frac{n\pi y}{b} \tag{3.3.6}$$

gewählt. Dabei ergeben sich die Koeffizienten $a_{mn}$ in Analogie zu Gleichung (2.6.6) aus

$$a_{mn} = \frac{16p}{mn\pi^2} \quad \text{mit} \quad m = 1, 3, 5 \dots \quad \text{und} \quad n = 1, 3, 5 \dots \tag{3.3.7}$$

### 3.3.2.2
### Lösung der Plattengleichung

Durch Differentiation erhält man aus (3.3.4)

$$\Delta w = w'' + w^{..} = -\sum_m \sum_n w_{mn} \left[ \left(\frac{m\pi}{a}\right)^2 + \left(\frac{n\pi}{b}\right)^2 \right] \sin\frac{m\pi x}{a} \cdot \sin\frac{n\pi y}{b}.$$

Damit und mit (3.3.6) ergibt sich

$$\Delta\Delta w = \sum_m \sum_n w_{mn} \pi^4 \left[ \left(\frac{m}{a}\right)^2 + \left(\frac{n}{b}\right)^2 \right]^2 \sin\frac{m\pi x}{a} \cdot \sin\frac{n\pi y}{b}$$

$$= \frac{1}{K} \sum_m \sum_n a_{mn} \sin\frac{m\pi x}{a} \cdot \sin\frac{n\pi y}{b}.$$

Durch Koeffizientenvergleich folgt weiter

$$w_{mn} \cdot \pi^4 \left[ \left(\frac{m}{a}\right)^2 + \left(\frac{n}{b}\right)^2 \right] = \frac{1}{K} a_{mn}.$$

Die Lösung für die Biegefläche der vierseitig gelenkig gelagerten Rechteckplatte unter Gleichlast lautet demnach

$$w(x, y) = \frac{16p}{K\pi^6} \sum_m \sum_n \frac{1}{mn} \frac{1}{\left[ (m/a)^2 + (n/b)^2 \right]^2} \sin\frac{m\pi x}{a} \cdot \sin\frac{n\pi y}{b} \tag{3.3.8}$$

$$\text{mit} \quad m = 1, 3, 5 \dots \quad \text{und} \quad n = 1, 3, 5 \dots .$$

### 3.3.2.3
### Schnittgrößen

Aus (3.3.8) ergeben sich durch Differentiation die Biegemomente

$$m_x(x,y) = -K(w'' + \mu w^{\cdot\cdot})$$

$$= \frac{16p}{\pi^4} \sum_m \sum_n \frac{(m/a)^2 + \mu(n/b)^2}{mn\left[(m/a)^2 + (n/b)^2\right]^2} \sin\frac{m\pi x}{a} \sin\frac{n\pi y}{b}, \qquad (3.3.9)$$

$$m_y(x,y) = -K(w^{\cdot\cdot} + \mu w'')$$

$$= \frac{16p}{\pi^4} \sum_m \sum_n \frac{\mu(m/a)^2 + (n/b)^2}{mn\left[(m/a)^2 + (n/b)^2\right]^2} \sin\frac{m\pi x}{a} \sin\frac{n\pi y}{b}. \qquad (3.3.10)$$

Für das Drillmoment gilt

$$m_{xy} = -K(1-\mu)w'^{\cdot}$$

$$= \frac{-16p}{\pi^4}(1-\mu)\sum_m \sum_n \frac{1}{ab} \frac{1}{\left[(m/a)^2 + (n/b)^2\right]^2} \cos\frac{m\pi x}{a} \cos\frac{n\pi y}{b}. \qquad (3.3.11)$$

Die Randscherkräfte erhält man aus

$$\bar{q}_x = q_x + \frac{\partial m_{xy}}{\partial y} = -K\left[w''' + (2-\mu)w'^{\cdot\cdot}\right]$$

$$= \frac{16p}{\pi^3} \sum_m \sum_n \frac{(m/a)^3 + (2-\mu)(m/a)(n/b)^2}{mn\left[(m/a)^2 + (n/b)^2\right]^2} \cos\frac{m\pi x}{a} \sin\frac{n\pi y}{b}, \qquad (3.3.12)$$

$$\bar{q}_y = q_y + \frac{\partial m_{xy}}{\partial x} = -K\left[w^{\cdots} + (2-\mu)w''^{\cdot}\right]$$

$$= \frac{16p}{\pi^3} \sum_m \sum_n \frac{(n/b)^3 + (2-\mu)(m/a)^2(n/b)}{mn\left[(m/a)^2 + (n/b)^2\right]^2} \sin\frac{m\pi x}{a} \cos\frac{n\pi y}{b}. \qquad (3.3.13)$$

Die Gleichungen (3.3.9) bis (3.3.13) gelten jeweils für $m = 1, 3, 5 \dots$ und $n = 1, 3, 5 \dots$.

### 3.3.2.4
### Auswertung für eine quadratische Platte

Für die Auswertung wird das einfache Beispiel $a = b = \ell$ und $\mu = 0$ gewählt. Es werden die Durchbiegung und die Biegemomente in Plattenmitte, das Drillmoment an der Plattenecke und die Randscherkraft in Randmitte als Extremwerte der genannten Schnittgrößen berechnet.

**Durchbiegung in Plattenmitte: $\max w = w(\ell/2, \ell/2)$**

$$\max w = \frac{16p}{\pi^6}\frac{12}{Eh^3}\ell^4 \sum_m\sum_n \frac{\sin\dfrac{m\pi}{2}\sin\dfrac{n\pi}{2}}{mn\left(m^2+n^2\right)^2} = \frac{192}{\pi^6}\frac{p\ell^4}{Eh^3}\sum_m\sum_n \frac{(-1)^{\frac{m+n-2}{2}}}{mn\left(m^2+n^2\right)^2} = \alpha\,\frac{p\ell^4}{Eh^3}$$

$$m = n = 1: \quad \alpha = \frac{192}{\pi^6}\frac{1}{1\cdot 1(1+1)^2} = \frac{192}{\pi^6}\cdot\frac{1}{4} = 0{,}0499$$

$$\left.\begin{array}{l} m = 1,3 \\ n = 1,3 \end{array}\right\}: \quad \alpha = \frac{192}{\pi^6}\left(\frac{1}{4} + \frac{-1}{3(9+1)^2} + \frac{-1}{3(1+9)^2} + \frac{1}{3\cdot 3(9+9)^2}\right)$$

$$= \frac{192}{\pi^6}\left(\frac{1}{4} - \frac{1}{300} - \frac{1}{300} + \frac{1}{2916}\right) = 0{,}0487$$

Der genaue Wert lautet nach CZERNY [3.6] $\alpha = 0{,}0487$. Für die Durchbiegung zeigt sich demnach eine gute Konvergenz.

**Biegemoment in Plattenmitte: $\max m_x = \max m_y = m_x(\ell/2, \ell/2)$**

$$\max m_x = \frac{16p}{\pi^4}\ell^2 \sum_m\sum_n \frac{m^2}{mn\left(m^2+n^2\right)^2}\sin\frac{m\pi}{2}\sin\frac{n\pi}{2}$$

$$= \frac{16}{\pi^4}p\ell^2 \sum_m\sum_n \frac{m}{n\left(m^2+n^2\right)^2}(-1)^{\frac{m+n-2}{2}} = \beta p\ell^2$$

$$m = n = 1: \quad \beta = \frac{16}{\pi^4}\frac{1}{1(1+1)^2}\cdot 1 = \frac{16}{\pi^4}\cdot\frac{1}{4} = 0{,}0411$$

$$m = 1,3 \quad \text{und} \quad n = 1,3: \qquad \beta = 0{,}0361$$
$$m = 1,3,5 \quad \text{und} \quad n = 1,3,5: \quad \beta = 0{,}0371$$

Der genaue Wert ergibt sich aus Tafel 2 zu $\beta = 1/27,2 = 0.0368$. Die Konvergenz bei den Biegemomenten ist deutlich schlechter als bei den Durchbiegungen und alterniert. Die erreichte Genauigkeit läßt sich deshalb gut abschätzen.

**Drillmoment an der Plattenecke: min $m_{xy} = m_{xy}(0,0)$**

$$\min m_{xy} = -\frac{16p\ell^2}{\pi^4} \sum_m \sum_n \frac{1}{\left(m^2 + n^2\right)^2} = \gamma \cdot p\ell^2$$

$$m = n = 1: \quad \gamma = -\frac{16}{\pi^4} \cdot \frac{1}{4} = -0,0411$$

$$m = 1,3 \quad \text{und} \quad n = 1,3: \qquad \gamma = -0,0449$$
$$m = 1,3,5 \quad \text{und} \quad n = 1,3,5: \quad \gamma = -0,0457$$

Der genaue Wert ergibt sich aus Tafel 2 zu $\gamma = -1/21,6 = -0,0463$. Wie beim Biegemoment genügen wenige Reihenglieder, um den Fehler in die Größenordnung von 1 % zu bringen.

**Randscherkraft in Randmitte: $\max \bar{q}_x = \bar{q}_x(0, \ell/2)$**

$$\max \bar{q}_x = \frac{16}{\pi^3} p\ell \sum_m \sum_n \frac{m^2 + 2n^2}{n\left(m^2 + n^2\right)^2} (-1)^{\frac{n-1}{2}} = \delta \cdot p\ell$$

$$m = n = 1: \quad \delta = \frac{16}{\pi^3} \frac{3}{4} = 0,387$$

$$m = 1,3 \quad \text{und} \quad n = 1,3: \qquad \delta = 0,397$$
$$m = 1,3,5 \quad \text{und} \quad n = 1,3,5: \quad \delta = 0,427$$

Der genaue Wert wird in CZERNY [3.6] mit $\delta = 1/2,19 = 0,457$ angegeben. Um dieses Ergebnis zu erhalten, ist eine größere Anzahl von Reihengliedern zu erfassen. Die gegenüber den Momenten schlechtere Konvergenz ist damit zu erklären, daß der gewählte Reihenansatz die Biegefläche zwar gut approximiert, daß die Genauigkeit der Ergebnisse jedoch mit jeder Ableitung abnimmt.

### 3.3.3
### Zahlentafel für vierseitig gestützte Rechteckplatten unter Gleichlast

Die für die Bemessung maßgebenden Momente der in Bild 3.3-1 dargestellten sechs Plattentypen unter Gleichlast können mit Hilfe der Tafel 2 ermittelt werden.

Diese Hilfstafel gilt für $\mu = 0$ und enthält die Momentenbeiwerte $\alpha$ der maximalen Feld-, Stütz- und Drillmomente für die Seitenverhältnisse $\ell_y/\ell_x$ von 0,5 bis 2,0.

Allgemein gilt für die Momentenermittlung

$$m = \frac{p\ell_x\ell_y}{\alpha}. \tag{3.3.14}$$

Für das Feldmoment in x-Richtung erhält man beispielsweise mit (3.2.31)

für $\mu = 0$:
$$\max m_x = \frac{p\ell_x\ell_y}{\alpha_{xf}},$$

für $\mu \neq 0$:
$$\max m_x = p\ell_x\ell_y\left(\frac{1}{\alpha_{xf}} + \frac{\mu}{\alpha_{yf}}\right).$$

Die Anwendung der Tafel wird in Bild 3.3-3 für eine Platte mit einem eingespannten Rand (Plattentyp 2) gezeigt. Als Seitenverhältnis wird $\ell_y/\ell_x = 1,5$ gewählt.

Die Momentenbeiwerte für $m_{xf}$, $m_{yf}$, $m_{ys}$ und $m_{xy}$ lauten 24,9, 48,5, -13,3 und 26,2. Es wird der qualitative Momentenverlauf in den Mittel- und Auflagerlinien angegeben.

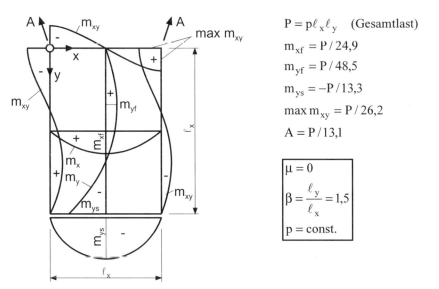

$P = p\ell_x\ell_y$    (Gesamtlast)

$m_{xf} = P / 24,9$

$m_{yf} = P / 48,5$

$m_{ys} = -P / 13,3$

$\max m_{xy} = P / 26,2$

$A = P / 13,1$

$\mu = 0$

$\beta = \dfrac{\ell_y}{\ell_x} = 1,5$

$p = \text{const.}$

**Bild 3.3-3:**    Biege- und Drillmomente einer Platte vom Lagerungstyp 2

Das Biegemoment $m_x$ verläuft näherungsweise parabolisch mit dem Größtwert auf der Symmetrieachse. Das Gleiche gilt für das Einspannmoment. Wie beim einseitig eingespannten Träger liegt das Maximum von $m_y$ näher am gelenkigen als am eingespannten Rand. An diesem existieren keine Drillmomente, wohl aber an den drei anderen Rändern. An den beiden Plattenecken, wo zwei gelenkige Ränder zusammenstoßen, tritt die abhebende Kraft A nach (3.2.22) auf. Falls keine entsprechende Auflast vorhanden ist, kann sie durch eine Verankerung nach unten oder durch Randbalken aufgenommen werden.

### 3.3.4
### Allseits gelenkig gelagerte Rechteckplatte mit Randmoment

#### 3.3.4.1
#### *Verlauf der Biegemomente*

In Tafel 4 wird für verschiedene Seitenverhältnisse der Verlauf von $m_x$ und $m_y$ infolge eines sinusförmigen Randmoments angegeben (siehe BITTNER [2.6]). Die Zahlenwerte gelten für $\mu = 0$. Für den unendlich langen Plattenstreifen mit $\ell_y/\ell_x = \infty$ verläuft $m_x$ in x-Richtung linear, wobei $m_y = 0$ ist.

#### 3.3.4.2
#### *Anwendungsbeispiel: Einfeldplatte mit auskragendem Balkon*

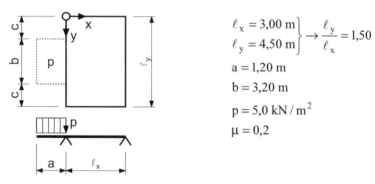

$$\left. \begin{array}{l} \ell_x = 3{,}00 \text{ m} \\ \ell_y = 4{,}50 \text{ m} \end{array} \right\} \rightarrow \frac{\ell_y}{\ell_x} = 1{,}50$$

$$a = 1{,}20 \text{ m}$$

$$b = 3{,}20 \text{ m}$$

$$p = 5{,}0 \text{ kN/m}^2$$

$$\mu = 0{,}2$$

**Bild 3.3-4:**    Zahlenbeispiel zur Berücksichtigung von Randmomenten

Das Randmoment $m_R$ wird nach (2.6.5) in eine FOURIER-Reihe entwickelt. Im folgenden soll nur das erste Glied dieser Reihe

$$m_x(0,y) = m_1 \cdot \sin\frac{\pi y}{\ell_y} \qquad (3.3.15)$$

berücksichtigt werden. Für das Randmoment gilt

$$0 < y < c: \qquad m_R = 0\,,$$

$$c \le y \le \ell_y - c: \qquad m_R = m_0 = -pa^2/2 = -3{,}60 \text{ kNm/m}\,,$$

$$\ell_y - c < y < \ell_y: \quad m_R = 0\,.$$

Damit ergibt sich nach (2.6.4) mit $L = 2\,\ell_y$

$$m_1 = \frac{1}{\ell_y}\int\limits_0^{2\ell_y} m_R(y)\sin\frac{\pi y}{\ell_y}\,dy = 2\cdot\frac{1}{\ell_y}\int\limits_c^{\ell_y-c} m_0\cdot\sin\frac{\pi y}{\ell_y}\,dy$$

$$= \frac{4}{\pi}m_0\cos\frac{\pi c}{\ell_y} = -\frac{4}{\pi}\cdot 3{,}60\cdot\cos 0{,}454 = -4{,}12 \text{ kNm/m}$$

Mit den Zahlenwerten aus Tafel 4 für $\ell_y/\ell_x = 1{,}50$ erhält man z.B. für die Plattenmitte

$$m_x\left(\frac{\ell_x}{2},\frac{\ell_y}{2}\right) = -4{,}12(0{,}185 + 0{,}2\cdot 0{,}128) = -0{,}87 \text{ kNm/m}\,,$$

$$m_y\left(\frac{\ell_x}{2},\frac{\ell_y}{2}\right) = -4{,}12(0{,}128 + 0{,}2\cdot 0{,}185) = -0{,}68 \text{ kNm/m}\,.$$

### 3.3.4.3
### *Anwendungsbeispiel: Lastfall ΔT bei der gelenkig gelagerten Einfeldplatte*

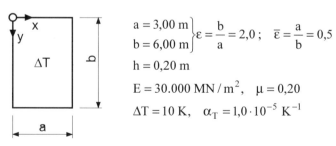

$$a = 3{,}00 \text{ m}$$
$$b = 6{,}00 \text{ m}$$
$$\left.\vphantom{\begin{array}{c}a\\b\end{array}}\right\}\varepsilon = \frac{b}{a} = 2{,}0\,; \quad \bar{\varepsilon} = \frac{a}{b} = 0{,}5$$

$$h = 0{,}20 \text{ m}$$

$$E = 30.000 \text{ MN/m}^2, \quad \mu = 0{,}20$$

$$\Delta T = 10 \text{ K}, \quad \alpha_T = 1{,}0\cdot 10^{-5} \text{ K}^{-1}$$

**Bild 3.3-5:** Zahlenbeispiel zur Behandlung des Lastfalls ΔT

Mit den angegebenen Zahlenwerten ergibt sich nach (3.2.12)

$$K = \frac{Eh^3}{12(1-\mu^2)} = 20,83 \text{ MNm} \ .$$

Nach (3.2.36) betragen die Biegemomente des eingespannten Grundsystems

$$m_0 = -K(1+\mu)\frac{\alpha_T \cdot \Delta T}{h} = -12,50 \text{ kNm/m} \ .$$

Entsprechend Abschnitt 3.2.10.3 sind diesem Grundzustand die Biegemomente infolge der Randbelastung $m_R = -m_0 = \text{const.}$ entsprechend Bild 3.3-6 zu überlagern.

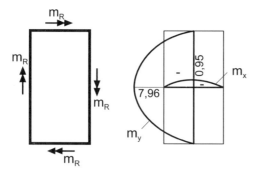

**Bild 3.3-6:**    Randbelastung und resultierender Momentenverlauf

Näherungsweise wird stattdessen das erste Glied einer FOURIER-Reihe angesetzt. Entsprechend (2.6.7) gilt dann

$$\overline{m}_R(x) = m_{Ro} \cdot \sin \pi x/a \quad \text{bzw.} \quad \overline{m}_R(y) = m_{Ro} \cdot \sin \pi y/b$$

mit

$$m_{Ro} = 4\, m_R/\pi = 15,92 \text{ kNm/m.}$$

Aus Tafel 4 liest man für die Plattenmitte die folgenden Momentenbeiwerte ab, wobei die Zahlen für $\overline{\varepsilon}$ zu vertauschen waren:

|  | $m_x$ | $m_y$ |
|---|---|---|
| $\varepsilon = 2,0$ | 0,280 | 0,097 |
| $\overline{\varepsilon} = 0,5$ | 0,068 | -0,024 |

Die Mittenmomente der Platte lauten damit

$$m_{xf} = -12,50 + 2 \cdot 15,92 \left[ 0,280 + 0,068 + 0,2(0,097 - 0,024) \right]$$
$$= -12,50 + 11,55 = -0,95 \text{ kNm / m}$$

$$m_{yf} = -12,50 + 2 \cdot 15,92 \left[ 0,097 - 0,024 + 0,2(0,280 + 0,068) \right]$$
$$= -12,50 + 4,54 = -7,96 \text{ kNm / m} .$$

Der Momentenverlauf ist in Bild 3.3-6 dargestellt.

## 3.4
# Grundgleichungen für Rotationssymmetrie

Die Plattengleichung (3.2.19) und die Gleichungen (3.2.13) bis (3.2.17) für die Plattenschnittgrößen gelten unabhängig von den Randbedingungen, d.h. von Lagerungsart und Berandungsform, also auch für Kreisplatten. Für diese ist jedoch, falls auch die Belastung rotationssymmetrisch ist, eine Formulierung in Polarkoordinaten vorteilhafter, da hierbei alle Formänderungs- und Schnittgrößen von $\varphi$ unabhängig sind und deshalb nur die Variable r in den Gleichungen verbleibt. Die Plattengleichung wird dann zu einer gewöhnlichen Differentialgleichung.

### 3.4.1
### Plattengleichung

Analog zur Scheibengleichung (2.4.5) lautet die Plattengleichung für rotationssymmetrische Belastungsfälle

$$\Delta\Delta w(r) = w'''' + \frac{2}{r} w''' - \frac{1}{r^2} w'' + \frac{1}{r^3} w' = \frac{1}{K} p(r) . \tag{3.4.1}$$

### 3.4.2
### Schnittgrößen

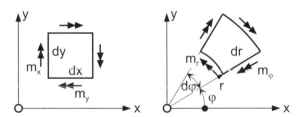

**Bild 3.4-1:**    Infinitesimales Plattenelement in kartesischen und in Polarkoordinaten

Die Gleichungen der Schnittgrößen in Polarkoordinaten werden aus (3.2.13) bis (3.2.16) mit Hilfe der Beziehungen (2.4.2) bis (2.4.4) hergeleitet.

Für $\varphi = 0$ wird bei dem in Bild 3.4-1 in Polarkoordinaten dargestellten, infinitesimalen Plattenelement $m_r = m_x$ und $m_\varphi = m_y$. Für die Querkraft am Innenrand gilt $q_r = q_x$.

Aus

$$m_x = -K\left(\frac{\partial^2 w}{\partial x^2} + \mu \frac{\partial^2 w}{\partial y^2}\right)$$

$$= -K\left(\cos^2\varphi \frac{d^2 w}{dr^2} + \frac{1}{r}\sin^2\varphi \frac{dw}{dr} + \mu\sin^2\varphi \frac{d^2 w}{dr^2} + \frac{\mu}{r}\cos^2\varphi \frac{dw}{dr}\right)$$

ergibt sich mit $\varphi = 0$ das Radialmoment, wenn die Ableitung nach r durch einen Strich gekennzeichnet wird, zu

$$m_r = -K\left(w'' + \frac{\mu}{r}w'\right). \tag{3.4.2}$$

Dementsprechend gilt für das Ringmoment

$$m_\varphi = -K\left(\frac{1}{r}w' + \mu w''\right). \tag{3.4.3}$$

Wegen der Rotationssymmetrie wird $q_\varphi = 0$. Zur Berechnung der Querkraft $q_r$ wird zunächst (3.2.16) mit Hilfe von (2.4.4) in Polarkoordinaten transformiert:

$$q_x = -K\left(\frac{\partial^3 w}{\partial x^3} + \frac{\partial^3 w}{\partial x \partial y^2}\right) = -K\frac{\partial}{\partial x}\Delta w$$

$$= -K\left(\cos\varphi \frac{\partial}{\partial r} - \frac{1}{r}\sin\varphi \frac{\partial}{\partial \varphi}\right)\left(\frac{d^2 w}{dr^2} + \frac{1}{r}\frac{dw}{dr}\right)$$

$$= -K\cos\varphi\left(\frac{d^3 w}{dr^3} + \frac{1}{r}\frac{d^2 w}{dr^2} - \frac{1}{r^2}\frac{dw}{dr}\right).$$

Mit $\varphi = 0$ erhält man dann

$$q_r = -K\left(w''' + \frac{1}{r}w'' - \frac{1}{r^2}w'\right). \tag{3.4.4}$$

Diese Gleichung wird im folgenden nur zur Formulierung von Randbedingungen verwendet. Die Schnittgröße $q_r$ berechnet man bei Rotationssymmetrie einfacher aus dem Gleichgewicht in Vertikalrichtung.

### 3.4.3
### Randbedingungen und Einfluß der Querdehnung

Ebenso wie bei den Rechteckplatten sind eingespannte, gelenkige und freie Ränder zu unterscheiden (siehe Bild 3.4-2).

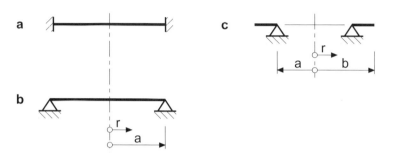

**Bild 3.4-2:**    Verschiedene Lagerungen kreisförmiger Plattenränder

#### Eingespannter Rand (a)

Die Randbedingungen für w lauten unabhängig von $\mu$

$$w(a) = w'(a) = 0.$$

Deshalb können die Formänderungs- und Schnittgrößen für $\mu \neq 0$ entsprechend Abschnitt 3.2.9.1 aus denen für $\mu = 0$ hergeleitet werden. Analog zu (3.2.29), (3.2.31) und (3.2.33) gilt dann

$$w_\mu = \left(1 - \mu^2\right) w_0 , \qquad (3.4.5)$$

$$m_{r\mu} = m_{r0} + \mu m_{\varphi 0} , \qquad (3.4.6)$$

$$m_{\varphi\mu} = m_{\varphi 0} + \mu m_{r0} , \qquad (3.4.7)$$

$$q_{r\mu} = q_{r0} . \qquad (3.4.8)$$

#### Gelenkig gelagerter Rand (b)

Außer der Durchbiegung verschwindet am Rand das Radialmoment. Es gilt demnach

$$w(a) = 0 \quad \text{und} \quad m_r(a) = -K\left[ w''(a) + \frac{\mu}{a} w'(a) \right] = 0 . \qquad (3.4.9)$$

Die zweite Randbedingung ist von μ abhängig, also auch die gesamte Lösung des Problems. Das hat zur Folge, daß die Umrechnungsformeln (3.4.5) bis (3.4.7) nicht anwendbar sind und daß Zahlentafeln für Kreis- und Kreisringplatten, die nicht eingespannte Ränder aufweisen, den Parameter μ enthalten müssen.

**Freier Rand (c)**

Es wir der Außenrand r = b betrachtet. Wenn dort keine äußeren Lasten angreifen, gilt

$$m_r(b) = q_r(b) = 0.$$

Mit (3.4.2) und (3.4.4) folgen daraus die beiden Randbedingungen für w:

$$w''(b) + \frac{\mu}{b} w'(b) = 0 , \qquad (3.4.10)$$

$$w'''(b) + \frac{1}{b} w''(b) - \frac{1}{b^2} w'(b) = 0 . \qquad (3.4.11)$$

Gleichung (3.4.10) ist von μ abhängig und damit auch die Biegefläche w. Hinsichtlich der Umrechnungsformeln und der Zahlentafeln gilt das Gleiche wie für gelenkige gekrümmte Ränder.

# 3.5
# Kreis- und Kreisringplatten unter rotationssymmetrischer Belastung

## 3.5.1
## Allgemeines zur Lösung der Plattengleichung in Polarkoordinaten

Die allgemeine Lösung der Plattengleichung (3.4.1) lautet

$$w(r) = w_h(r) + w_p(r). \qquad (3.5.1)$$

Die partikuläre Lösung ist je nach Lastfall verschieden. Für den homogenen Lösungsanteil, der wie die Plattengleichung biharmonisch ist, wird der gleiche Ansatz (2.5.2) wie für die Kreisscheibe mit w statt F verwendet:

$$w_h(r) = A + B \cdot \ln r + C \cdot r^2 + D \cdot r^2 \ln r . \qquad (3.5.2)$$

Die ersten drei Ableitungen dieser Funktion lauten

$$w_h' = \frac{B}{r} + 2Cr + D(2r \ln r + r), \qquad (3.5.3)$$

$$w_h'' = -\frac{B}{r^2} + 2C + D(2\ln r + 3), \qquad (3.5.4)$$

$$w_h''' = \frac{2B}{r^3} + \frac{2D}{r}. \qquad (3.5.5)$$

Damit erhält man für die homogenen Anteile des Radialmoments und der Querkraft unter Verwendung von (3.4.2) bzw. (3.4.4)

$$\begin{aligned} m_{rh} &= -K\left( w_h'' + \frac{\mu}{r} w_h' \right) \\ &= -K\left[ (-1+\mu)\cdot\frac{B}{r^2} + 2(1+\mu)(C + D\ln r) + (3+\mu)\cdot D \right], \end{aligned} \qquad (3.5.6)$$

$$q_{rh} = -K\left( w_h''' + \frac{1}{r} w_h'' - \frac{1}{r^2} w_h' \right) = -K\cdot\frac{4D}{r}. \qquad (3.5.7)$$

Diese beiden Gleichungen werden zur Formulierung der Randbedingungen benötigt.

### 3.5.2
### Gelenkig gelagerte Kreisplatte unter Gleichlast

Die in Bild 3.5-1 dargestellte Platte hat nur einen Rand. Dort gelten die beiden Bedingungen (3.4.9).

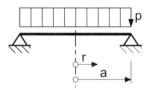

**Bild 3.5-1:** Gelenkig gelagerte Kreisplatte unter Gleichlast

Zusätzlich können für die Plattenmitte die beiden Bedingungen

$$w'(0) = q_r(0) = 0$$

aufgestellt werden, so daß vier Gleichungen zur Ermittlung der Konstanten A bis D zur Verfügung stehen.

Wegen $\Delta\Delta w = $ const. wird für die partikuläre Lösung der Ansatz

$$w_p(r) = \alpha \cdot r^4 \qquad (3.5.8)$$

gewählt, dessen Ableitungen

$$w_p' = 4\,\alpha\,r^3, \quad w_p'' = 12\,\alpha\,r^2, \quad w_p''' = 24\,\alpha\,r, \quad w_p'''' = 24\,\alpha$$

lauten. Durch Einsetzen dieser Ausdrücke in (3.4.1) erhält man als Bestimmungs-gleichung für $\alpha$

$$\alpha(24 + 2 \cdot 24 - 12 + 4) = p/K$$

mit der Lösung

$$\alpha = \frac{p}{64K} .$$

Der gesamte Lösungsansatz lautet damit

$$w = A + B \cdot \ln r + C \cdot r^2 + D \cdot r^2 \ln r + \frac{p}{64K} \cdot r^4$$

Nun sind aus den Randbedingungen die Konstanten A bis D zu bestimmen.

(a) $\qquad\qquad w'(0) = \dfrac{B}{0} + D \cdot 2 \cdot 0 \cdot \ln 0 = 0 , \qquad\qquad \rightarrow \quad B = 0$

(b) $\qquad\qquad q_r(0) = -K \cdot \dfrac{4D}{0} = 0 , \qquad\qquad\qquad \rightarrow \quad D = 0$

(c) $\qquad\qquad w(a) = A + C \cdot a^2 + \dfrac{p}{64K} \cdot a^4 = 0 ,$

(d) $\qquad m_r(a) = -K\left[2(1+\mu) \cdot C + \dfrac{p}{64K}(12a^2 + \mu \cdot 4a^2)\right] = 0 .$

Die Ergebnisse aus (a) und (b) wurden in den folgenden Zeilen bereits berücksich-tigt. Aus (c) und (d) folgen die beiden Konstanten

$$A = \frac{pa^4}{64K}\frac{5+\mu}{1+\mu} ,$$

$$C = -\frac{pa^2}{32K}\frac{3+\mu}{1+\mu} ,$$

so daß die Gleichung der Biegefläche

$$w = \frac{pa^4}{64K(1+\mu)}\left[(5+\mu)-2(3+\mu)\frac{r^2}{a^2}+(1+\mu)\frac{r^4}{a^4}\right] \qquad (3.5.9)$$

lautet. Man erkennt die in Abschnitt 3.4.3 für den Lagerungsfall (b) vorausgesagte Abhängigkeit von $\mu$. Aus (3.5.9) ergeben sich mit (3.4.2) bis (3.4.4) die Schnittgrößen

$$m_r = \frac{pa^2}{16}(3+\mu)(1-\frac{r^2}{a^2}), \qquad (3.5.10)$$

$$m_\varphi = \frac{pa^2}{16}\left[2(1-\mu)+(1+3\mu)(1-\frac{r^2}{a^2})\right], \qquad (3.5.11)$$

$$q_r = -\frac{pr}{2}. \qquad (3.5.12)$$

Gleichung (3.5.12) hätte man eleganter aus der Gleichgewichtsbedingung für die kreisförmige Teilfläche mit dem Radius r

$$\Sigma V = p \cdot \pi r^2 + q_r(r) \cdot 2\pi r = 0$$

gewonnen. Die Neigung der Biegefläche erhält man durch Differentiation von (3.5.9) zu

$$w'(r) = -\frac{pa^2 \cdot r}{16K(1+\mu)}\left[(1+\mu)\left(1-\frac{r^2}{a^2}\right)+2\right].$$

Die Randverdrehung ergibt sich daraus zu

$$w'(a) = -\frac{pa^3}{8K(1+\mu)}. \qquad (3.5.13)$$

Die Gleichungen (3.5.9) bis (3.5.13) finden sich in den Tafeln 5 und 6 wieder. Der Verlauf der Schnittgrößen ist Bild 3.5-2 zu entnehmen.

Die Biegemomente verlaufen quadratisch und weisen in der Plattenmitte den gleichen Maximalwert auf. Bemerkenswert ist, daß das Ringmoment im Unterschied zum Radialmoment am Plattenrand nicht verschwindet. Darauf ist im Stahlbetonbau bei der Bemessung der Ringbewehrung zu achten. Wird eine Radialbewehrung angeordnet, so ist zu bedenken, daß die Momentendeckungslinie wegen der linearen Änderung der Stababstände konkav verläuft und die konvexe Momentenlinie $m_r$ nicht schneiden darf.

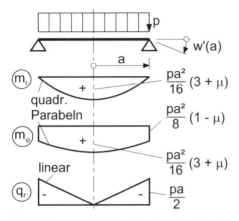

**Bild 3.5-2:**    Schnittgrößen der gelenkig gelagerten Kreisplatte unter Gleichlast

Für die Plattenmitte ergeben sich nach (3.5.9) und (3.5.10) ohne Berücksichtigung der Querdehnung die Maximalwerte der Durchbiegung und des Biegemoments zu

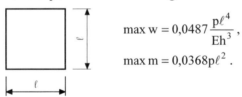

$$\max w = \frac{pa^4}{64}\frac{12}{Eh^3}\cdot 5 = 0{,}0586\frac{p\ell^4}{Eh^3}\,,$$

$$\max m = \frac{3pa^2}{16} = 0{,}0469p\ell^2\,.$$

Für die quadratische Platte mit gleicher Stützweite gilt (vgl. Abschnitt 3.3.2.4)

$$\max w = 0{,}0487\frac{p\ell^4}{Eh^3}\,,$$

$$\max m = 0{,}0368p\ell^2\,.$$

Trotz größerer Gesamtfläche liegen diese Ergebnisse um etwa 20 % unter denen der Kreisplatte. Das Festhalten der Ecken entspricht in seiner Wirkung einer elastischen Randeinspannung der Platte.

### 3.5.3
### Gelenkig gelagerte Kreisplatte mit Randmoment

Das Randmoment M der Platte nach Bild 5.3-3 ist konstant und längenbezogen. Es weist z.B. die Dimension [kNm/m] auf. Da keine Flächenlast auftritt, entfällt die partikuläre Lösung der Plattengleichung, so daß (3.5.2) den vollständigen Ansatz darstellt.

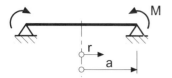

**Bild 3.5-3:** Gelenkig gelagerte Kreisplatte mit konstantem Randmoment M

Die ersten beiden Randbedingungen (a) und (b) stimmen mit denen der Platte unter Gleichlast überein. Demnach gilt auch hier B = D = 0. Die Bedingungen für den äußeren Rand lauten

(c) $$w(a) = A + C \cdot a^2 = 0$$

(d) $$m_r(a) = -K \cdot 2C(1+\mu) = M$$

Daraus erhält man

$$A = -C \cdot a^2,$$

$$C = -\frac{M}{2K(1+\mu)},$$

so daß die Gleichung der Biegefläche

$$w(r) = \frac{M}{2K(1+\mu)}\left(a^2 - r^2\right) \tag{3.5.14}$$

lautet. Des weiteren folgen aus (3.4.2) bis (3.4.4) die Schnittgrößen

$$m_r = -K\left(w'' + \frac{\mu}{r}w'\right) = +M, \tag{3.5.15}$$

$$m_\varphi = -K\left(\frac{1}{r}w' + \mu w''\right) = +M, \tag{3.5.16}$$

$$q_r = -K\left(w''' + \frac{1}{r}w'' - \frac{1}{r^2}w'\right) = 0 \tag{3.5.17}$$

und aus (3.5.14) die Randverdrehung

$$w'(a) = -\frac{Ma}{K(1+\mu)}. \tag{3.5.18}$$

Diese Ergebnisse wurden in die Tafeln 5 und 6 aufgenommen. Sie sind in Bild 3.5-4 dargestellt.

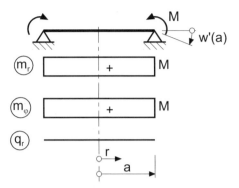

**Bild 3.5-4:**    Schnittgrößen der gelenkig gelagerten Kreisplatte mit Randmoment.

In der Platte herrscht ein von µ unabhängiger, homogener Biegezustand. Querkräfte und Auflagerkräfte treten nicht auf.

### 3.5.4
### Gelenkig gelagerte Kreisringplatte mit Randmoment

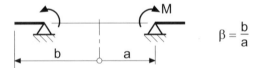

$$\beta = \frac{b}{a}$$

**Bild 3.5-5:**    Gelenkig gelagerte Kreisringplatte mit Randmoment M

Als Beispiel für eine Kreisringplatte wurde in Bild 3.5-5 eine solche mit gelenkiger Lagerung am inneren Rand gewählt. Dort soll auch das längenbezogene Moment M = const. angreifen. Der Radius des gelagerten Randes wird, wie auch stets in folgenden, mit a bezeichnet, der des freien Randes mit b.

Als Lösungsansatz wird, wie bei der Kreisplatte mit Randmoment, w(r) = w$_h$(r) nach (3.5.2) verwendet. Die Randbedingungen lauten

$$w(a) = q_r(b) = m_r(b) = 0 \quad \text{und} \quad m_r(a) = M.$$

Nach hier nicht wiedergegebener Zwischenrechnung ergeben sich die Biegemomente mit β = b/a und ρ = r/a aus

$$m_r = \frac{M}{1-\beta^2}\left(1 - \frac{\beta^2}{\rho^2}\right), \tag{3.5.19}$$

$$m_\varphi = \frac{M}{1-\beta^2}\left(1+\frac{\beta^2}{\rho^2}\right). \qquad (3.5.20)$$

Sie sind unabhängig von $\mu$ und weisen am Innenrand ihre Extrema auf. Die Summe von $m_r$ und $m_\varphi$ ist über r konstant. Querkräfte und Auflagerkräfte treten nicht auf. Deshalb ist es bei dem betrachteten Lastfall für die Biegemomente ohne Belang, auf welchem Radius die Platte gelenkig gelagert ist und ob sie überhaupt gestützt wird.

Für das Radienverhältnis $\beta = b/a = 2$ ist der Momentenverlauf in Bild 3.5-6 dargestellt. Die Radialmomente sind positiv, die Ringmomente negativ. Im Stahlbetonbau müßte demnach die entsprechende Radialbewehrung unten, die Ringbewehrung oben liegen.

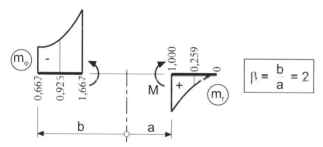

**Bild 3.5-6:**     Biegemomente einer Kreisringplatte infolge eines Randmoments M = 1

(3.5.19) und (3.5.20) sind in Tafel 7 aufgeführt. Dort finden sich auch die Schnittgrößen für weitere Lastfälle und für Kreisringplatten mit gelenkiger Lagerung am Außenrand. Die entsprechenden Verformungen der Ränder sind Tafel 8 zu entnehmen.

## 3.5.5
## Grenzübergang zum stabförmigen Ringträger

Wenn (3.5.20) in der Form

$$m_\varphi = \frac{M}{(1+\beta)(1-\beta)}\left(1+\frac{\beta^2}{\rho^2}\right)$$

geschrieben wird, ergibt sich beim Grenzübergang $b \wedge a$ (siehe Bild 3.5-7) mit $b - a = t$, $1 - \beta = - t/a$ und $\beta \approx \rho \approx 1$

$$\lim m_\varphi = -\frac{Ma}{t}.$$

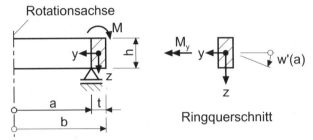

**Bild 3.5-7:**    Dünner Kreisringträger mit an der Ringachse angreifendem Moment M

Für den Ringquerschnitt mit der Breite t folgt daraus das Biegemoment

$$M_y = m_\varphi \cdot t = -Ma . \qquad (3.5.21)$$

Weitere Schnittgrößen treten im Ringquerschnitt nicht auf, also auch kein Torsionsmoment, obwohl M eine tordierende Belastung darstellt.

Um die Verdrehung des Rings um seine Achse zu erhalten, wird an dieser das virtuelle bezogene Moment $\overline{M} = 1$ angesetzt, aus dem entsprechend (3.5.21) das Biegemoment $\overline{M}_y = -a$ resultiert. Nach dem Prinzip der virtuellen Arbeit (siehe z.B. MESKOURIS/HAKE [1.17]) ergibt sich daraus

$$2\pi a \cdot w' = \oint \frac{M_y \overline{M}_y}{EI_y} ds = \frac{Ma^2}{EI_y} \cdot 2\pi a$$

mit dem Endergebnis

$$w' = \frac{Ma^2}{EI_y} . \qquad (3.5.22)$$

Die beiden Gleichungen (3.5.21) und (3.5.22) gelten unabhängig von der Form des Ringquerschnitts. Allerdings muß die y-Achse eine Hauptachse des Querschnitts sein. Das tordierende Moment M ist auf die Ringachse mit dem Radius a bezogen.

(3.5.21) und (3.5.22) können mit guter Genauigkeit auf Ringe mit $t/a \le 0,1$ angewandt werden. Die Abweichung von den genauen Werten der Randverdrehungen liegt dabei unter ca. 1 %.

## 3.5.6
## Tafeln für Kreis- und Kreisringplatten und Anwendungsbeispiele

### 3.5.6.1
### *Allgemeines zu den Tafeln*

In den Tafeln 5 bis 8 sind die Gleichungen der Schnittgrößen und der Formänderungen von Kreis- und Kreisringplatten infolge ausgewählter, rotationssymmetrischer Lastfälle zusammengestellt. Alle Platten sind statisch bestimmt und am Rand gelagert.

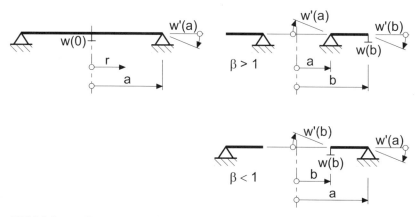

**Bild 3.5-8:**    Typen von Kreis- und Kreisringplatten mit Bezeichnungen

Wie in Bild 3.5-8 dargestellt, wird der Radius des gestützten Randes stets mit a, der des freien Randes gegebenenfalls mit b bezeichnet.

Die angegebenen Durchbiegungen und Randverdrehungen der Platten werden benötigt, um zusammengesetzte rotationssymmetrische Flächentragwerke (z.B. den Behälter in Bild 1.5-1) oder statisch unbestimmt gelagerte Kreis- und Kreisringplatten mit Hilfe des Kraftgrößenverfahrens berechnen zu können.

Obwohl die in den Tafeln 5 bis 8 enthaltenen Formeln leicht programmiert werden können und diesem Buch auch eine entsprechende CD-ROM beigefügt ist, werden sie für den schnellen Gebrauch für $\mu = 0{,}2$ ausgewertet. Die Ergebnisse sind in den Tafeln 9 bis 13 zu finden.

### 3.5.6.2
### *Beispiel 1: Eingespannte Kreisplatte unter Gleichlast*

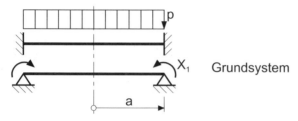

Grundsystem

**Bild 3.5-9:**    Eingespannte Kreisplatte unter Gleichlast

Die statisch Unbestimmte $X_1$ ergibt sich aus der Formänderungsbedingung

$$\delta_1 = X_1 \cdot \delta_{11} + \delta_{10} = 0\,,$$

wobei für die Formänderungsgrößen

$$\delta_{1i} = -\,w'(a)$$

infolge $X_1 = 1$ bzw. infolge p gilt. Hier wird nach Tafel 6

$$\delta_{11} = +\frac{a}{K(1+\mu)} \quad \text{und} \quad \delta_{10} = +\frac{pa^3}{8K(1+\mu)}\,,$$

so daß das Einspannmoment

$$X_1 = -\frac{\delta_{10}}{\delta_{11}} = -\frac{pa^2}{8}$$

lautet. Die Schnittgrößen der Platte erhält man durch Superposition der beiden Lastfälle p und $X_1$ am Grundsystem.

### 3.5.6.3
### *Beispiel 2: Zweifach gelagerte Kreisplatte*

Wie aus Bild 3.5-10 zu ersehen, wird die Auflagerkraft an der inneren Stützung als statisch Unbestimmte eingeführt. Nachdem die beiden Formänderungswerte

$$\delta_{10} = -\,w(b) \quad \text{infolge der gegebenen Belastung,}$$

$$\delta_{11} = -\,w(b) \quad \text{infolge der Ringlast } P = -\,1 \text{ bei } \beta = b/a$$

mit Hilfe der Tafel 6 bestimmt wurden, erhält man die unbekannte Auflagerkraft aus

$$X_1 = -\delta_{10}/\delta_{11}.$$

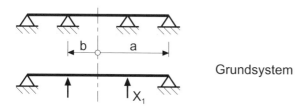

Grundsystem

**Bild 3.5-10:**    Zweifach gelagerte Kreisplatte

### 3.5.6.4
### Beispiel 3: Kreisringplatte mit Lagerung zwischen Innen- und Außenrand

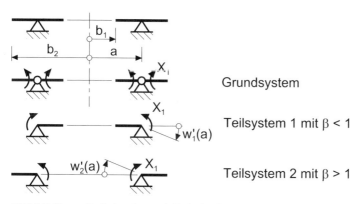

Grundsystem

Teilsystem 1 mit $\beta < 1$

Teilsystem 2 mit $\beta > 1$

**Bild 3.5-11:**    Kreisringplatte mit Zwischenlagerung

Das Grundsystem besteht aus zwei Kreisringplatten (siehe Bild 3.5-11), von denen eine am äußeren, die andere am inneren Rand gelagert ist. Die beiden Formänderungsweite setzen sich gemäß

$$\delta_{1i} = -w_1'(a) + w_2'(a)$$

aus je zwei Anteilen zusammen. Bei $\delta_{11}$ sind beide Anteile stets positiv. Die Anteile von $\delta_{10}$ wären hier beispielsweise für den Lastfall Platteneigengewicht auch positiv, da sich die Plattenränder am Grundsystem im Sinne von $X_1 = 1$ verdrehen.

### 3.5.6.5
### Beispiel 4: Kreisplatte mit Teilflächenlast

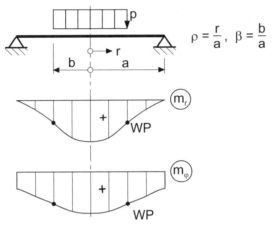

**Bild 3.5-12:**    Kreisplatte mit Teilflächenlast

Wegen der Unstetigkeit der Belastung müssen die beiden Bereiche $r < b$ und $r > b$ unterschieden werden. Im Lastbereich verlaufen die Biegemomente quadratisch, im lastfreien Bereich logarithmisch (siehe Tafel 5). Bei $r = b$ liegt ein Wendepunkt. Die Momentenlinien sind in Bild 3.5-12 qualitativ dargestellt. Die Ordinaten an den Viertelspunkten sind in Abhängigkeit von $\beta$ Tafel 9 zu entnehmen.

Für den lastfreien Bereich, d.h. für $\rho \geq \beta$, gilt nach Tafel 5

$$m_r = \frac{pa^2}{16}\left[(1-\mu)\beta^2\left(\frac{1}{\rho^2}-1\right)-4(1+\mu)\ln\rho\right]\beta^2 ,$$

$$m_\varphi = \frac{pa^2}{16}\left[4(1-\mu)-(1-\mu)\beta^2\left(\frac{1}{\rho^2}+1\right)-4(1+\mu)\ln\rho\right]\beta^2 .$$

(3.5.23)

Bei gleicher Gesamtlast

$$P = \pi b^2 p$$

wachsen die Momente in Plattenmitte an, wenn der Radius b des Lastbereichs kleiner wird. Für den Grenzfall b → 0 erhält man aus (3.5.23) mit p b² = P/π die Biegemomente infolge einer Einzellast P in Plattenmitte zu

$$m_r = -\frac{P}{4\pi}(1+\mu)\ln\rho,$$

$$m_\varphi = \frac{P}{4\pi}[(1-\mu)-(1+\mu)\ln\rho]. \tag{3.5.24}$$

In der Plattenmitte werden die beiden Momente unendlich. Das gilt übrigens generell für die Plattenmomente unter einer Einzellast. Für die Bemessung kommt es deshalb sehr auf die Größe der Lastverteilungsfläche von Punktlasten an.

### 3.5.6.6
### Beispiel 5: Kreisplatte mit Auskragung unter Gleichlast

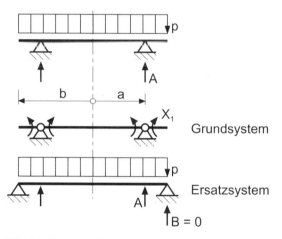

**Bild 3.5-13:**     Kreisplatte mit Auskragung unter Gleichlast

Um die in Bild 3.5-13 dargestellte Aufgabe ohne Ansatz einer statisch Unbestimmten allein mit Hilfe der Tafeln 5 und 6 lösen zu können, wird ersatzweise ein gleichwertiges Problem behandelt, bei dem die statisch bestimmte Auflagerkraft

$$A = \frac{pb^2}{2a}$$

als Last angesehen und die Platte als am Rand gelagert angenommen wird. Die Auflagerkraft B ist natürlich gleich Null. Die Schnittgrößen ergeben sich aus der Superposition der beiden Lastfälle Gleichlast p und Ringlast P = - A an der Kreisplatte mit dem Radius b. Für das Radialmoment $m_r$ wird das Vorgehen in Bild 3.5-14 gezeigt.

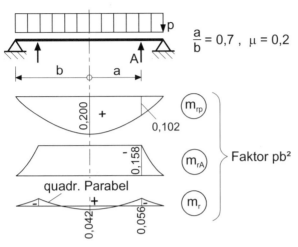

Nach Tafel 9 ergeben sich für a/b = 0,7 und μ = 0,2 im Lastfall p die Momente

$$m_r(0) = 0,200pb^2 \text{ und } m_r(0,7) = (1 - 0,7^2)m_r(0) = 0,102pb^2 .$$

Die Auflagerkraft A beträgt

$$A = \frac{pb}{2 \cdot 0,7} = 0,7143pb .$$

Sie erzeugt im Bereich innerhalb der Lagerlinie das Radialmoment

$$m_r(0) = -0,221 \cdot Ab = -0,158pb^2 .$$

### 3.5.6.7
### Beispiel 6: Kreisplatte mit unterschiedlicher Dicke

Für die in Bild 3.5-15 dargestellte Platte sind die Biegemomente infolge Eigengewicht gesucht (Ordinaten an den Stellen 0 bis 4).

An der Unstetigkeitsstelle braucht entsprechend Bild 3.5-16 nur eine statisch Unbestimmte angesetzt zu werden, da die Mittelflächen der beiden Plattenbereiche in gleicher Höhe liegen. Die Flächenlasten betragen

$$g_1 = \gamma h_1 = 25 \cdot 0{,}28 = 7{,}0 \text{ kN/m}^2, \quad g_2 = 25 \cdot 0{,}20 = 5{,}0 \text{ kN/m}^2 .$$

$a = 4{,}00$ m, $b = 2{,}40$ m

$h_1 = 0{,}28$ m, $h_2 = 0{,}20$ m

$\mu = 0{,}2$, $\gamma = 25 \text{ kN/m}^3$

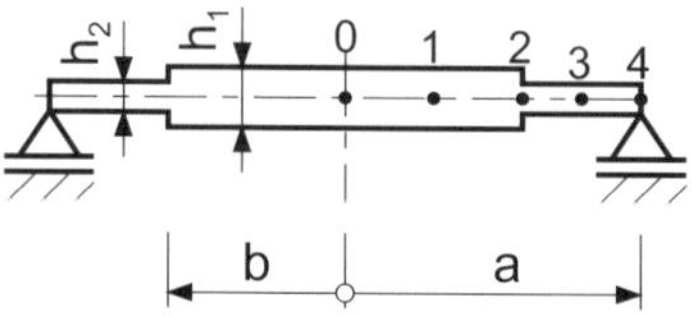

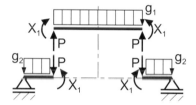

**Bild 3.5-15:** Kreisplatte mit unterschiedlicher Dicke

**Bild 3.5-16:** Grundsystem mit Belastung

Die Kraft P ergibt sich nach Tafel 5 zu

$$P = \frac{1}{2} g_1 b = \frac{1}{2} \cdot 7{,}0 \cdot 2{,}40 = 8{,}4 \text{ kN/m} .$$

Zur Berechnung der Formänderungswerte werden die beiden Verhältnisse

$$\frac{K_1}{K_2} = \left(\frac{h_1}{h_2}\right)^3 = \left(\frac{0{,}28}{0{,}20}\right)^3 = 2{,}744 \quad \text{und} \quad \beta = \frac{b}{a} = \frac{2{,}40}{4{,}00} = 0{,}60$$

benötigt. Mit Hilfe der Tafeln 6, 12 und 13 erhält man

$$K_1\delta_{11} = \frac{b}{1+\mu} + 1{,}45313 \cdot a \cdot \frac{K_1}{K_2} = \frac{2{,}40}{1{,}2} + 1{,}45313 \cdot 4{,}00 \cdot 2{,}744 = 17{,}95 ,$$

$$\begin{aligned} K_1\delta_{10} &= \frac{g_1 b^3}{8(1+\mu)} - 0{,}50917 P a^2 \frac{K_1}{K_2} - 0{,}11975 g_2 a^3 \frac{K_1}{K_2} \\ &= \frac{7{,}00 \cdot 2{,}40^3}{8 \cdot 1{,}2} - (0{,}50917 \cdot 8{,}40 + 0{,}11975 \cdot 5{,}00 \cdot 4{,}00) \cdot 4{,}00^2 \cdot 2{,}744 \\ &= -282{,}85 . \end{aligned}$$

Damit wird

$$X_1 = -\frac{-282,85}{17,95} = +15,76 \text{ kNm/m}.$$

Es folgt die Ermittlung der Momente anhand der Tafeln 5, 6, 12 und 13:

$$m_{r0} = 0,200 \cdot g_1 b^2 + X_1 = 0,200 \cdot 7,0 \cdot 2,40^2 + 15,76 = 23,82 \text{ kNm/m}$$

$$m_{r1} = 0,150 \cdot 7,0 \cdot 2,40^2 + 15,76 = 21,81 \text{ kNm/m}$$

$$m_{r2} = X_1 = 15,76 \text{ kNm/m}$$

$$m_{r3} = 0,022 Pa + 0,025 \cdot g_2 a^2 + 0,316 X_1$$

$$\qquad (Pa = 8,4 \cdot 4,00 = 33,6 \text{ kN} ; g_2 a^2 = 5,0 \cdot 4,00^2 = 80,0 \text{ kN})$$

$$m_{r3} = 0,022 \cdot 33,6 + 0,025 \cdot 80,0 + 0,316 \cdot 15,76 = 7,72 \text{ kNm/m}$$

$$m_{r4} = 0$$

$$m_{\varphi 0} = m_{r0} = 23,82 \text{ kNm/m}$$

$$m_{\varphi 1} = 0,175 \cdot 7,0 \cdot 2,40^2 + 15,76 = 22,82 \text{ kNm/m}$$

$$m_{\varphi 2\ell} = 0,100 \cdot 7,0 \cdot 2,40^2 + 15,76 = 19,79 \text{ kNm/m}$$

$$m_{\varphi 2r} = 0,815 \cdot Pa + 0,192 \cdot g_2 a^2 - 2,125 X_1$$

$$\qquad = 0,815 \cdot 33,6 + 0,192 \cdot 80,0 - 2,125 \cdot 15,76 = 9,25 \text{ kNm/m}$$

$$m_{\varphi 3} = 0,585 \cdot 33,6 + 0,145 \cdot 80,0 - 1,441 \cdot 15,76 = 8,55 \text{ kNm/m}$$

$$m_{\varphi 4} = 0,447 \cdot 33,6 + 0,110 \cdot 80,0 - 1,125 \cdot 15,76 = 6,09 \text{ kNm/m}$$

Der Verlauf der Momente ist in Bild 3.5-17 dargestellt.

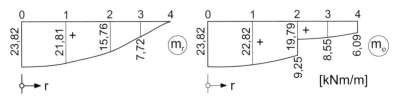

**Bild 3.5-17:**    Momentenverlauf in einer Kreisplatte mit unterschiedlicher Dicke

### 3.5.6.8
### Beispiel 7: Kreis- und Kreisringplatte mit unterschiedlicher Dicke

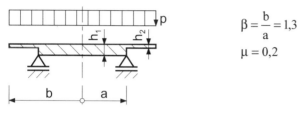

$$\beta = \frac{b}{a} = 1,3$$

$$\mu = 0,2$$

**Bild 3.5-18:**    Kreisplatte mit dünnerer Auskragung

Die Mittelflächen der Kreisplatte und der Auskragung liegen nicht auf gleicher Höhe (siehe Bild 3.5-18). Deshalb tritt eine Scheibenwirkung auf, die an der Unstetigkeitsstelle außer dem Radialmoment eine zweite statisch Unbestimmte in Form einer Radialkraft erfordert. Das Grundsystem und der Ansatz der statisch Unbestimmten ist aus Bild 3.5-19 zu ersehen.

Hier sollen nur die Formänderungswerte berechnet werden. Bei den $\delta_{2i}$ ist zu beachten, daß sich der Angriffspunkt von $X_2$ bei einer Verformung der inneren Platte um $e \cdot w'(a)$ verschiebt. Es werden die Tafeln 1, 6, 10 und 11 benutzt.

$$\delta_{11} = \frac{a}{K_1(1+\mu)} + 4,26932 \cdot \frac{a}{K_2}$$

$$\delta_{12} = -\frac{a}{K_1(1+\mu)} \cdot e = \delta_{21}$$

$$\delta_{22} = \frac{a}{Eh_1}(1-\mu) + \frac{a}{K_1(1+\mu)} \cdot e + \frac{1}{Eh_2} \frac{a^3}{b^2-a^2}\left[(1-\mu) + \frac{b^2}{a^2}(1+\mu)\right]$$

$$\delta_{10} = \frac{pa^3}{8K_1(1+\mu)} + 0,22250 \cdot \frac{pa^3}{K_2}$$

$$\delta_{20} = -\frac{pa^3}{8K_1(1+\mu)} \cdot e$$

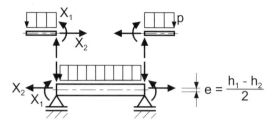

**Bild 3.5-19:**    Grundsystem mit Ansatz der statisch Unbestimmten

## 3.5.7
## Der Satz von BETTI an der Kreisplatte

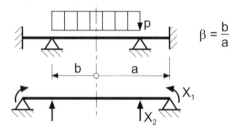

**Bild 3.5-20:**    Eingespannte Kreisplatte mit Zwischenlagerung

Die in Bild 3.5-20 dargestellte Platte wird statisch bestimmt gemacht, indem das Einspannmoment und die Kraft am Zwischenlager als Unbestimmte $X_1$ bzw. $X_2$ angesetzt werden. Wenn diese nacheinander aufgebracht werden, sind die beiden Fremdarbeiten $W_{12}$ und $W_{21}$ wie bei der Kreisringscheibe in Abschnitt 2.5.8 gleich. Das bedeutet

$$1 \cdot 2\pi a \cdot \delta_{12} = 1 \cdot 2\pi b \cdot \delta_{21}$$

und

$$\frac{\delta_{21}}{\delta_{12}} = \frac{a}{b} \, . \tag{3.5.25}$$

Diese Gleichung entspricht (2.5.31) und wird durch einen Vergleich der beiden Ausdrücke für $\delta_{12}$ und $\delta_{21}$ aus Tafel 6 bestätigt:

$$\delta_{21} = -w(b) = -\frac{a^2}{2K(1+\mu)}(1-\beta^2) \, ,$$

$$\delta_{12} = -w'(a) = -\frac{ab}{2K(1+\mu)}(1-\beta^2).$$

Der Satz von MAXWELL ist demnach auf das gewählte Beispiel nicht anwendbar, weil die statisch Unbestimmten auf verschiedenen Radien wirken. Das System der Elastizitätsgleichungen ist unsymmetrisch.

# 3.6
# Einflußflächen für Platten

### 3.6.1
### Allgemeines

Die Ordinaten $\eta(x,y)$ einer Einflußfläche geben den Wert der betreffenden Formänderung oder Schnittgröße am Ort n infolge der Last P = 1 an der Stelle m an. Der feste Ort n mit den Koordinaten $x_n, y_n$ wird als Aufpunkt bezeichnet. Der Ort m ist variabel und hat die Koordinaten x,y (siehe Bild 3.6-1).

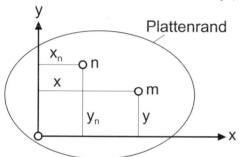

m = Laststellung
= variabler Ort, am dem die Einzellast P = 1 steht

n = Aufpunkt
= feste Stelle, für die in Abhängigkeit von der Laststellung eine bestimmte Formänderungs- oder Schnittgröße gesucht wird

**Bild 3.6-1:**     Beliebige Platte mit Aufpunkt n und Laststellung m

Mit Hilfe der Einflußflächen ist es möglich, die ungünstigste Stellung veränderlicher Verkehrslasten zu finden und durch Auswertung die Extremwerte der betreffenden Schnittgrößen zu berechnen.

Einflußflächen werden hauptsächlich zur Berechnung von Fahrbahnplatten unter nicht gleichmäßig verteilten Verkehrslasten benutzt. Diese Lasten sind für Brücken in DIN 1072 [4.3], für den Hochbau in DIN 1055 Blatt 3 [4.2] festgelegt. Brücken im Zuge von Bundesfernstraßen sind außerdem für militärische Verkehrslasten (Räder- und Kettenfahrzeuge) nach STANAG 2021 [4.6] zu bemessen. In Bild 3.6-2 werden als Beispiele die Lastbilder eines Schwerlastwagens SLW 60 mit der Gesamtlast 600 kN und eines Gabelstaplers GSt 13 mit der Regellast 120 kN gezeigt.

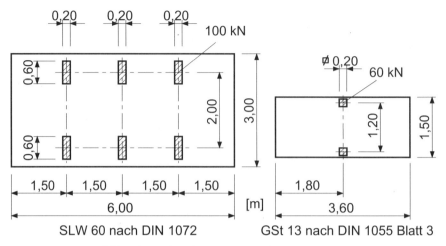

SLW 60 nach DIN 1072                GSt 13 nach DIN 1055 Blatt 3

**Bild 3.6-2:**    Lastbilder eines Schwerlastwagens und eines Gabelstaplers

RÜSCH [3.8] hat die Einflußflächen von Rechteckplatten für die Verkehrslasten nach DIN 1072 ausgewertet und in Heft 106 des Deutschen Ausschusses für Stahlbeton veröffentlicht.

Es werden Einflußflächen für Biegemomente, Drillmomente und Querkräfte benötigt, und zwar für verschiedene Aufpunkte. Da alle Schnittgrößen der Platte nach (3.2.13) bis (3.2.17) durch Ableitungen der Funktion w dargestellt werden können, geht man von der Einflußfläche für die Durchbiegung w aus und differenziert diese entsprechend.

Bei der Ermittlung der Einflußflächen für Momente setzt man die Querdehnzahl gleich Null. Soll μ berücksichtigt werden, so kann dies bei vierseitig gelagerten Rechteckplatten nach (3.2.31) und (3.2.32), bei eingespannten Kreisplatten nach (3.4.6) und (3.4.7) erfolgen. Die Einflußflächen für Rechteckplatten mit ungestützten Rändern und für gelenkig gelagerte Kreisplatten müssen das zu berücksichtigende μ als Parameter enthalten.

Es liegen Einflußflächen für Rechteckplatten mit verschiedenen Seitenverhältnissen und Lagerungsbedingungen sowie für gelenkig gelagerte und eingespannte Kreisplatten vor. Hier seien zwei Tafelwerke genannt: die Zahlentafeln von BITTNER [2.5], ermittelt mit trigonometrischen Reihen, und die Höhenlinienpläne von PUCHER [3.4], ermittelt nach der sogenannten Singularitätenmethode (siehe den folgenden Abschnitt).

## 3.6.2
## Die Singularitätenmethode

### 3.6.2.1
### *Allgemeines*

Wie bereits erwähnt, werden die Einflußflächen der Schnittgrößen durch mehrmalige Ableitung der Einflußfunktion für die Durchbiegung w ermittelt. Eine Schwierigkeit entsteht dadurch, daß bestimmte Ableitungen von w im Aufpunkt unendlich werden. Dieser wird deshalb als singuläre Stelle bezeichnet, im Gegensatz zum regulären Bereich, wo sämtliche Ableitungen endlich sind. Wegen der Singularitäten konvergieren Reihenentwicklungen schlecht und werden im folgenden nicht behandelt. Vorteilhafter ist die von PUCHER entwickelte Singularitätenmethode, bei der die Einflußfunktion in einen singulären und einen regulären Anteil aufgespalten wird.

Gesucht ist zunächst die Einflußfläche „$w_n$" = $w_{nm}$, d.h. die Duchbiegung w im festen Aufpunkt n, wenn P = 1 an der variablen Stelle m steht. Nach dem Satz von MAXWELL dürfen die Indizes von $w_{nm}$ vertauscht werden. $w_{mn}$ bezeichnet die Durchbiegung w an der variablen Stelle m, wenn P = 1 am festen Ort n steht, beschreibt also eine Biegefläche. Statt der Einflußfläche für w kann demnach die Biegefläche infolge der Last P = 1 im Aufpunkt ermittelt werden.

Im folgenden wird die Einflußfunktion für $w_n$ mit

$$\eta(x,y) = \eta_0(x,y) + \eta_1(x,y) \tag{3.6.1}$$

bezeichnet. Darin ist $\eta_0(x,y)$ der singuläre und $\eta_1(x,y)$ der reguläre Anteil. Der singuläre Anteil enthält die Singularität im Aufpunkt und wird unabhängig von der Form des Plattenrandes und von den Stützbedingungen der Platte gewählt. Deshalb erfüllt $\eta_0(x,y)$ lediglich die Plattengleichung $\Delta\Delta\eta_0 = 0$, nicht jedoch die Randbedingungen. Der reguläre Anteil muß der Differentialgleichung $\Delta\Delta\eta_1 = 0$ genügen und zusammen mit $\eta_0(x,y)$ die Randbedingungen befriedigen.

### 3.6.2.2
### *Die Singularität des Feldmoments $m_x$*

Für Feldmomente wird die Singularität aus der Biegefläche einer durch eine mittige Einzellast P beanspruchten, gelenkig gelagerten Kreisplatte hergeleitet. Die entsprechende Gleichung ist Tafel 6 zu entnehmen:

$$w(r) = \frac{Pa^2}{16\pi K} \left[ \frac{3+\mu}{1+\mu} \left(1 - \rho^2\right) + 2\rho^2 \ln\rho \right]. \tag{3.6.2}$$

Die beiden ersten Ableitungen nach r lauten mit $\rho = r/a$

$$\frac{dw}{dr} = \frac{Pa}{4\pi K}\left(-\frac{1}{1+\mu}\rho + \rho \ln\rho\right), \qquad (3.6.3)$$

$$\frac{d^2 w}{dr^2} = \frac{P}{4\pi K}\left(\frac{\mu}{1+\mu} + \ln\rho\right). \qquad (3.6.4)$$

(3.6.2) und (3.6.3) sind überall regulär, weil das Produkt $\rho \cdot \ln\rho$ im Nullpunkt verschwindet. Die zweite Ableitung wird jedoch im Aufpunkt singulär. Ursächlich hierfür ist der Anteil

$$w_0 = \frac{Pa^2}{8\pi K}\rho^2 \ln\rho \qquad (3.6.5)$$

in (3.6.2). Dementsprechend lautet der die Singularität enthaltende Anteil der Einflußfunktion für w

$$\eta_0 = \frac{1}{8\pi K}r^2 \cdot \ln\frac{r}{r_0} = \frac{1}{16\pi K}r^2 \cdot \ln\left(\frac{r}{r_0}\right)^2. \qquad (3.6.6)$$

Dabei wurde $P = 1$ gesetzt und statt des Plattenradius a die beliebige Bezugsgröße $r_0$ eingeführt, die wegen $\ln(r/r_0) = \ln r - \ln r_0$ lediglich den regulären Anteil in (3.6.6) beeinflußt.

Da die Querdehnung, wie erläutert, nicht berücksichtigt wird, gilt entsprechend (3.2.13) für den singulären Anteil

$$"m_{x0}" = -K\frac{\partial^2 \eta_0}{\partial x_n^2}. \qquad (3.6.7)$$

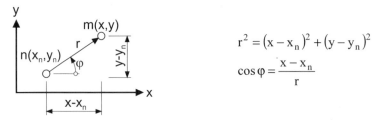

$$r^2 = (x - x_n)^2 + (y - y_n)^2$$

$$\cos\varphi = \frac{x - x_n}{r}$$

**Bild 3.6-3:**    Beziehungen zwischen kartesischen und Polarkoordinaten

Um die Differentiationen nach $x_n$ durchführen zu können, müssen zuvor die Polarkoordinaten in (3.6.6) auf das x-y-System umgerechnet werden. Mit den Beziehungen nach Bild 3.6-3 erhält man zunächst

$$\frac{\partial(r^2)}{\partial x_n} = -2(x - x_n) \quad \text{und} \quad \frac{\partial}{\partial x_n}\left(\ln\frac{r^2}{r_0{}^2}\right) = -\frac{2}{r^2}(x - x_n)$$

und weiter

$$\frac{\partial \eta_0}{\partial x_n} = -\frac{1}{16\pi K}\left[2(x - x_n)\ln\left(\frac{r}{r_0}\right)^2 + 2(x - x_n)\right] \qquad (3.6.8)$$

und

$$\frac{\partial^2 \eta_0}{\partial x_n^2} = \frac{1}{8\pi K}\left[\ln\left(\frac{r}{r_0}\right)^2 + (x - x_n)\cdot\frac{2(x - x_n)}{r^2} + 1\right]$$

$$= \frac{1}{8\pi K}\left(2\ln\frac{r}{r_0} + 2\cos^2\varphi + 1\right). \qquad (3.6.9)$$

Damit ergibt sich schließlich nach (3.6.7)

$$"m_{x0}" = -\frac{1}{8\pi}\left(2\ln\frac{r}{r_0} + 2\cos^2\varphi + 1\right). \qquad (3.6.10)$$

Man erkennt, daß die Einflußfläche nicht rotationssymmetrisch ist. Die Funktion der Höhenlinien ergibt sich, indem „$m_{x0}$" $= \kappa = $ const. gesetzt wird:

$$\kappa = -\frac{1}{8\pi}\left(2\ln\frac{r}{r_0} + 2\cos^2\varphi + 1\right).$$

Daraus folgt durch Umformung die Gleichung der Höhenlinien in Polarkoordinaten

$$r(\kappa, \varphi) = r_0 \cdot e^{-\frac{8\pi\kappa + 1}{2}} \cdot e^{-\cos^2\varphi}. \qquad (3.6.11)$$

Aus (3.6.11) erkennt man, daß alle Höhenlinien unabhängig von $\kappa$ affin zueinander sind. Sie weisen die Form einer eingeschnürten Ellipse auf mit dem Achsenverhältnis

$$\frac{r(\kappa, \pi/2)}{r(\kappa, 0)} = \frac{e^0}{e^{-1}} = e \approx 2{,}72.$$

In Bild 3.6-4 sind einige Höhenlinien von „$m_{x0}$" dargestellt. Die längere Achse liegt in der y-Richtung, in die auch der Vektor des zugehörigen Moments $m_{x0}$ weist. Die Linien gelten für verschiedene Werte κ. Im Aufpunkt ist κ = ∞.

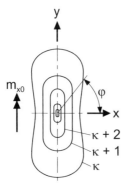

**Bild 3.6-4:**    Höhenlinien der Einflußfläche „$m_{x0}$" und zugehöriger Momentenvektor

Die Einflußfläche bildet räumlich einen unendlich langen Schlauch, der sich nach oben verjüngt und der einen endlichen Inhalt besitzt. Diesen muß man für die Auswertung der Einflußfläche kennen (siehe Abschnitt 3.6.4.2).

Die von der Höhenlinie κ umschlossene Fläche ergibt sich aus

$$A(\kappa) = \frac{1}{2} \oint r^2 d\varphi = \frac{1}{2} r_0^2 e^{-(8\pi\kappa+1)} \int_0^{2\pi} e^{-2\cos^2\varphi} d\varphi .$$    (3.6.12)

Das Integral ist nicht geschlossen lösbar. Es hat den Zahlenwert 2,93, wie sich z.B. mit der SIMPSONschen Regel berechnen läßt. Für das Volumen der Einflußfläche oberhalb der Höhenlinie κ gilt damit

$$V(\kappa) = \int_\kappa^\infty A(\kappa) d\kappa = \frac{2,93}{2e} r_0^2 \int_\kappa^\infty e^{-8\pi\kappa} d\kappa = 0,0214 \cdot r_0^2 \cdot e^{-8\pi\kappa} .$$    (3.6.13)

Für die letzte von PUCHER in seinem Tafelwerk noch dargestellte Höhenlinie gilt

$$\max\kappa = \frac{8}{8\pi} = \frac{1}{\pi} .$$

Für den Wert $r_0$ hat er eine Länge in der Größenordnung der Stützweite gewählt. Damit ergibt sich für das Volumen oberhalb von max κ

$$V(\max\kappa) \approx 0,0214 \cdot \ell^2 \cdot e^{-8} \approx 0,7 \cdot 10^{-5} \cdot \ell^2 .$$    (3.6.14)

Dieses Volumen ist vernachlässigbar klein, wie an einem Beispiel in Abschnitt 3.6.4.3 gezeigt werden soll. Es genügt also, in der Praxis nur die von PUCHER [3.4] dargestellten Höhenlinien zu benutzen und den Inhalt des oberhalb von max κ liegenden Teils der Einflußfläche unberücksichtigt zu lassen.

### 3.6.2.3
### Der reguläre Anteil des Feldmoments $m_x$

Der reguläre Lösungsanteil $\eta_1(x,y)$ der Einflußfläche entspricht einer Randbelastung der Platte, die bewirkt, daß die Gesamtlösung die vorgegebenen Randbedingungen erfüllt. Er muß der homogenen Plattengleichung $\Delta\Delta\eta_1 = 0$ genügen und kann beispielsweise mit einem Reihenansatz bestimmt werden. PUCHER hat $\eta_1(x,y)$ numerisch mit dem Differenzenverfahren berechnet (siehe Abschnitt 3.8.3.1). Darauf wird hier nicht weiter eingegangen.

Die Ordinaten des regulären Anteils der Einflußfläche für ein Feldmoment sind im Bereich des Aufpunkts klein im Vergleich zu denen des singulären Anteils. Deshalb weisen die Höhenlinien der endgültigen Einflußfläche, unabhängig von der Form des Plattenrandes und der Lagerungsbedingungen der Platte, auch die in Bild 3.6-4 dargestellte, charakteristische Form auf, wie z.B. in Bild 3.6-5 zu erkennen ist.

### 3.6.3
### Ausgewählte Einflußflächen

In Abschnitt 3.6.2 wurde lediglich die Einflußfläche für ein Feldmoment behandelt. Außer dieser werden im folgenden Beispiele für die Einflußfläche eines Einspannmoments, eines Drillmoments und einer Querkraft ohne weitere Angaben zu ihrer Ermittlung gezeigt.

### 3.6.3.1
### Einflußfläche für ein Feldmoment

In Bild 3.6-5 ist die Einflußfläche für $m_x$ isometrisch und als Höhenlinienplan dargestellt. Dort sind die Ordinaten $8\pi$-fach angegeben. Die höchste noch eingezeichnete Höhenlinie ist mit + 8 bezeichnet. Die maximale Einflußordinate beträgt demnach max κ = + $8/8\pi$ = $1/\pi$. Der Teil der Einflußfläche oberhalb der Ebene max κ wird vernachlässigt.

Die Einflußordinaten sind dimensionslos, so daß die Auswertung mit einer Einzellast P [kN] für $m_x$ die Dimension [kNm/m] liefert.

In den Höhenlinienplänen von PUCHER werden die Ordinaten der Momente grundsätzlich $8\pi$-fach angegeben. Sie sind unabhängig von der Stützweite. Von Einfluß dagegen sind Berandungsform, Seitenverhältnis und die Lagerungsbedingungen.

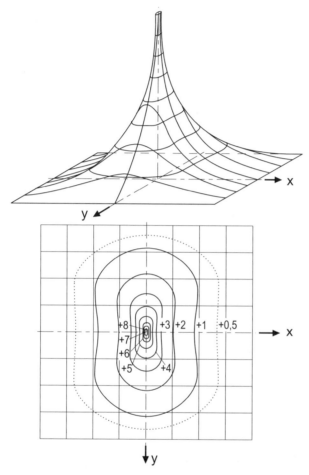

**Bild 3.6-5:**    Einflußfläche ($8\pi$-fach) für das Biegemoment $m_x$ im Mittelpunkt einer allseitig gelenkig gelagerten, quadratische Platte (nach GIRKMANN [1.1])

### 3.6.3.2
### Einflußfläche für ein Einspannmoment

Wie Bild 3.6-6 zeigt, ist die Ordinate der Einflußfläche für ein Einspannmoment im Aufpunkt, anders als beim Feldmoment, endlich. Sie beträgt $\kappa = -8/8\pi = -1/\pi$.

Wie bereits zur Einflußfläche für ein Feldmoment bemerkt, sind die Ordinaten dimensionslos und von der Stützweite unabhängig.

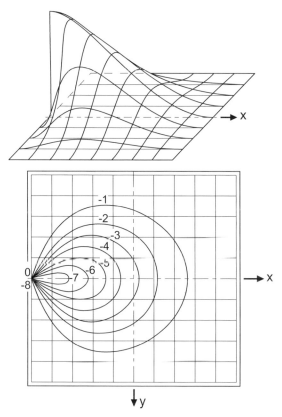

**Bild 3.6-6:**     Einflußfläche (8π-fach) für das Einspannmoment $m_x$ in Randmitte einer allseitig eingespannten, quadratischen Platte (nach GIRKMANN [1.1])

### 3.6.3.3
### Einflußfläche für ein Drillmoment

Die in Bild 3.6-7 dargestellte Einflußfläche für das Dirllmoment in Feldmitte ist antimetrisch bezüglich beider Plattenachsen, da eine achsensymmetrische Belastung der Platte dort keine Drillmomente hervorruft. Im Aufpunkt ist eine Unstetigkeitsstelle, an der die Einflußordinate max $\kappa = 1/8\pi$ das Vorzeichen wechselt.

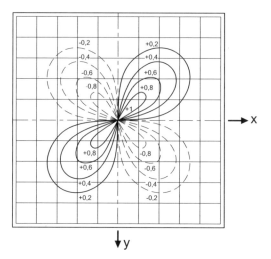

**Bild 3.6-7:**    Einflußfläche (8π-fach) für das Drillmoment im Mittelpunkt einer allseitig eingespannten, quadratische Platte (nach GIRKMANN [1.1])

### *3.6.3.4*
### *Einflußfläche für eine Querkraft*

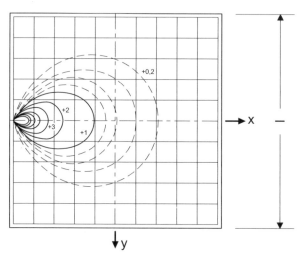

**Bild 3.6-8:**    Einflußfläche (ℓ-fach) für die Querkraft $q_x$ in Randmitte einer allseitig einge-spannten, quadratischen Platte (nach PUCHER [3.4])

Die Einflußordinaten für Querkräfte sind längenbezogen. Im Beispiel nach Bild 3.6-8 sind die an den Höhenlinien angegebenen Zahlen durch die Spannweite $\ell$ zu dividieren. Die Querkraft in Randmitte infolge einer Einzellast verhält sich demnach reziprok zur Spannweite. Unter Gleichlast, z.B. infolge Eigengewicht, ist sie proportional zu $\ell$.

Die Aufpunktordinate ist unendlich, das Volumen unter der Einflußfläche hat jedoch wie beim Feldmoment einen endlichen Wert.

### 3.6.3.5
### Einflußflächen für die Schnittgrößen von Kreisplatten

Das Tafelwerk von PUCHER [3.4] enthält auch Einflußflächen für die Schnittgrößen von Kreisplatten. Sie verlaufen, abgesehen von der Berandungsform, ähnlich wie bei quadratischen Platten. Insbesondere ist auch die Einflußfläche für das Biegemoment in Plattenmitte nicht rotationssymmetrisch.

## 3.6.4
## Auswertung von Einflußflächen

### 3.6.4.1
### Lastverteilung in Platten

In Abschnitt 3.5.6.5 wurde darauf hingewiesen, daß die Feldmomente von Platten unter Einzellasten stark von der Größe der Lastverteilungsfläche abhängen. Diese darf nach DIN 1045 [4.1], Abschnitt 20.1.4, ermittelt werden (siehe Bild 3.6-9), wo zwischen Lastaufstandsbreite $b_0$ und Lasteintragungsbreite $t$ unterschieden wird.

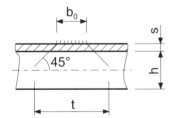

Bild 3.6-9:    Ermittlung der Lasteintragungsbreite nach DIN 1045

Bei einer Lastausbreitung unter 45° bis zur Plattenmittelfläche und unter Berücksichtigung einer lastverteilenden Deckschicht der Dicke s ergeben sich die für die Berechnung maßgebenden Lasteintragungsbreiten zu

$$t_x = b_{0x} + 2s + h \quad \text{und} \quad t_y = b_{0y} + 2s + h \,. \tag{3.6.15}$$

Nach DIN 1075 [4.4], Abschnitt 9.1.2, dürfen bei Massivbrücken anstelle der Aufstandsflächen der Radlasten nach DIN 1072 (siehe Abschnitt 3.6.1) vereinfachend flächengleiche Ersatzflächen in Quadrat- oder Kreisform verwendet werden.

### 3.6.4.2
### Auswertungsformeln

Die Einflußordinate $\eta(x,y)$ stellt die Zustandsgröße $Z(x_n,y_n)$ infolge einer Einzellast $P = 1$ dar, die am Ort $(x,y)$ wirkt. Den Wert von Z infolge einer vorgegebenen Belastung erhält man deshalb, indem man die einzelnen Lasten mit den zugehörigen Einflußordinaten multipliziert und die Produkte aufsummiert. Bei Flächenlasten erfolgt die Auswertung der Einflußfläche dementsprechend durch Integration des Produkts aus Belastung $p(x,y)$ und Einflußordinate $\eta(x,y)$ über die Lastfläche A. Somit gilt bei Vorhandensein von Einzel- und Flächenlasten die Auswertungsformel

$$Z(x_n, y_n) = \Sigma P_i \cdot \eta(x_i, y_i) + \int_A p(x,y) \cdot \eta(x,y) dA \,. \tag{3.6.16}$$

Falls nur eine konstante Flächenlast p wirkt, ergibt sich hieraus z.B. für das Biegemoment $m_x$

$$m_x(x_n, y_n) = p \cdot \int_A \eta(x,y) dA \,.$$

Das Integral gibt das Volumen unter der Einflußfläche im Lastbereich A an. Mit $\eta_m$ als mittlerer Einflußordinate im Lastbereich und mit der Resultierenden $R = p \cdot A$ gilt dann

$$m_x(x_n, y_n) = p \cdot A \cdot \eta_m = R \cdot \eta_m \,. \tag{3.6.17}$$

Die Integration wird zweckmäßig numerisch durchgeführt, wobei sich die doppelte Anwendung der SIMPSONschen Regel empfiehlt. Dies soll anhand des Bildes 3.6-10 gezeigt werden.

Es sind die rechteckige Lastfläche $A = 2 \Delta x \cdot 2 \Delta y$ und der Schnitt durch die Einflußfläche in Achse 1 dargestellt. Nach SIMPSON gilt

$$F_1 = \frac{\Delta x}{3} (\eta_{1a} + 4\eta_{1b} + \eta_{1c}) = 2\Delta x \cdot \eta_{1m}$$

mit $\eta_{1m}$ als mittlerer Einflußordinate in Achse 1. Für diese ergibt sich danach

$$\eta_{1m} = \frac{1}{6} (\eta_{1a} + 4\eta_{1b} + \eta_{1c}) \,. \tag{3.6.18}$$

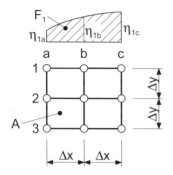

**Bild 3.6-10:**    Beispiel für eine numerische Integration nach SIMPSON

Dementsprechend lautet die Gleichung der mittleren Einflußordinate im Bereich A

$$\eta_m = \frac{1}{6}\left(\eta_{1m} + 4\eta_{2m} + \eta_{3m}\right). \tag{3.6.19}$$

Für die Integration über eine größere, gerade Anzahl n von Intervallen wird die Formel mehrfach angewandt. Sie nimmt dann die Form

$$\eta_m = \frac{1}{3n}\sum_{1}^{n+1} \kappa_r \cdot \eta_{rm} \quad \text{mit} \quad \kappa_r = 1,4,2,4 \cdots 2,4,1 \tag{3.6.20}$$

an. Die praktische Durchführung wird im folgenden an einem Beispiel gezeigt.

### 3.6.4.3
### Beispiel 1: Maximale Feldmomente infolge einer Einzellast

Es sollen die maximalen Feldmomente einer allseitig gelenkig gelagerten, quadratischen Platte infolge einer zentrischen Radlast P ermittelt werden. Die entsprechende Einflußfläche ist in Bild 3.6-11 als Höhenlinienplan gegeben.

Die Lasteintragungsbreiten $t_x$ und $t_y$ betragen ein Fünftel der Stützweite. Aus Symmetriegründen kann die mittlere Einflußordinate an einem Viertel der Lastfläche ermittelt werden. Nach Augenmaß liest man die in der folgenden Tabelle zusammengestellten Ordinaten ab. Werte oberhalb der Höhenlinie 8 werden nicht berücksichtigt.

|   | a | b | c |
|---|---|---|---|
| 1 | 2,6 | 3,7 | 4,3 |
| 2 | 2,55 | 3,9 | 5,8 |
| 3 | 2,5 | 3,8 | 8 |

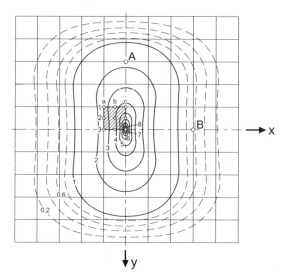

**Bild 3.6-11:**    Einflußfläche für das Feldmoment $m_x$ nach PUCHER [3.4] ($8\pi$-fach)

Man erhält zunächst

$$\eta_{1m} = \frac{1}{6}(2{,}6 + 4\cdot3{,}7 + 4{,}3) = 3{,}62$$

$$\eta_{2m} = \frac{1}{6}(2{,}55 + 4\cdot3{,}9 + 5{,}8) = 3{,}99$$

$$\eta_{3m} = \frac{1}{6}(2{,}5 + 4\cdot3{,}8 + 8) = 4{,}28$$

und schließlich

$$\eta_m = \frac{1}{6}(3{,}62 + 4\cdot3{,}99 + 4{,}28) = 3{,}98 \ .$$

Damit ergibt sich nach (3.6.17) ohne Berücksichtigung der Querdehnzahl für beide Feldmomente

$$\max m_x = \max m_y = \frac{3{,}98}{8\pi}\cdot P = 0{,}1584\ P \ .$$

BITTNER [2.5] gibt hierfür den Beiwert 0,1634 an, der um ca. 3 % von dem hier ermittelten Ergebnis abweicht. Mit Hilfe der beigefügten CD-ROM errechnet man den Wert 0,1636.

Die Berücksichtigung des Teils der Einflußfläche oberhalb der Höhenlinie 8 hätte nach Gleichung (3.6.14) ein Differenzmoment von

$$\Delta m_x = \Delta m_y = p \cdot V(\max \kappa) \approx \frac{P}{(0{,}2\ell)^2} \cdot 0{,}7 \cdot 10^{-5} \cdot \ell^2 = 0{,}000175\, P$$

gebracht, was etwa 0,1 % von $m_x$ ausmacht. Die Bedeutung von $\Delta m_x$ wächst mit der Lastkonzentration. Für $t_x = t_y = 0{,}1\,l$ und 0,05 l beträgt der relative Fehler $\Delta m_x / m_x$ ca. 0,3 bzw. 1,0 %, ist also in der Regel auch bei kleinen Lastflächen vernachlässigbar.

Wäre eine zweite Radlast gleicher Größe an der Stelle A im Abstand 0,3 l zu berücksichtigen, so könnte deren Einflußordinate $\eta_A$ im Lastschwerpunkt direkt abgelesen werden, denn dort kann die Einflußfläche für die Auswertung mit ausreichender Genauigkeit durch eine Tangentialebene ersetzt werden. Wegen der Doppelsymmetrie gilt bei dieser Laststellung für $m_y$ die Einflußordinate $\eta_B$. Mit den Werten 1,78 bzw. 0,64 für diese beiden Ordinaten wird

$$\max m_x = \left(0{,}1584 + \frac{1{,}78}{8\pi}\right) P = 0{,}2292\, P\,,$$

$$\text{zug } m_y = \left(0{,}1584 + \frac{0{,}64}{8\pi}\right) P = 0{,}1839\, P\,.$$

Da im Massivbrückenbau mit der Querdehnzahl $\mu = 0{,}2$ zu rechnen ist, sollen auch die entsprechenden Plattenmomente angegeben werden, die man unter Verwendung von (3.2.31) erhält:

$$\max m_x = \left(0{,}2292 + 0{,}2 \cdot 0{,}1839\right) P = 0{,}2660\, P\,,$$

$$\text{zug } m_y = \left(0{,}1839 + 0{,}2 \cdot 0{,}2292\right) P = 0{,}2297\, P\,.$$

Die Stützweite l der Platte geht in die Berechnung nur insoweit ein, wie sie benötigt wird, um die Lasteintragungsfläche und den Radabstand im richtigen Maßstab zu zeichnen. Anders ist das bei Flächenlasten, deren Wirkungsfläche nicht begrenzt ist. Wäre z.B. bei der oben betrachteten Platte der Bereich der Einzellast P mit einer konstanten flächenbezogenen Verkehrslast p umgeben, so würde man die Platte für die Vollast p und die Überlast

$$\Delta P = P - p\, t_x\, t_y$$

berechnen. Ohne Berücksichtigung der Querdehnung erhielte man für die resultierenden Mittenmomente nach Tafel 2

$$\max m_x = \max m_y = \frac{p\ell^2}{27{,}2} + 0{,}1584\, \Delta P\,.$$

Das Ergebnis ist von der Stützweite abhängig, weil das auch für die Gesamtlast gilt.

### 3.6.4.4
### *Beispiel 2: Minimales Stützmoment infolge einer wandernden Teilflächenlast*

Es soll das minimale Stützmoment $m_{xs}$ in der Seitenmitte einer allseitig einge-spannten, quadratischen Platte ermittelt werden (siehe Bild 3.6-12). Die entspre-chende $8\pi$-fache Einflußfläche ist in Bild 3.6-6 dargestellt.

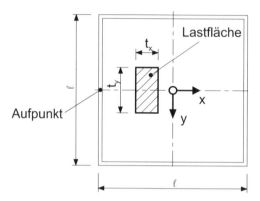

**Bild 3.6-12:**    Quadratische, eingespannte Platte mit wandernder Teilflächenlast

Die Stützweite der Platte wird mit $\ell$ bezeichnet, die Last mit p. Die Lastfläche ist rechteckig und hat die Abmessungen $t_x = 0,2\ \ell$ und $t_y = 0,4\ \ell$. Man erkennt so-fort, daß die Resultierende

$$R = p \cdot t_x \cdot t_y = 0,08p\ell^2$$

auf der x-Achse wirken muß, damit $m_{xs}$ minimal wird. Deshalb und aus Symme-triegründen werden nur die Einflußordinaten im Bereich $0 \le y/\ell \le 0,2$ benötigt. Die x-Koordinate des Schwerpunkts der Lastfläche ist unbekannt.

| $\xi = \dfrac{x}{\ell}$ | -0,4 | -0,3 | -0,2 | -0,1 | 0 | +0,1 |
|---|---|---|---|---|---|---|
| $\eta(\xi;0)$ | -7,5 | -6,7 | -5,7 | -4,4 | -3,2 | -2,2 |
| $\eta(\xi;0,1)$ | -3,5 | -5,1 | -4,8 | -3,9 | -2,9 | -2,0 |
| $\eta(\xi;0,2)$ | -1,2 | -2,7 | -3,1 | -2,7 | -2,2 | -1,5 |
| $\eta_m(\xi)$ | -3,78 | -4,97 | -4,67 | -3,78 | -2,83 | -1,95 |

Zunächst werden nach Gleichung (3.6.18) die mittleren Einflußordinaten des Be-reichs ermittelt, in dem die Lastfläche wandert. Die aus Bild 3.6-6 abgelesenen

Ordinaten und die zugehörigen Mittelwerte sind in der vorstehenden Tabelle zusammengestellt.

In Bild 3.6-13 sind die berechneten Mittelwerte über der x-Achse aufgetragen.

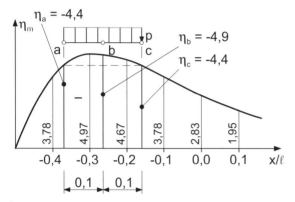

**Bild 3.6-13:**    Verlauf der mittleren Einflußordinaten im Bereich $-0,2 \leq y/\ell \leq +0,2$

Das minimale Einspannmoment ergibt sich, wenn die Ordinaten an den beiden Rändern der Lastfläche gleich sind. Aus Bild 3.6-13 liest man im Abstand $0,2\,\ell$ die Ordinaten $\eta_a = \eta_c = -4,4$ ab. In der Mitte dazwischen wird $\eta_b = -4,9$. Damit lautet die minimale mittlere Einflußordinate im Lastbereich

$$\eta_m = \frac{1}{6}(-4,4 - 4 \cdot 4,9 - 4,4) = -4,73 \,.$$

Schließlich erhält man nach (3.6.17) das minimale Einspannmoment

$$\min m_{xs} = -\frac{1}{8\pi} \cdot 4,73 \cdot 0,08 p\ell^2 = -0,0151 p\ell^2 \,.$$

# 3.7
# Orthogonale Mehrfeldplatten

## 3.7.1
## Allgemeines

In der Baupraxis kommen selten Einfeldplatten vor. Meist verwendet man Mehrfeldplatten, die an den inneren Stützungen durchlaufen, so daß sich die einzelnen

Felder gegenseitig beeinflussen. Dabei treten häufig Unregelmäßigkeiten auf (siehe Bild 3.7-1) wie z.b. schiefe Ränder (a), unterbrochene Stützungen (b), dreiseitige Knoten (c) und Aussparungen (d).

Hier sollen nur feldweise gleichmäßig belastete, orthogonale Mehrfeldplatten mit regelmäßigem Raster ohne die vorgenannten Anomalien behandelt werden. Für diese ist Spezialliteratur heranzuziehen, z.B. STIGLAT/WIPPEL [2.12].

Im folgenden werden an den Zwischenstützungen Schneidenlagerungen ohne Verdrehungswiderstand angenommen. Zur Berechnung der Mehrfeldplatten werden die mit Hilfe der Plattentheorie gewonnenen Ergebnisse für die einzelnen Rechteckplatten verwendet.

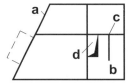 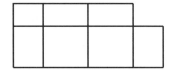

**Bild 3.7-1:**    Mehrfeldplatten mit und ohne Unregelmäßigkeiten

Hier werden nur das Belastungsumordnungsverfahren und das Verfahren von PIEPER/MARTENS [2.11] zur Ermittlung der Plattenmomente behandelt. Beide stellen Näherungsverfahren dar und setzen $\mu = 0$ voraus. Der Einfluß der Querdehnzahl kann bei Bedarf nach (3.2.31) und (3.2.32) erfaßt werden.

### 3.7.2
### Das Belastungsumordnungsverfahren

Das Verfahren beruht auf Symmetriebetrachtungen für orthogonale Plattensysteme mit konstanter Plattendicke und mit näherungsweise gleichen Stützweiten je Richtung. Es erlaubt, sich auf die Betrachtung der Einzelfelder zu beschränken, und ist auch bei unterschiedlichen Stützweiten je Richtung noch ausreichend genau und nach DIN 1045, Abschnitt 20.1.5 (4), anwendbar, wenn die Bedingungen

$$\min \ell_x/\max \ell_x \geq 0{,}75 \quad \text{und} \quad \min \ell_y/\max \ell_y \geq 0{,}75 \qquad (3.7.1)$$

eingehalten werden. Bei der Anwendung des Verfahrens ist zwischen Feld- und Stützmomenten zu unterscheiden.

### 3.7.2.1
### *Ermittlung der Feldmomente*

Die maximalen und minimalen Feldmomente treten bei schachbrettartiger Anordnung der Verkehrslast p auf. Die Gesamtbelastung der Platte  q = g + p wird in den symmetrischen Anteil q′ und den antimetrischen Anteil q″ aufgeteilt. Hierfür gilt

$$q' = g + p/2 \quad \text{und} \quad q'' = \pm\, p/2. \tag{3.7.2}$$

Für den symmetrischen Lastfall q′ darf an den Zwischenstützungen volle Einspannung angenommen werden, da sich die Platte dort nicht oder kaum verdreht. Für den antimetrischen Lastfall q″ herrscht an den Zwischenstützungen eine freie Verdrehbarkeit. Dem entspricht eine gelenkige Lagerung der angrenzenden Platten.

Als Beispiel soll hier die in Bild 3.7-2 im Grundriß dargestellte Platte behandelt werden. Gesucht seien die maximalen Feldmomente in Feld 1 und die minimalen in Feld 2. Als Belastung wird  g = 5,0 kN/m² und p = 2,0 kN/m² angenommen.

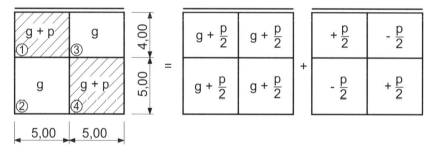

**Bild 3.7-2:**  Beispiel zur Ermittlung von Feldmomenten mit Lastaufteilung

Die Bedingungen (3.7.1) sind erfüllt. Die Verkehrsbelastung ist schachbrettartig angeordnet und in die Anteile q′ und q″ zerlegt. Mit den Festwerten

$$q' = 5,0 + 1,0 = 6,0 \text{ kN/m}^2, \quad q'' = \pm\, 1,0 \text{ kN/m}^2$$

erhält man für Feld 1

$$q'\ell_x\, \ell_y = 6,0 \cdot 5,00 \cdot 4,00 = 120 \text{ kN}, \quad q''\ell_x\, \ell_y = 1,0 \cdot 5,00 \cdot 4,00 = 20 \text{ kN},$$

für Feld 2

$$q'\ell_x\, \ell_y = 6,0 \cdot 5,00 \cdot 5,00 = 150 \text{ kN}, \quad q''\ell_x\, \ell_y = 1,0 \cdot 5,00 \cdot 5,00 = 25 \text{ kN}.$$

Nach den obigen Ausführungen bezüglich der Lagerung der Einzelplatten erhält man die maximalen Feldmomente in Feld 1 nach Bild 3.7-3.

(Plattentyp $\bar{5}$ bzw. 2)

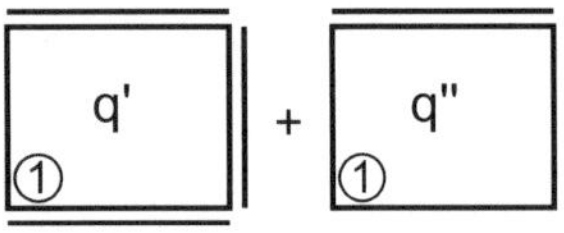

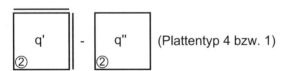

**Bild 3.7-3:** Ersatzsysteme zur Ermittlung der maximalen Feldmomente in Feld 1

Der Querstrich bei der Bezeichnung des Plattentyps bedeutet, daß die Platte vor einer Anwendung der Tafel 2 in Gedanken gedreht werden muß. Das Seitenverhältnis beträgt $\ell_y/\ell_x = 4{,}00/5{,}00 = 0{,}80$ bzw. $\ell_x/\ell_y = 1{,}25$. Die Momentenbeiwerte nach Tafel 2 lauten

für Plattentyp $\bar{5}$: $\alpha_{xf} = \frac{1}{2}(78{,}2 + 89{,}6) = 83{,}9\,, \quad \alpha_{yf} = \frac{1}{2}(40{,}6 + 40{,}3) = 40{,}45\,;$

für Plattentyp 2: $\alpha_{xf} = 63{,}1\,, \quad \alpha_{yf} = 28{,}4\,.$

Damit erhält man für Feld 1

$$\max m_x = \frac{120}{83{,}9} + \frac{20}{63{,}1} = 1{,}75 \text{ kNm/m}\,,$$

$$\max m_y = \frac{120}{40{,}45} + \frac{20}{28{,}4} = 3{,}67 \text{ kNm/m}\,.$$

Zur Ermittlung der minimalen Feldmomente in Feld 2 wird nach Bild 3.7-4 vorgegangen. Das Seitenverhältnis beträgt 1,0.

(Plattentyp 4 bzw. 1)

**Bild 3.7-4:** Ersatzsysteme zur Ermittlung der minimalen Feldmomente in Feld 2

Die Momentenbeiwerte nach Tafel 2 lauten

für Plattentyp 4: $\alpha_{xf} = \alpha_{yf} = 40{,}2\,,$

für Plattentyp 1: $\alpha_{xf} = \alpha_{yf} = 27{,}2\,.$

Damit erhält man für Feld 2

$$\min m_x = \min m_y = \frac{150}{40{,}2} - \frac{25}{27{,}2} = 2{,}81 \text{ kNm/m}\,.$$

### 3.7.2.2
### Ermittlung der Stützmomente

Beim Belastungsumordnungsverfahren werden die Stützmomente näherungsweise als Mittel der Festeinspannmomente benachbarter Platten berechnet. Hierfür wird die Belastung wie bei den Feldmomenten in die Anteile $q'$ und $q''$ zerlegt.

Das Vorgehen soll an der in Bild 3.7-5 dargestellten Platte gezeigt werden, für die das minimale Stützmoment zwischen den Feldern 1 und 2 gesucht sei. Belastung, Abmessungen und die Art der Lagerung stimmen mit denen des oben behandelten Beispiels überein.

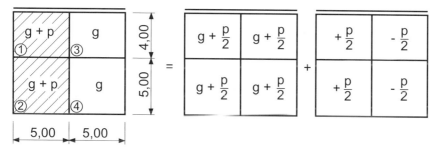

**Bild 3.7-5:**     Beispiel zur Ermittlung eines Stützmoments mit Lastaufteilung

Verkehrslast befindet sich nur in den Feldern 1 und 2, da Lasten in den Feldern 3 und 4 ein positives Stützmoment $m_{1,2}$ erzeugen würden. Die Lagerung der Einzelplatten ersieht man aus Bild 3.7-6.

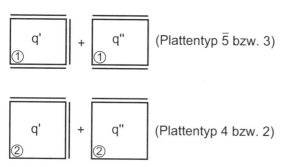

**Bild 3.7-6:**     Ersatzsysteme zur Ermittlung des minimalen Stützmoments $m_{1,2}$

Für den Lastfall q′ herrscht an allen Zwischenstützungen volle Einspannung. An den Stützungen, wo q″ das Vorzeichen wechselt, sind die Einzelplatten als gelenkig gelagert anzusehen.

Die Seitenverhältnisse betragen wie zuvor 0,80 bzw. 1,25 bei Feld 1 und 1,0 bei Feld 2. Hierfür erhält man aus Tafel 2 folgende Momentenbeiwerte:

Plattentyp $\overline{5}$ :
$$\alpha_{ys} = -\frac{1}{2}(16,7+17,2) = -16,95$$

Plattentyp 3 :
$$\alpha_{ys} = -16,0$$

Plattentyp 4 :
$$\alpha_{ys} = -14,3$$

Plattentyp 2 :
$$\alpha_{ys} = -11,9$$

Die Festeinspannmomente der beiden Platten ergeben sich damit zu

$$\min m_{s1} = -\frac{120}{16,95} - \frac{20}{16,0} = -8,33 \text{ kNm / m} ,$$

$$\min m_{s2} = -\frac{150}{14,3} - \frac{25}{11,9} = -12,59 \text{ kNm / m} ,$$

und das minimale Stützmoment lautet

$$\min m_{1,2} = (\min m_{s1} + \min m_{s2})/2 = -\frac{8,33+12,59}{2} = -10,46 \text{ kNm / m} .$$

### 3.7.3
### Das Verfahren von PIEPER/MARTENS

Dieses Verfahren beruht auf den Gedanken des Belastungsumordnungsverfahrens und erweitert dieses sowohl auf beliebig unterschiedliche Stützweiten als auch auf Plattensysteme mit dreiseitigen Knoten (siehe Bild 3.7-1). Für Verkehrslasten $p \le 2g$ liefert das Verfahren auf der sicheren Seite liegende Ergebnisse, d.h. im Gültigkeitsbereich des Belastungsumordnungsverfahrens entsprechend (3.7.1) deutlich größere Feldmomente als dieses. Der Rechenaufwand ist jedoch beträchtlich geringer.

### 3.7.3.1
### *Ermittlung der Feldmomente*

Als Bemessungsmomente werden mit Ausnahme des unten erwähnten Sonderfalles die Momente bei halber Einspannung verwendet, also das Mittel aus den Feldmomenten bei gelenkiger Lagerung und bei Festeinspannung an den Innenstützungen. Diese Mittelwerte sind mit Hilfe von Tafel 3 aus

$$m_{xf} = \frac{q\ell_x^2}{f_x} \quad \text{und} \quad m_{yf} = \frac{q\ell_x^2}{f_y} \tag{3.7.3}$$

zu berechnen. Eine Sonderregelung ist erforderlich für den Fall, daß auf zwei kleine Felder ein großes Feld folgt. Darauf wird hier nicht eingegangen. Die Anwendung des Verfahrens wird an dem in Bild 3.7-7 dargestellten Beispiel für die Felder 1 und 2 gezeigt.

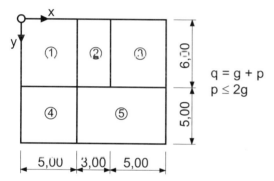

$$q = g + p$$
$$p \leq 2g$$

**Bild 3.7-7:** Mehrfeldplatte als Beispiel zum Verfahren von PIEPER/MARTENS

Die Ergebnisse lauten:

Feld 1: $\dfrac{\ell_y}{\ell_x} = 1,2, \quad m_{xf} = \dfrac{q \cdot 5,00^2}{23,3}, \quad m_{yf} = \dfrac{q \cdot 5,00^2}{35,5},$

Feld 2: $\dfrac{\ell_y}{\ell_x} = 2,0, \quad m_{xf} = \dfrac{q \cdot 3,00^2}{14,6}, \quad m_{yf} = \dfrac{q \cdot 3,00^2}{56,9}.$

Für Feld 1 der Platte nach Bild 3.7-2 würde man nach PIEPER/MARTENS

$$m_{xf} = \frac{7{,}00 \cdot 4{,}00^2}{(40{,}4 + 42{,}7)/2} = 2{,}70 \text{ kNm}/\text{m} \quad > \quad 1{,}75$$

$$m_{yf} = \frac{7{,}00 \cdot 4{,}00^2}{(24{,}4 + 21{,}8)/2} = 4{,}85 \text{ kNm}/\text{m} \quad > \quad 3{,}67$$

erhalten. Der geringere Rechenaufwand wurde mit einer starken Überschätzung der Feldmomente erkauft.

### 3.7.3.2
### Ermittlung der Stützmomente

Bei der Ermittlung der Stützmomente sind drei Fälle zu unterscheiden:

1.  Für den Normalfall, daß das Verhältnis der Spannweiten benachbarter Felder kleiner als 5 ist, ergeben sich die Stützmomente als Mittel der Festeinspannmomente beider Felder, dürfen jedoch betragsmäßig nicht kleiner als 75 % des kleineren Wertes sein.
2.  Bei einem Verhältnis der Spannweiten größer als 5 ist das Einspannmoment des größeren Feldes als Stützmoment anzunehmen.
3.  Auch an dreiseitigen Knoten gilt das Festeinspannmoment.

Die Festeinspannmomente sind mit Hilfe von Tafel 3 aus

$$m_{xs} = -\frac{q\ell_x^2}{s_x} \quad \text{und} \quad m_{ys} = -\frac{q\ell_x^2}{s_y} \tag{3.7.4}$$

zu berechnen, können jedoch auch aus Tafel 2 gewonnen werden. Hierfür gilt dann Gleichung (3.3.14).

Als Beispiele werden für die Platte nach Bild 3.7-7 die minimalen Stützmomente $m_{1,4}$, $m_{1,2}$ und $m_{2,5} = m_{3,5}$ berechnet. Hierfür werden die Festeinspannmomente $m_{xs1}$, $m_{ys1}$, $m_{xs2}$, $m_{ys4}$ und $m_{ys5}$ benötigt. Diese lauten

Feld 1:     $\dfrac{\ell_y}{\ell_x} = 1{,}2$     $m_{xs1} = -\dfrac{q \cdot 5{,}00^2}{11{,}5} = -2{,}174\,q$

$m_{ys1} = -\dfrac{q \cdot 5{,}00^2}{13{,}1} = -1{,}908\,q$

Feld 2:     $\dfrac{\ell_y}{\ell_x} = 2{,}0$     $m_{xs2} = -\dfrac{q \cdot 3{,}00^2}{12{,}0} = -0{,}750\,q$

Feld 4:  $\dfrac{\ell_y}{\ell_x} = 1,0$   $m_{ys4} = -\dfrac{q \cdot 5,00^2}{14,3} = -1,748\,q$

Feld 5:  $\dfrac{\ell_y}{\ell_x} = 1,6$   $m_{ys5} = -\dfrac{q \cdot 5,00^2}{9,2} = -2,717\,q$

Damit erhält man die Stützmomente

$$\min m_{1,4} = -\frac{1}{2}(1,908 + 1,748)q = -1,828\,q \qquad \text{(Fall 1)}$$

$$\min m_{1,2} = -0,75 \cdot 2,174\,q = -1,630\,q\,, \qquad \text{(Fall 1, modifiziert)}$$

da $\quad \dfrac{1}{2}\left(m_{xs1} + m_{xs2}\right) = -\dfrac{1}{2}(2,174 + 0,750)q = -1,462\,q$

$$\min m_{2,5} = \min m_{3,5} = m_{ys5} = -2,717\,q\,. \qquad \text{(Fall 3)}$$

Für das minimale Stützmoment zwischen den Feldern 1 und 2 der in Bild 3.7-5 dargestellten Platte hätte das Verfahren von PIEPER/MARTENS

Feld 1:  $\dfrac{\ell_x}{\ell_y} = 1,25$   $m_{ys1} = -\dfrac{7,0 \cdot 4,00^2}{(13,9 + 13,2)/2} = -8,27\text{ kNm}/\text{m}$

Feld 2:  $\dfrac{\ell_y}{\ell_x} = 1,0$   $m_{ys2} = -\dfrac{7,0 \cdot 5,00^2}{14,3} = -12,24\text{ kNm}/\text{m}$

$$\min m_{1,2} = -\frac{1}{2}(8,27 + 12,24) = -10,25\text{ kNm}/\text{m} \approx -10,46$$

geliefert. Das stimmt gut mit dem Ergebnis nach dem Belastungsumordnungsverfahren überein.

# 3.8
# Näherungslösungen der Scheiben- und der Plattengleichung (Übersicht)

## 3.8.1
## Allgemeines

Zum Ende der beiden Kapitel über Scheiben und Platten soll ein systematischer Überblick über Näherungslösungen für die beiden entsprechenden, biharmonischen Differentialgleichungen gegeben werden.

Die geschlossene Lösung der Scheibengleichung $\Delta\Delta F = 0$ und der Plattengleichung $\Delta\Delta w = p/K$ unter exakter Erfüllung der Randbedingungen ist nur in einfachen Fällen möglich, z.B. bei Rotationssymmetrie. In der Praxis ist man meist auf Näherungslösungen angewiesen. Hierbei sind analytische und numerische Lösungsverfahren zu unterscheiden.

Noch vor einigen Jahrzehnten standen die analytischen Verfahren im Vordergrund, bei denen die zu lösenden Aufgaben weitgehend idealisiert werden mußten. Heute geht man in aller Regel numerisch vor, da entsprechende Verfahren und Rechner leicht zugänglich und anwendbar sind. Die Rechenprogramme basieren oft auch, wie z.B. bei der Methode der finiten Elemente, auf einer Kombination von analytischen und numerischen Lösungen.

Analytische Verfahren weisen den Vorteil auf, daß man bei Verwendung geeigneter Funktionen, meist trigonometrischer Reihen, eine geschlossene Lösung erhält, aus der sich die gesuchten Schnitt- und Verformungsgrößen durch Einsetzen der entsprechenden Ortskoordinaten an beliebigen Stellen ergeben. Der Nachteil besteht darin, daß sich Unstetigkeiten in Geometrie und Belastung sowie Singularitäten nur schlecht erfassen lassen.

Bei den numerischen Verfahren wird die Erfüllung der Differentialgleichung und der Randbedingungen nur an ausgewählten Punkten verlangt. Die Genauigkeit der Lösung reicht aus, wenn diese sogenannten Stützpunkte nahe genug beieinander liegen. Man erhält auch die Lösung nur für diese Punkte. Dazwischen ist zu interpolieren. Die oben genannten Unstetigkeiten lassen sich problemlos erfassen. Nachteilig ist dagegen, daß man keine allgemeine Lösung erhält, aus der sich z.B. der Einfluß einer bestimmten Größe, z.B. des Verhältnisses von Höhe zu Stützweite einer Einfeldscheibe, erkennen ließe.

### 3.8.2
### Analytische Näherungen

Die Näherung kann zum einen darin bestehen, daß der Ansatz die Differentialgleichung exakt erfüllt, die Randbedingungen jedoch nur näherungsweise. Es besteht jedoch auch die umgekehrte Möglichkeit. Beide Varianten werden im folgenden näher behandelt.

### 3.8.2.1
### Der Ansatz erfüllt die Differentialgleichung

Der Ansatz setzt sich gemäß

$$f(x,y) = \sum_n a_n \cdot f_n(x,y) \qquad (3.8.1)$$

aus einer Summe biharmonischer Funktionen zusammen. Jede der Funktionen erfüllt die Differentialgleichung, die Randbedingungen werden jedoch durch f(x,y) nicht exakt befriedigt. Die Freiwerte $a_n$ sind so zu bestimmen, daß die Summe S der Fehlerquadrate am Rand ein Minimum annimmt.

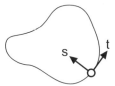

**Bild 3.8-1:**      Scheibe mit Randkoordinaten

Als Beispiel wird die in Bild 3.8-1 dargestellte Scheibe mit den Randkoordinaten s und t gewählt.

Die Differentialgleichung lautet $\Delta\Delta F = 0$, der Ansatz entsprechend (3.8.1)

$$f(x, y) = \sum_n a_n \cdot F_n(x, y) . \tag{3.8.2}$$

Als Randbedingungen seien am gesamten Rand die Spannungen $\sigma_s$ und $\tau_{st}$ vorgegeben. Die Näherungswerte der Randspannungen ergeben sich nach (2.2.7) aus

$$\overline{\sigma}_s = \left.\frac{\partial^2 F}{\partial t^2}\right|_{Rand} , \quad \overline{\tau}_{st} = -\left.\frac{\partial^2 F}{\partial s \partial t}\right|_{Rand} . \tag{3.8.3}$$

Damit erhält man als Summe der Fehlerquadrate

$$S = \int\limits_{Rand} \left[(\sigma_s - \overline{\sigma}_s)^2 + (\tau_{st} - \overline{\tau}_{st})^2\right] \, dt . \tag{3.8.4}$$

Beim Minimum von S verschwinden die partiellen Ableitungen von S nach sämtlichen Konstanten $a_n$. Diese ergeben sich demnach aus dem linearen Gleichungssystem

$$\frac{\partial S}{\partial a_n} = 0 . \tag{3.8.5}$$

Das beschriebene Verfahren entspricht dem Vorgehen in Abschnitt 2.6.2, wo bei einer Rechteckscheibe statt der wirklichen Randbelastung deren Näherung in Form einer FOURIER-Reihe berücksichtigt wurde.

Als weiteres Beispiel wird eine fest eingespannte Platte betrachtet. Der Grundriß mit seinen Randkoordinaten entspreche Bild 3.8-1. Der Ansatz für die Differentialgleichung $\Delta\Delta w = p/K$ lautet entsprechend (3.8.1)

$$w(x, y) = \sum_n a_n \cdot w_n(x, y) + w_p(x, y) \,. \tag{3.8.6}$$

Dabei mußte die partikuläre Lösung $w_p(x,y)$ hinzugefügt werden. Die Näherungswerte der Randverformungen lauten

$$\overline{w} = w\big|_{Rand}, \quad \overline{\varphi} = \frac{\partial w}{\partial s}\bigg|_{Rand} \,. \tag{3.8.7}$$

Daraus ergibt sich für die Summe der Fehlerquadrate

$$S = \int\limits_{Rand} \left[ (\overline{w} / w_0)^2 + (\overline{\varphi} / \varphi_0)^2 \right] \, dt \,. \tag{3.8.8}$$

Da $\overline{w}$ und $\overline{\varphi}$ unterschiedliche Dimensionen aufweisen, muß hier mit bezogenen Werten gerechnet werden. Als Bezugsgrößen $w_0$ und $\varphi_0$ sind sinnvoll gewählte Vergleichsgrößen zu wählen, z.B. die Mittendurchbiegung und die Randverdrehung einer flächengleichen, gelenkig gelagerten Kreisplatte. Für die Konstanten $a_n$ gilt auch hier das Gleichungssystem (3.8.5).

### 3.8.2.2
### *Der Ansatz befriedigt die Randbedingungen*

Der Ansatz setzt sich gemäß

$$f(x, y) = f_0(x, y) + \sum_n a_n \cdot f_n(x, y) \tag{3.8.9}$$

aus zwei Termen zusammen. Die Funktion $f_0(x,y)$ befriedigt diejenigen Randbedingungen, die ungleich Null sind, während die Funktionen $f_n(x,y)$ einer Nullrandbelastung entsprechen. Weder $f_0(x,y)$ noch die $f_n(x,y)$ erfüllen die Differentialgleichung. Die Freiwerte $a_n$ ergeben sich aus der Bedingung, daß die Summe der Fehlerquadrate in der gesamten Scheibe oder Platte minimal wird.

Für eine Platte wäre beispielsweise entsprechend (3.8.9) der Ansatz

$$w(x, y) = w_0(x, y) + \sum_n a_n \cdot w_n(x, y) \tag{3.8.10}$$

zu wählen. Wenn die Platte voll mit $p = const.$ belastet ist, wird

$$S = \int\limits_{Platte} \left( \Delta\Delta w - \frac{p}{K} \right)^2 dA \tag{3.8.11}$$

Die Konstanten $a_n$ ergeben sich aus (3.8.5).

In Abschnitt 3.3.2 wurde eine Rechteckplatte mit dem Ansatz (3.8.10) behandelt, wobei jedoch die Werte $a_n$ wegen der gelenkigen Lagerung gleich Null wurden.

### 3.8.3
### Numerische Lösungen

Zur Anwendung numerischer Rechenverfahren wird das Kontinuum der Scheibe oder Platte durch eine Schar diskreter Punkte ersetzt, die in einem Raster angeordnet sind. Dieses ist so fein zu wählen, daß bei der Lösung eine ausreichende Genauigkeit erzielt wird.

#### *3.8.3.1*
#### *Differenzenverfahren*

Beim gewöhnlichen Differenzenverfahren werden die Differentialquotienten in der Differentialgleichung näherungsweise durch Differenzenquotienten ersetzt, z.B.

$$w'(x) = \frac{1}{2\Delta x}\left[w(x + \Delta x) - w(x - \Delta x)\right] \tag{3.8.12}$$

Darin ist $\Delta x$ die äquidistante Rasterweite in x-Richtung. Das erste Fehlerglied von (3.8.12) lautet

$$-\frac{1}{6}(\Delta x)^2 \cdot w'''(x) .$$

Der Näherungsausdruck ist demnach für quadratische Funktionen genau. (3.8.12) mit seinem ersten Fehlerglied läßt sich auch in der anschaulicheren Form

$$w' = \frac{1}{2h}\boxed{-1 \quad \boxed{0} \quad 1}\, w - \frac{1}{6}h^2 w''' \tag{3.8.13}$$

schreiben, wobei $\Delta x = h$ gesetzt wurde und die Stellung der Koeffizienten der Lage der entsprechenden Stützstellen entspricht. Der eingerahmte Koeffizient gilt für dieselbe Stelle wie der Differenzenquotient.

Die höheren eindimensionalen Differenzenquotienten lauten z.B. nach COLLATZ [1.18] und SZILARD [1.10]

$$w'' = \frac{1}{h^2}\boxed{1 \quad \boxed{-2} \quad 1}\, w - \frac{1}{12}h^2 w'''' , \tag{3.8.14}$$

$$w''' = \frac{1}{2h^3}\boxed{-1 \quad 2 \quad \boxed{0} \quad -2 \quad 1}\, w - \frac{1}{4}h^2 w^{V} , \tag{3.8.15}$$

$$w'''' = \frac{1}{h^4}\boxed{\begin{array}{cc|c|cc} 1 & -4 & 6 & -4 & 1 \end{array}}w - \frac{1}{6}h^2 w^{VI}. \qquad (3.8.16)$$

Zur Berechnung zweidimensionaler Kontinua wie Scheiben und Platten werden auch die gemischten Ableitungen

$$w' = \frac{1}{4ab}\begin{array}{|ccc|} \hline -1 & 0 & 1 \\ 0 & \boxed{0} & 0 \\ 1 & 0 & -1 \\ \hline \end{array}w \quad \text{und} \quad w'' = \frac{1}{a^2 b^2}\begin{array}{|ccc|} \hline 1 & -2 & 1 \\ -2 & \boxed{4} & -2 \\ 1 & -2 & -1 \\ \hline \end{array}w \quad (3.8.17)$$

benötigt. Darin ist $a = \Delta x$ und $b = \Delta y$. Für $a = b$ erhält man mit (3.8.16) und (3.8.17)

$$\Delta\Delta w = w'''' + 2w''\cdots + w\cdots = \frac{1}{a^4}\begin{array}{|ccccc|} \hline 0 & 0 & 1 & 0 & 0 \\ 0 & 2 & -8 & 2 & 0 \\ 1 & -8 & \boxed{20} & -8 & 1 \\ 0 & 2 & -8 & 2 & 0 \\ 0 & 0 & 1 & 0 & 0 \\ \hline \end{array}w. \qquad (3.8.18)$$

Indem man für jeden Rasterpunkt unter Verwendung dieser Differenzenausdrücke und der Differentialgleichung eine Differenzengleichung aufstellt, erhält man ein lineares Gleichungssystem für die gesuchten Funktionswerte F bzw. w. Die aus den Funktionen F und w durch Differentiation herzuleitenden Größen, wie z.B. $\sigma_x$ und $m_x$, ergeben sich auch mittels der angegebenen Differenzenquotienten.

Als Beispiel wird hier eine quadratische, allseitig gelenkige Platte unter Gleichlast behandelt. Die Rasterweite soll $a = b = \ell/4$ betragen. Die Querdehnzahl wird gleich Null gesetzt. Die Anordnung der Stützstellen ist aus Bild 3.8-2 zu ersehen. Die Doppelsymmetrie wurde durch entsprechende Numerierung der Rasterpunkte berücksichtigt.

Die Randbedingungen werden bereits bei der Aufstellung der Differenzenglei-chungen eingearbeitet. Nach (3.2.13) gilt beispielsweise am linken Rand mit (3.8.14)

$$m_x(0) = -K\cdot w''(0) = -K\,[w(-a) - 2\,w(0) + w(a)] = 0.$$

Da w auf dem Rand verschwindet, folgt aus vorstehender Gleichung, daß die Funktionswerte w in den Außenpunkten denen der entsprechenden Innenpunkte negativ gleich sind.

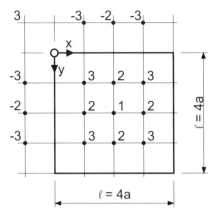

**Bild 3.8-2:**    Quadratische Platte mit Stützstellenraster

Für die Punkte 1 bis 3 erhält man mit (3.8.18) die Differenzengleichungen

$$20w_1 - 8 \cdot 4w_2 + 2 \cdot 4w_3 = pa^4 / K$$

$$20w_2 - 8(2w_3 + w_1) + 2 \cdot 2w_2 + 1(w_2 + w_2) - pa^4 / K$$

$$20w_3 - 8 \cdot 2w_2 + 2 \cdot w_1 + 1(2w_3 - 2w_3) = pa^4 / K$$

mit der Lösung

$$w_1 = 1{,}031\, pa^4 / K, \quad w_2 = 0{,}750\, pa^4 / K, \quad w_3 = 0{,}547\, pa^4 / K.$$

Die Mittendurchbiegung beträgt demnach

$$\max w = w_1 = \frac{1{,}031}{4^4}\, p\ell^4 / K = 0{,}00403\, p\ell^4 / K$$

und weicht kaum vom genauen Wert $0{,}00406\, p\ell^4/K$ ab (vgl. Abschnitt 3.3.2.4).
Des weiteren ergeben sich nach (3.2.13) und (3.2.15) unter Verwendung der entsprechenden Differenzenausdrücke (3.8.14) und (3.8.17) die maximalen Feld- und Drillmomente für $\mu = 0$ zu

$$\max m_x = -K \cdot \frac{1}{a^2}(2w_2 - 2w_1) = \frac{p\ell^2}{28{,}4} \qquad \text{statt} \qquad \frac{p\ell^2}{27{,}2},$$

$$\max m_{xy} = +K \cdot \frac{1}{4a^2} \cdot 4w_3 = \frac{p\ell^2}{29{,}3} \qquad \text{statt} \qquad \frac{p\ell^2}{21{,}6}.$$

Wie man aus den Abweichungen von den genauen Werten (siehe Tafel 2) erkennt, wäre eine feinere Rasterteilung erforderlich gewesen, um verwertbare Ergebnisse zu erhalten.

Eine Verbesserung des gewöhnlichen Differenzenverfahrens stellt das Mehrstellenverfahren dar, bei dem statt der Differenzenquotienten sogenannte Mehrstellenausdrücke verwendet werden. Diese fassen die Ableitungen an mehreren Rasterpunkten zusammen und drücken sie durch die Funktionswerte benachbarter Punkte aus. Die genannten Ableitungen werden mit Hilfe der Differentialgleichung eliminiert. Deshalb erfüllt jede Mehrstellengleichung die Differentialgleichung an mehreren Stellen. Die Genauigkeit ist größer als beim gewöhnlichen Differenzenverfahren. Hier wird nicht weiter auf diese Methode eingegangen. Sie ist im einzelnen z.B. in [1.10] beschrieben.

Nach dem Mehrstellenverfahren hätte man für das oben behandelte Beispiel mit ebenfalls drei Gleichungen die Lösung

$$w_1 = 1{,}038 \, pa^4 / K, \quad w_2 = 0{,}750 \, pa^4 / K, \quad w_3 = 0{,}544 \, pa^4 / K$$

gefunden. Daraus folgen

$$\max w = 0{,}00405 \, pa^4 / K, \quad \max m_x = \frac{p\ell^2}{27{,}8}, \quad \max m_{xy} = \frac{p\ell^2}{29{,}4}.$$

Man erkennt den Gewinn an Genauigkeit in Feldmitte gegenüber den Ergebnissen nach dem gewöhnlichen Differenzenverfahren.

### 3.8.3.2
### Die Methode der finiten Elemente

Die Methode der finiten Elemente stellt das wichtigste Näherungsverfahren zur Lösung von Kontinuumsproblemen dar. Sie geht von dem Grundgedanken aus, das Gesamttragwerk in einzelne, endliche Teile einfacher Geometrie, die sogenannten finiten Elemente, zu unterteilen, die in Knotenpunkten miteinander verbunden sind. Diese Elemente, die z.B. Dreieck- oder Viereckform haben, sind – auch in ihrer Kombination – einfacher zu behandeln als das Tragwerk als Ganzes.

Das Verfahren geht nicht von der Differentialgleichung des zu behandelnden Problems aus, sondern vom Minimum der Formänderungsarbeit. Auf dieser Grundlage werden die Steifigkeitsmatrizen der einzelnen Elementtypen entwickelt. Die Näherung besteht darin, daß an den Elementrändern zwischen den Knoten die Verletzung des Gleichgewichts oder der geometrischen Verträglichkeit zugelassen wird.

Innerhalb der Elemente wird mit Funktionen gearbeitet. Zur Berechnung der Formänderungen an den Knoten dient ein Gleichungssystem. Insofern stellt das Verfahren eine Kombination von analytischer und numerischer Berechnung dar.

Die Grundgleichung des Verfahrens lautet

$$\underline{F} = \underline{K} \cdot \underline{d} \ . \tag{3.8.19}$$

Darin ist $\underline{F}$ der Lastvektor, $\underline{K}$ die Steifigkeitsmatrix und $\underline{d}$ der Verformungsvektor. Da bei Scheiben zwei und bei Platten mindestens drei unbekannte Formänderungen je Knoten zu berechnen sind, entstehen große Gleichungssysteme.

Die Methode der finiten Elemente wird in einer großen Anzahl von Lehrbüchern und praxisorientierten Werken ausführlich dargestellt. Empfohlen seien HAHN [1.13] und ZIENKIEWICZ [1.11].

### 3.8.3.3
### Die Methode der Randelemente

Die Methode der Randelemente geht von einer analytischen Lösung für ein unendlich großes Kontinuum aus und formuliert ein Gleichungssystem zur Erfüllung der Randbedingungen in ausgewählten Knoten. Es braucht also nicht das gesamte Kontinuum diskretisiert zu werden, sondern lediglich der Rand. Deshalb wird das zu lösende Gleichungssystem wesentlich kleiner als bei der Methode der finiten Elemente. Ebenso wie diese ist die Methode der Randelemente auf Stäbe, Scheiben, Platten und Körper anwendbar.

Zur Einarbeitung in das Verfahren eignet sich besonders HARTMANN [1.15].

# 4 Der Kreisring unter rotationssymmetrischer Belastung

## 4.1 Allgemeines

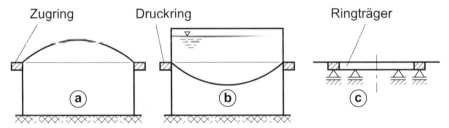

**Bild 4.1-1:** Beispiele für Kreisringe als Konstruktionselemente rotationssymmetrischer Flächentragwerke

Der Kreisring ist ein häufig verwendetes Konstruktionselement bei zusammengesetzten, rotationssymmetrischen Flächentragwerken. In Bild 4.1-1 werden drei Beispiele gezeigt.

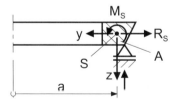

**Bild 4.1-2:** Rotationssymmetrische Grundlastfälle am Kreisring

Der dargestellte Kreisringträger auf Einzelstützen (c) wird hier nicht behandelt, da er nicht ausschließlich rotationssymmetrisch beansprucht ist. Zunächst werden nur die beiden Lastfälle nach Bild 4.1-2 untersucht, wobei $R_S$ und $M_S$ auf die Ringachse bezogen sind. Die Querschnittsform ist beliebig. S stellt den Schwerpunkt, A die Fläche des Ringquerschnitts dar.

## 4.2
## Lastfall Radialkraft $R_S$

Die Radialkraft $R_S$ = const. wirkt in der Ringebene und kann deshalb nur die Schnittgrößen N und $M_z$ wecken, da $Q_y$ aus Symmetriegründen verschwindet. Die Normalkraft N ergibt sich nach Bild 4.2-1 aus der Gleichgewichtsbedingung $\Sigma H = 0$ oder $\Sigma V = 0$ am Viertelkreis.

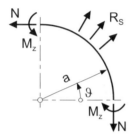

**Bild 4.2-1:**    Viertelkreis mit Radialkraft $R_S$ und resultierenden Schnittgrößen N und $M_z$

$$\Sigma H = -N + \int_0^{\pi/2} R_S \cdot \cos\vartheta \cdot a\,d\vartheta = 0$$

Daraus erhält man

$$N = R_S a \sin\vartheta \Big|_0^{\pi/2} = R_S \cdot a \,, \qquad (4.2.1)$$

ein Ergebnis, das als Gleichung (2.5.32) bereits an der schmalen Kreisringscheibe hergeleitet wurde.

Aus der Beziehung

$$\Delta U = 2\pi a \cdot \varepsilon = 2\pi a \frac{N}{EA} = 2\pi \Delta r$$

ergibt sich die Radialverformung

$$\Delta r = \frac{Na}{EA} = \frac{R_S a^2}{EA} \ , \qquad (4.2.2)$$

die der Gleichung (2.5.33) entspricht. Die elastische Vergrößerung des Radius hat die Krümmungsänderung

$$\kappa = \frac{1}{a + \Delta r} - \frac{1}{a} = -\frac{\Delta r}{a(a + \Delta r)} \approx -\frac{\Delta r}{a^2} = -\frac{R_S}{EA}$$

zur Folge, die das Biegemoment

$$M_z = EI_z \cdot \kappa = -R_S \frac{I_z}{A} \qquad (4.2.3)$$

erzeugt. $M_z$ kann in der Regel vernachlässigt werden. Für einen Rechteckquerschnitt mit der Höhe h gilt beispielsweise

$$\frac{I_z}{A} = \frac{hb^3}{12 \cdot bh} = \frac{b^2}{12} \quad \text{und} \quad W_z = \frac{I_z}{b/2} = \frac{Ab}{6} \ .$$

Damit ergeben sich die Umfangsspannungen an der Innen- und Außenseite des Ringes zu

$$\sigma_{i,a} = \frac{N}{A} \mp \frac{M_z}{W_z} = \frac{N}{A} \pm R_S \cdot \frac{b^2}{12} \frac{6}{Ab} = \frac{N}{A}\left(1 \pm \frac{b}{2a}\right) .$$

Für das Verhältnis b/a = 1/10 beträgt beispielsweise die Abweichung von der Spannung im Schwerpunkt ± 5 %.

## 4.3
## Lastfall Krempelmoment M$_S$

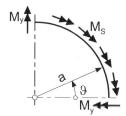

**Bild 4.3-1:**    Viertelkreis mit Krempelmoment M$_S$ und resultierender Schnittgröße M$_y$

Das Krempelmoment $M_S$ = const. will den Ring aus seiner Ebene heraus verformen. Es stellt also die Belastung eines ebenen Systems senkrecht zu seiner Ebene dar und erzeugt als einzige Schnittgröße das Biegemoment $M_y$. Die Querkraft $Q_z$ und das Torsionsmoment $M_x$ sind nämlich aus Symmetriegründen gleich Null.

Am Viertelkreis (siehe Bild 4.3-1) lautet das Momentengleichgewicht um eine horizontale Achse

$$\Sigma M_H = -M_y + \int_0^{\pi/2} M_S \cdot \sin\vartheta \cdot a d\vartheta$$

Daraus erhält man

$$M_y = -M_S a \cos\vartheta \big|_0^{\pi/2} = M_S \cdot a . \qquad (4.3.1)$$

Zur Berechnung der Verdrehung $\varphi$ des Ringes um seine Achse wird wie bei der Herleitung von Gleichung (3.5.22) vorgegangen. Hierzu muß zunächst das Moment $M_y$ in die Richtungen der Hauptquerschnittsachsen $\eta, \zeta$ zerlegt werden (siehe Bild 4.3-2).

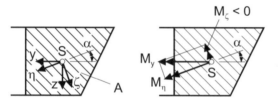

**Bild 4.3-2:**    Hauptquerschnittsachsen und Zerlegung von $M_y$

Man erhält

$$M_\eta = M_y \cos\alpha = M_S \cdot a \cdot \cos\alpha , \quad M_\zeta = -M_y \sin\alpha = -M_S \cdot a \cdot \sin\alpha .$$

Dementsprechend erzeugt ein virtuelles Krempelmoment $\overline{M}_S = 1$ die Biegemomente

$$\overline{M}_\eta = a \cdot \cos\alpha , \quad \overline{M}_\zeta = -a \cdot \sin\alpha .$$

Nach dem Prinzip der virtuellen Arbeit gilt dann

$$\oint \overline{M}_S \cdot \varphi ds = \oint \frac{M_\eta \overline{M}_\eta}{EI_\eta} ds + \oint \frac{M_\zeta \overline{M}_\zeta}{EI_\zeta} ds ,$$

und für die Verdrehung ergibt sich

$$\varphi = \frac{M_S a^2}{E} \left( \frac{\cos^2 \alpha}{I_\eta} + \frac{\sin^2 \alpha}{I_\zeta} \right). \tag{4.3.2}$$

Falls die y-Achse eine Hauptachse des Querschnitts ist, vereinfacht sich (4.3.2) wegen $\alpha = 0$ und $I_\eta = I_y$ auf

$$\varphi = \frac{M_S a^2}{EI_y}. \tag{4.3.3}$$

Da die Verdrehung durch Biegemomente verursacht wird, erfolgt sie um den Querschnittsschwerpunkt, d.h. nicht um den Schubmittelpunkt. Bei der Verdrehung um den Winkel $\varphi$ erfährt jeder Punkt des Querschnitts die Radialverschiebung

$$\Delta r = \varphi \cdot z, \tag{4.3.4}$$

wie aus Bild 4.3-3 zu ersehen ist. Die Radialverschiebung ist unabhängig von der y-Koordinate des Punktes.

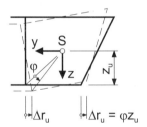

**Bild 4.3-3:**     Radialverschiebungen infolge der Querschnittsverdrehung $\varphi$

# 4.4
# Lastfall beliebige rotationssymmetrische Belastung

Das in Bild 4.4-1 dargestellte Lastbild läßt sich auf die beiden, zuvor behandelten Lastfälle $R_S$ und $M_S$ (siehe Bild 4.1-2) reduzieren.

Die äußeren Kraftgrößen R, V und M sind auf den Kreis mit dem Radius $\overline{a}$ bezogen. Das Maß c ist positiv, wenn R unterhalb der Ringachse angreift.

Die äquivalente Radialkraft $R_S$ ergibt sich, wenn man die Kraft R mit ihrer Wirkungslänge multipliziert und dieses Produkt durch die Länge der Ringachse dividiert:

$$R_S = \frac{R \cdot 2\pi\overline{a}}{2\pi a} = R \cdot \frac{\overline{a}}{a}. \tag{4.4.1}$$

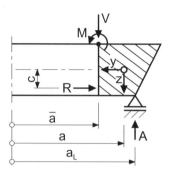

**Bild 4.4-1:**     Kreisring mit allgemeiner rotationssymmetrischer Belastung

Zum Moment $M_S$ tragen die Kräfte R, V und A sowie das Moment M bei. Um die Ringachse erzeugen sie insgesamt das tordierende Moment

$$\Sigma M = \left[R \cdot c + V \cdot (a - \overline{a}) + M\right] \cdot 2\pi\overline{a} + A \cdot (a_L - a) \cdot 2\pi a_L.$$

Mit der aus dem Gleichgewicht in Vertikalrichtung folgenden Beziehung $A = V \cdot \overline{a}/a_L$ ergibt sich daraus

$$\Sigma M = \left[R \cdot c + V \cdot (a_L - \overline{a}) + M\right] \cdot 2\pi\overline{a}.$$

Dieses Gesamtmoment ist durch die Länge der Ringachse zu dividieren, um das äquivalente Krempelmoment

$$M_S = \left[R \cdot c + V \cdot (a_L - \overline{a}) + M\right] \cdot \frac{\overline{a}}{a} \tag{4.4.2}$$

zu erhalten. Die Auflagerkraft tritt in dieser Gleichung nicht explizit auf.

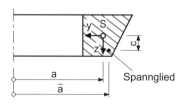

**Bild 4.4-2:**     Vorgespannter Kreisring

Im Lastfall Vorspannung (siehe Bild 4.4-2) wird die der Vorspannkraft V entsprechende Umlenkkraft

$$R_v = -\frac{V}{\bar{a}}$$

als Belastung angesetzt. Die äquivalenten Lasten am Schwerpunkt S (siehe Bild 4.1-2) lauten dann

$$R_S = R_v \cdot \frac{\bar{a}}{a} = -\frac{V}{a} \qquad (4.4.3)$$

und

$$M_S = R_v \cdot c \cdot \frac{\bar{a}}{a} = -\frac{Vc}{a}, \qquad (4.4.4)$$

unabhängig von dem Radius $\bar{a}$ des Spannglieds.

Die Schnittgrößen und Verformungen des Rings ermittelt man mit den aus (4.4.1) bis (4.4.4) berechneten Größen $R_S$ und $M_S$ nach den Abschnitten 4.2 und 4.3.

## 4.5
## Der Kreisring mit Rechteckquerschnitt

Der in Bild 4.5-1 dargestellte Ring wird durch die Radialkraft R und das Krempelmoment M beansprucht. Deren Bezugslinie mit dem Radius $\bar{a}$ liegt um das Maß c unterhalb der Ringachse. Die Hauptachsen des Querschnitts stimmen mit dem Koordinatensystem y,z überein. Gesucht seien die Radialverschiebung eines beliebigen Punktes i und die Verdrehung des Ringes um seine Achse. Die Berechnung wird kommentarlos nach den Gleichungen (4.2.2), (4.3.3), (4.3.4), (4.4.1) und (4.4.2) durchgeführt.

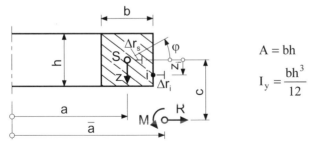

$$A = bh$$

$$I_y = \frac{bh^3}{12}$$

**Bild 4.5-1:**    Beispiel für die Berechnung von Ringverformungen

### 4.5.1
### Lastfall R mit beliebigem Angriffspunkt

$$R_S = R\,\frac{\overline{a}}{a}; \quad M_S = Rc\,\frac{\overline{a}}{a}$$

$$\varphi = \frac{M_S a^2}{EI_y} = \frac{12Rca\overline{a}}{Ebh^3}$$

$$\Delta r_i = \Delta r_S + \varphi \cdot z_i = \frac{R_S a^2}{Ebh} + \frac{12Rca\overline{a}}{Ebh^3}z_i = \frac{Ra\overline{a}}{Ebh}\left(1 + \frac{12cz_i}{h^2}\right)$$

Für die Unterkante des Ringquerschnitts wird mit $z_i = h/2$:

$$\Delta r_u = \frac{Ra\overline{a}}{Ebh}\left(1 + \frac{6c}{h}\right) \quad \text{(vgl. Tafel 14).}$$

### 4.5.2
### Lastfall M mit beliebigem Angriffspunkt

$$R_S = 0; \quad M_S = M\,\frac{\overline{a}}{a}$$

$$\varphi = \frac{M_S a^2}{EI_y} = \frac{12Ma\overline{a}}{Ebh^3}$$

$$\Delta r_i = \varphi \cdot z_i = \frac{12Ma\overline{a}}{Ebh^3}z_i$$

### 4.5.3
### Lösungen für ausgewählte Angriffspunkte von R und M

Für einige ausgewählte Lastfälle bzw. Lastangriffspunkte wurden die Schnittgrößen des Kreisrings, die Radialverschiebungen der Unter- und Oberkante sowie die Querschnittsverdrehung in Tafel 14 zusammengestellt.

## 4.6
## Der Kreisring mit einfach symmetrischem Querschnitt

Bild 4.6-1 zeigt mehrere einfach symmetrische Ringquerschnitte, deren Hauptachsen mit dem y-z-System zusammenfallen.

**Bild 4.6-1:**     Beispiele für einfach symmetrische Kreisringquerschnitte

Für die Verformungsberechnung dieser Ringe werden die Querschnittswerte A und $I_y$ benötigt. Diese sind in Bild 4.6-2 für Teilflächen in Rechteck-, Dreieck-, Kreis- und Halbkreisform angegeben.

| Querschnitt | $\square$ | $\triangle$ | $\triangleleft$ | $\bigodot$ | $\bigcirc$ |
|---|---|---|---|---|---|
| A | $bh$ | $\dfrac{1}{2}bh$ | $\dfrac{1}{2}bh$ | $\dfrac{\pi}{4}d^2$ | $\dfrac{\pi}{8}d^2$ |
| $I_y$ | $\dfrac{1}{12}bh^3$ | $\dfrac{1}{36}bh^3$ | $\dfrac{1}{48}bh^3$ | $\dfrac{\pi}{64}d^4$ | $\dfrac{1}{2}\left(\dfrac{\pi}{64}-\dfrac{1}{9\pi}\right)d^4$ |

**Bild 4.6-2:**     Querschnittswerte für Teilflächen

Die Gesamtfläche A erhält man entsprechend

$$A = \sum_i A_i \tag{4.6.1}$$

als Summe der Teilflächen $A_i$. In einem zu den Koordinaten parallelen Hilfssystem $\bar{y}$, $\bar{z}$ ergibt sich die Lage des Schwerpunkts S aus

$$\bar{z}_S = \frac{1}{A}\sum_i A_i \bar{z}_i . \tag{4.6.2}$$

Das Gesamtträgheitsmoment $I_y$ setzt sich nach dem Satz von STEINER

$$I_y = \sum_i \left(I_{yi} + A_i \cdot z_i^2\right) = \sum_i \left[I_{yi} + A_i\left(\bar{z}_i - \bar{z}_S\right)^2\right] \tag{4.6.3}$$

aus den $I_{yi}$ der Teilflächen und den Produkten aus Teilfläche und Abstandsquadrat von der y-Achse zusammen.

In dem folgende Beispiel sollen die lastunabhängigen Formänderungswerte $\delta_{ik}$ für einen Ring ermittelt werden, der eine Platte und eine Zylinderschale biegesteif miteinander verbindet (siehe Bild 4.6-3). Das System ist vierfach statisch unbestimmt. Statt der statisch Unbestimmten $X_i$ werden die äquivalenten Größen $R_{Si}$ und $M_{Si}$ angesetzt.

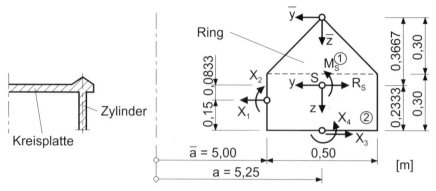

**Bild 4.6-3:**    Einfach symmetrischer Ring als Berechnungsbeispiel

Die Querschnittswerte werden tabellarisch nach den Gleichungen (4.6.1) bis (4.6.3) ermittelt.

| Teil-fläche | $b_i$ | $h_i$ | $A_i$ | $\bar{z}_i$ | $A_i \cdot \bar{z}_i$ | $z_i = \bar{z}_S - \bar{z}_i$ | $10^3 \cdot I_{yi}$ | $10^3 \cdot A_i \cdot z_i^2$ |
|---|---|---|---|---|---|---|---|---|
| 1 | 0,50 | 0,30 | 0,075 | 0,20 | 0,0150 | 0,1667 | 0,375 | 2,083 |
| 2 | 0,50 | 0,30 | 0,150 | 0,45 | 0,0675 | -0,0833 | 1,125 | 1,042 |
| Σ |  |  | 0,225 |  | 0,0825 |  | 1,500 | 3,125 |

$$\bar{z}_S = \frac{0,0825}{0,225} = 0,3667 \text{ m}; \quad I_{y1} = \frac{1}{36} \cdot 0,50 \cdot 0,30^3 = 0,375 \cdot 10^{-3};$$

$$I_{y2} = \frac{1}{12} \cdot 0,50 \cdot 0,30^3 = 1,125 \cdot 10^{-3}$$

$$A = 0,225 \text{ m}^2; \quad I_y = (1,500 + 3,125) \cdot 10^{-3} = 4,625 \cdot 10^{-3} \text{ m}^4$$

Damit ergeben sich aus (4.2.2) und (4.3.3) für $R_S = 1$ und $M_S = 1$ die Formänderungen

$$E\Delta r_S = \frac{1 \cdot a^2}{A} = 122,5; \quad E\varphi = \frac{1 \cdot a^2}{I_y} = 5.959,5.$$

Unter Verwendung von (4.3.4) erhält man für die Verschiebungen bzw. Verdrehungen der Angriffspunkte der vier $X_i$

| Lastfall | $E\delta_1$ | $E\delta_2$ | $E\delta_3$ | $E\delta_4$ |
|---|---|---|---|---|
| $R_S = 1$ | -122,5 | 0 | +122,5 | 0 |
| $M_S = 1$ | -496,6 | -5.959,5 | +1.390,5 | +5.959,5 |

Die Kraft $X_1 = 1$ ist laut (4.4.1) und (4.4.2) gleichwertig mit

$$R_{S1} = -1 \cdot \frac{5,00}{5,25} = -0,9524 \quad \text{und} \quad M_{S1} = -1 \cdot \frac{5,00}{5,25} \cdot 0,0833 = -0,0794 \,.$$

Daraus folgt mit den Zahlenwerten der vorstehenden Tabelle

| Lastfall | $E\delta_{11}$ | $E\delta_{21}$ | $E\delta_{31}$ | $E\delta_{41}$ |
|---|---|---|---|---|
| $R_{S1} = -0,9524$ | +116,7 | 0 | -116,7 | 0 |
| $M_{S1} = -0,0794$ | +39,4 | +473,0 | -110,4 | -473,0 |
| $\Sigma$ | +156,1 | +473,0 | -227,1 | -473,0 |

Die Berechnung wird sinngemäß auch für die anderen drei Lastfälle $X_i = 1$ durchgeführt

$$X_2 = 1 \quad \rightarrow \quad R_{S2} = 0 \quad \text{und} \quad M_{S2} = -1 \cdot \frac{5,00}{5,25} = -0,9524 \,.$$

| Lastfall | $E\delta_{12}$ | $E\delta_{22}$ | $E\delta_{32}$ | $E\delta_{42}$ |
|---|---|---|---|---|
| $M_{S2} = -0,9524$ | +473,0 | +5.675,7 | -1.324,3 | -5.675,7 |

$$X_3 = 1 \quad \rightarrow \quad R_{S3} = +1 \quad \text{und} \quad M_{S3} = +1 \cdot 0,2333 = 0,2333 \,.$$

| Lastfall | $E\delta_{13}$ | $E\delta_{23}$ | $E\delta_{33}$ | $E\delta_{43}$ |
|---|---|---|---|---|
| $R_{S3} = 1$ | -122,5 | 0 | +122,5 | 0 |
| $M_{S3} = +0,2333$ | -115,9 | -1.390,5 | +324,5 | +1.390,5 |
| $\Sigma$ | -238,4 | -1.390,5 | +447,0 | +1.390,5 |

$$X_4 = 1 \quad \rightarrow \quad R_{S4} = 0 \quad \text{und} \quad M_{S4} = +1 \,.$$

| Lastfall | $E\delta_{14}$ | $E\delta_{24}$ | $E\delta_{34}$ | $E\delta_{44}$ |
|---|---|---|---|---|
| $M_{S4} = 1$ | -496,6 | -5.959,5 | +1.390,5 | +5.959,5 |

Wegen der unterschiedlichen Wirkungsradien gilt entsprechend (2.5.31)

$$\frac{\delta_{13}}{\delta_{31}} = \frac{\delta_{23}}{\delta_{32}} = \frac{\delta_{14}}{\delta_{41}} = \frac{\delta_{24}}{\delta_{42}} = \frac{a}{a} = 1,05 \,.$$

Bei $\delta_{12}$ und $\delta_{34}$ dagegen dürfen die Indizes vertauscht werden.

## 4.7
## Der Kreisring mit unsymmetrischem Querschnitt

Die Berechnung erfolgt, wie für den einfach symmetrischen Querschnitt gezeigt wurde. Der einzige Unterschied liegt in der Ermittlung der Verdrehung $\varphi$ infolge $M_S = 1$ nach (4.3.2) statt (4.3.3). Die Neigung $\alpha$ der Hauptachsen und die Hauptträgheitsmomente $I_\eta$, $I_\zeta$ wird man in der Regel mit Hilfe eines Rechenprogramms bestimmen.

# 5 Rotationsschalen unter rotationssymmetrischer Belastung

## 5.1
## Allgemeines

### 5.1.1
### Schalenformen

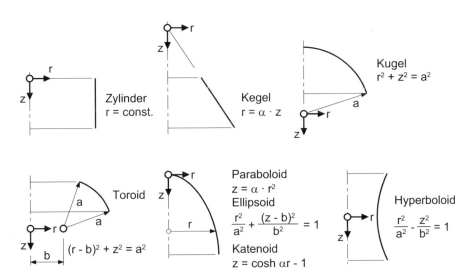

**Bild 5.1-1:** Gebräuchliche Rotationsschalen

Im Rahmen dieses Buches werden nur Rotationsschalen behandelt, die rotationssymmetrisch beansprucht sind. Die Rotationsachse wird deshalb stets lotrecht angenommen. Außerdem wird davon ausgegangen, daß die Schalen dünn sind, d.h. daß die Wandstärke h klein ist im Verhältnis zu den anderen Abmessungen der Schale. Diese können dann für die Berechnung durch ihre Mittelfläche ersetzt werden. Die Geometrie dieser Mittelfläche entsteht durch Rotation einer Linie begrenzter Länge, der sogenannten Erzeugenden, um die Rotationsachse. Erzeugende, auch als Meridian bezeichnet, und Rotationsachse liegen dabei in derselben Ebene. Bild 5.1-1 zeigt einige Beispiele. Zur Beschreibung der Geometrie der Schalenmittelfläche reichen die beiden Koordinaten r, z aus.

Zylinder- und Kegelschale besitzen eine gerade Erzeugende. Ist diese Teil eines Kreises, so entsteht eine Kugel- oder Torusschale, je nachdem, ob der Kreismittelpunkt auf der Rotationsachse liegt oder nicht. Des weiteren werden gelegentlich Paraboloid-, Ellipsoid-, Hyperboloid- und Katenoidschalen gebaut. Letztere sind nach dem Cosinus hyperbolicus geformt, der auch als Kettenlinie bezeichnet wird.

### 5.1.2
### Spannungszustände in Schalen

Wie in Abschnitt 1.5.2 schon kurz erläutert, wird bei der Tragwirkung von Schalen zwischen dem Membran- und dem Biegezustand unterschieden. Ersterer ist frei von Biegemomenten und Querkräften. Wie bei einer dünnen Membrane ohne Biegesteifigkeit treten nur Normal- und Schubspannungen auf, die in der Schalenfläche liegen. Bei der hier vorgenommenen Beschränkung auf rotationssymmetrische Beanspruchungen entfallen die Schubspannungen, so daß im Membranzustand nur die Meridianspannungen $\sigma_\varphi$ in Richtung der Erzeugenden und die Ringspannungen $\sigma_\vartheta$ in Umfangsrichtung verbleiben. Die Spannungen sind über die Schalendicke h konstant und werden durch Multiplikation mit h zu bezogenen Kräften zusammengefaßt. Es gilt

$$n_\varphi = h \cdot \sigma_\varphi \qquad \text{und} \qquad n_\vartheta = h \cdot \sigma_\vartheta. \qquad (5.1.1)$$

Die Normalspannungen senkrecht zur Schalenfläche aus der direkten Belastung sind wie bei Platten relativ klein und brauchen nicht berücksichtigt zu werden.

In der Schale darf ein Membranspannungszustand vorausgesetzt werden, wenn folgende Bedingungen erfüllt sind:

- Die Schalendicke h muß klein im Verhältnis zu den anderen Abmessungen der Schale sein.
- Die Schalendicke und deren erste Ableitung müssen stetig sein.
- Die beiden ersten Ableitungen der Erzeugenden müssen stetig sein.
- Die Erzeugende darf nur im Schnittpunkt mit der vertikalen Rotationsachse horizontal verlaufen.
- Die Belastungsfunktion und deren erste Ableitung müssen stetig sein.
- Linienlasten und Auflagerkräfte an den Schalenrändern müssen zentrisch und tangential eingeleitet werden.

- Die Verformungen der Schale müssen im Vergleich zur Schalendicke h klein bleiben.

Die Membranlösung stellt selbst bei Einhaltung der sieben genannten Bedingungen nicht die exakte Lösung dar, da die elastischen Krümmungsänderungen mit Biegemomenten verbunden sind. Diese können jedoch im allgemeinen wegen der geringen Biegesteifigkeit der Schale vernachlässigt werden. Im Membranzustand sind also nur die beiden Normalkräfte $n_\varphi$ und $n_\vartheta$ zu berechnen. Hierzu stehen die Gleichgewichtsbedingungen $\Sigma V = 0$ und $\Sigma Z = 0$ zur Verfügung, wenn unter Z die Kräfte senkrecht zur Schalenfläche verstanden werden. Das Problem ist demnach statisch bestimmt. Zur Berechnung der Membranlösung brauchen keine Formänderungsbetrachtungen angestellt zu werden.

Die oben aufgeführten Bedingungen werden in der Praxis fast nie erfüllt. Dann dürfen die Biegemomente und Querkräfte der Schale nicht mehr vernachlässigt werden. Bild 5.1-2 zeigt hierfür einige Beispiele.

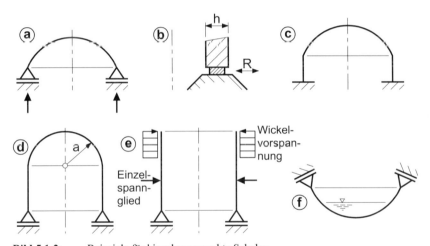

**Bild 5.1-2:**     Beispiele für biegebeanspruchte Schalen.

Die Auflagerkraft der Kuppel (a) wird nicht tangential eingeleitet. Am Fuß eines horizontal elastisch gelagerten Zylinders (b) entstehen bei einer Radialverformung Querkräfte. An Einspannungen und an biegesteifen Verbindungen unterschiedlicher Elemente (c) bzw. an Knickpunkten der Erzeugenden treten statisch Unbestimmte in Form von Biegemomenten und Horizontalkräften auf. Das gilt auch für Stellen, an denen die Krümmung des Meridians (d) oder die Belastung unstetig ist (e). In Höhe des Flüssigkeitsspiegels (f) ist die Ableitung der Belastungsfunktion unstetig, so daß auch hier ein Biegezustand entsteht.

Wenn die in Bild 5.1-2 gezeigten Tragwerke an den Unstetigkeitsstellen aufge-schnitten und die dort vorhandenen Schnittgrößen R und M als statisch Unbe-stimmte angesetzt werden, treten die Störungen des Membranzustands nur an den Elementrändern auf. Dementsprechend werden in der Baustatik Membran- und Biegezustand immer getrennt behandelt. Die Membrankräfte der einzelnen Ele-mente erhält man nach der Membrantheorie (siehe Abschnitt 5.2) für die stetigen Lastfälle wie Eigengewicht, Schneelast, Innen- oder Außendruck und hydrostati-scher Druck aus den Gleichgewichtsbedingungen. Mit Hilfe des HOOKEschen Gesetzes lassen sich dann die zugehörigen Verformungen ermitteln. Kontinuitäts-gleichungen an den Schnittstellen liefern die statisch Unbestimmten R und M, deren Einfluß nach der Biegetheorie (siehe Abschnitt 5.3) zu verfolgen ist.

## 5.2
## Die Membrantheorie

### 5.2.1
### Allgemeine Berechnung der Membrankräfte

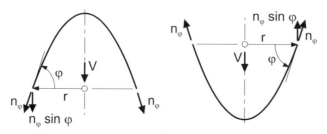

**Bild 5.2-1:**    Vertikalschnitt durch eine stehende und eine hängende Rotationsschale

In Bild 5.2-1 sei V die Summe aller Vertikallasten oberhalb bzw. unterhalb des Horizontalschnitts. An der Schnittstelle gibt r die Entfernung von der Rotations-achse und $\varphi$ die Neigung des Meridians an. Die Meridiankraft $n_\varphi$ ist als Zugkraft positiv. Für die stehende Schale lautet das Gleichgewicht in Vertikalrichtung

$$\Sigma V = V + 2\pi r n_\varphi \sin \varphi = 0 .$$    (5.2.1)

Daraus folgt

$$n_\varphi = -\frac{V}{2\pi r \sin \varphi} .$$    (5.2.2)

Dementsprechend gilt für die hängende Schale

$$n_\varphi = + \frac{V}{2\pi r \sin \varphi} . \qquad (5.2.3)$$

Die Gleichung der Ringkräfte $n_\vartheta$ wird an einem infinitesimalen Schalenelement hergeleitet (siehe Bild 5.2-2).

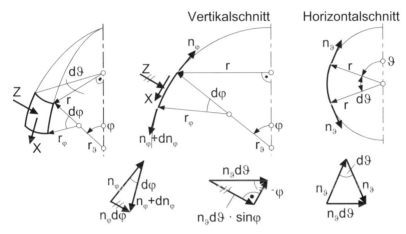

**Bild 5.2-2:**    Infinitesimales Schalenelement mit äußeren und inneren Kräften

Der Krümmungsradius des Meridians wird mit $r_\varphi$ bezeichnet. Der zweite Hauptkrümmungsradius $r_\vartheta$, der die Krümmung in der zum Vertikalschnitt senkrechten Ebene beschreibt, ist gleich der Länge der Mantellinie des Normalenkegels. Die Kantenlängen des betrachteten Elements betragen an der Oberkante $r \cdot d\vartheta$, an der Unterkante $(r + dr) \cdot d\vartheta$ und im Vertikalschnitt $r_\varphi \cdot d\varphi$.

Die Flächenbelastung des Elements wird in die Komponenten X und Z zerlegt, wobei Z senkrecht zur Schalenfläche wirkt und nach innen positiv definiert ist.

Die am oberen und unteren Rand angreifenden Meridiankräfte werden zu der Resultierenden $n_\varphi \cdot d\varphi$ zusammengefaßt, die parallel zu Z wirkt. Dabei dürfen die Größen dr und $dn_\varphi$ vernachlässigt werden, da ihr Einfluß von zweiter Ordnung klein ist. Die Resultierende der beiden Ringkräfte $n_\vartheta$ liegt horizontal. Hier interessiert nur der Anteil $n_\vartheta \, d\vartheta \cdot \sin \varphi$ senkrecht zur Schalenfläche.

Damit läßt sich das Gleichgewicht senkrecht zur Schalenfläche formulieren:

$$\Sigma Z = Z \cdot r_\varphi d\varphi \cdot r \, d\vartheta + n_\varphi d\varphi \cdot r \, d\vartheta + n_\vartheta d\vartheta \sin \varphi \cdot r_\varphi \, d\varphi = 0 . \qquad (5.2.4)$$

Mit $r = r_\vartheta \sin\varphi$ folgt hieraus

$$\frac{n_\varphi}{r_\varphi} + \frac{n_\vartheta}{r_\vartheta} + Z = 0 \; . \tag{5.2.5}$$

Diese Gleichung wird nach $n_\vartheta$ aufgelöst:

$$n_\vartheta = -\left( r_\vartheta Z + \frac{r_\vartheta}{r_\varphi} n_\varphi \right) \; . \tag{5.2.6}$$

Nachdem $n_\varphi$ aus (5.2.2) oder (5.2.3) berechnet wurde, erhält man $n_\vartheta$ aus (5.2.6). Ebenso wie bei $n_\varphi$ kehrt sich bei Z für von der Schwerkraft abhängende Lastfälle das Vorzeichen um, wenn man eine hängende statt einer stehenden Schale betrachtet. Deshalb gilt dies auch für $n_\vartheta$.

Gleichung (5.2.6) besteht aus zwei Termen. Der erste resultiert aus dem Lastanteil senkrecht zur Schalenfläche, der zweite aus der Umlenkung der Meridiankräfte. Letzterer entfällt, wenn die Erzeugende wie z.B. bei der Kegelschale nicht gekrümmt ist.

## 5.2.2
## Allgemeine Berechnung der Membranverformungen

Bild 5.2-3 zeigt ein Schalenelement in unverformtem und verformtem Zustand.

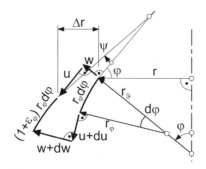

**Bild 5.2-3:**    Infinitesimales Schalenelement in unverformtem und verformtem Zustand

Die Verschiebungen eines Schalenpunktes senkrecht und parallel zur unverformten Erzeugenden werden mit w bzw. u bezeichnet. Diese interessieren in der Regel nicht. Zur Berechnung statisch unbestimmter Schalen werden jedoch die Radialverschiebung $\Delta r$ und die Meridianverdrehung $\psi$ benötigt. Deren Gleichungen werden im folgenden hergeleitet.

Die Radialverschiebung $\Delta r$ läßt sich durch die Umfangsdehnung $\varepsilon_\vartheta$ ausdrücken: Aus

$$\varepsilon_\vartheta = \frac{2\pi\Delta r}{2\pi r}$$

ergibt sich

$$\Delta r = r \cdot \varepsilon_\vartheta . \tag{5.2.7}$$

Die Meridianverdrehung $\psi$ setzt sich aus zwei Anteilen zusammen, der Drehung $-u/r_\varphi$ aus der Verschiebung u entgegen der positiven Richtung von $\psi$ und der Drehung $dw/(r_\varphi d\varphi)$ infolge der unterschiedlichen Verschiebung der beiden Elementenden senkrecht zur Schalenfläche. Demnach gilt

$$\psi = \frac{1}{r_\varphi}\left(-u + \frac{dw}{d\varphi}\right) = \frac{1}{r_\varphi}\left(w' - u\right), \tag{5.2.8}$$

wenn die Ableitung nach $\varphi$ durch einen Kopfstrich gekennzeichnet wird.

Zur Eliminierung der beiden unbekannten Funktionen u und w aus (5.2.8) werden die Dehnungs-Verschiebungs-Beziehungen benötigt. Diese ergeben sich mittels zweier Betrachtungen aus Bild 5.2-3.

Die Radialverschiebung $\Delta r$ ist gleich der Summe der Projektionen von u und w in die Horizontale:

$$\Delta r = u \cdot \cos\varphi + w \cdot \sin\varphi$$

Mit (5.2.7) und mit $r = r_\vartheta \cdot \sin\varphi$ folgt hieraus

$$\varepsilon_\vartheta = \frac{1}{r_\vartheta}\left(u \cdot \cot\varphi + w\right). \tag{5.2.9}$$

Auch die zweite Dehnungs-Verschiebungs-Beziehung erhält man aus einem Längenvergleich:

$$\left(1 + \varepsilon_\varphi\right)r_\varphi d\varphi + u = r_\varphi d\varphi + (u + du) + wd\varphi .$$

Die Länge des verformten Elements plus Verschiebung u ist gleich der Länge des unverformten Elements plus Verschiebung (u+du), wobei noch der Term w·d$\varphi$ hinzugefügt werden muß, da w und (w+dw) nicht parallel sind. Die Gleichung läßt sich wie folgt vereinfachen:

$$\varepsilon_\varphi = \frac{1}{r_\varphi}\left(\frac{du}{d\varphi} + w\right) = \frac{1}{r_\varphi}\left(u' + w\right). \tag{5.2.10}$$

Nun sind die beiden Größen u und w' in (5.2.8) mittels der Gleichungen (5.2.9) und (5.2.10) durch die Dehnungen zu ersetzen. Zunächst erhält man

(a)
$$\varepsilon_\varphi r_\varphi = u' + w \,,$$

(b)
$$\varepsilon_\vartheta r_\vartheta = u \cot \varphi + w$$

und durch Subtraktion

(c)
$$\varepsilon_\varphi r_\varphi - \varepsilon_\vartheta r_\vartheta = u' - u \cot \varphi \,.$$

Wird (b) nach $\varphi$ differenziert, so ergibt sich

(d)
$$w' = \left(\varepsilon_\vartheta r_\vartheta\right)' - u' \cot \varphi + \frac{u}{\sin^2 \varphi} \,,$$

worin u' aus (c) eingesetzt werden kann, so daß

(e)
$$w' = \left(\varepsilon_\vartheta r_\vartheta\right)' - \left(\varepsilon_\varphi r_\varphi - \varepsilon_\vartheta r_\vartheta\right) \cot \varphi + u$$

folgt. Diese Beziehung wird in (5.2.8) verwendet. Die Gleichung der Meridianverdrehung lautet dann schließlich

$$\psi = \left( \varepsilon_\vartheta \frac{r_\vartheta}{r_\varphi} - \varepsilon_\varphi \right) \cot \varphi + \frac{1}{r_\varphi} \frac{d}{d\varphi}\left(\varepsilon_\vartheta r_\vartheta\right) \,. \tag{5.2.11}$$

Für die Dehnungen in (5.2.7) und (5.2.11) gilt nach dem HOOKEschen Gesetz

$$\varepsilon_\varphi = \frac{1}{Eh}\left(n_\varphi - \mu n_\vartheta\right) \quad \text{und} \quad \varepsilon_\vartheta = \frac{1}{Eh}\left(n_\vartheta - \mu n_\varphi\right) \,. \tag{5.2.12}$$

In diese Gleichungen sind die nach Abschnitt 5.2.1 berechneten Membrankräfte einzusetzen.

## 5.2.3
## Zylinderschalen

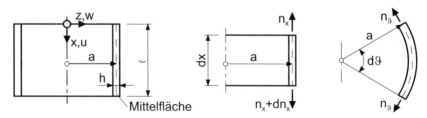

**Bild 5.2-4:**    Zylinderschale

In Bild 5.2-4 ist eine Zylinderschale mit Bezeichnung ihrer Abmessungen, Koordinaten, Schnittkräfte und Verformungen dargestellt. Als rotationssymmetrische Membranbeanspruchungen kommen neben dem Eigengewicht radiale Flächenlasten und vertikale Randlasten in Frage (siehe Bild 5.2-5).

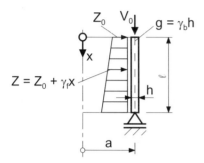

**Bild 5.2-5:** Stehende Zylinderschale mit rotationssymmetrischer Belastung

Die Membrankräfte ergeben sich für die stehende Schale aus (5.2.2) und (5.2.6). Diese Gleichungen vereinfachen sich für den Zylinder wegen

$$r = r_\vartheta = a, \quad \varphi = \pi/2 \quad \text{und} \quad r_\varphi = \infty$$

auf

$$n_x = -\frac{V}{2\pi a} \quad \text{und} \quad n_\vartheta = +a \cdot Z. \tag{5.2.13}$$

Dabei wurde berücksichtigt, daß Z hier nach außen positiv definiert ist und daß die Meridiankraft den Index x trägt, entsprechend der Koordinate in Zylinderlängsrichtung.

Wird mit $g = \gamma_b h$ das Flächengewicht der Zylinderwandung und mit $\gamma_f$ das Raumgewicht einer Flüssigkeitsfüllung bezeichnet, so gilt für die Stelle x

$$V(x) = 2\pi a(V_0 + g \cdot x) \quad \text{und} \quad Z(x) = Z_0 + \gamma_f \cdot x.$$

Damit lauten die Membrankräfte des stehenden Zylinders

$$n_x = -(V_0 + g \cdot x), \tag{5.2.14}$$

$$n_\vartheta = +a(Z_0 + \gamma_f \cdot x). \tag{5.2.15}$$

Die Verformungen $\Delta r$ und $\psi$ folgen mit (5.2.12) aus (5.2.7) und (5.2.11):

$$\Delta r = w = a \cdot \varepsilon_\vartheta = \frac{a}{Eh}(n_\vartheta - \mu n_x),$$

$$\psi = \frac{1}{r_\varphi} \frac{d}{d\varphi}(a\varepsilon_\vartheta) = \frac{dw}{dx}.$$

Dabei wurde berücksichtigt, dass für die Zylinderlängsrichtung $r_\varphi \cdot d\varphi = dx$ gilt. Mit (5.2.14) und (5.2.15) erhält man schließlich

$$\Delta r = \frac{a}{Eh}\left[a(Z_0 + \gamma_f x) + \mu(V_0 + gx)\right], \tag{5.2.16}$$

$$\psi = \frac{a}{Eh}(a\gamma_f + \mu g). \tag{5.2.17}$$

Die Schnittgrößen und die Randverformungen nach den Gleichungen (5.2.14) bis (5.2.17) sind in Tafel 15 zusammengestellt.

Der Zylinder erfährt bei seiner Beanspruchung auch eine Längenänderung. Diese ergibt sich durch Integration aus der Längsdehnung:

$$\varepsilon_x = \frac{1}{Eh}(n_x - \mu n_\vartheta) = \frac{1}{Eh}\left[-V_0 - gx - \mu a(Z_0 + \gamma_f x)\right].$$

Die gesamte Längenänderung $\Delta\ell$ beträgt

$$\Delta\ell = \int_0^\ell \varepsilon_x dx = \frac{1}{Eh}\left(-V_0\ell - \frac{1}{2}g\ell^2 - \mu a Z_0\ell - \frac{1}{2}\mu a\gamma_f\ell^2\right). \tag{5.2.18}$$

Diese Größe ist nur dann von Belang für die Schnittgrößen, wenn die Zylinderlängskräfte statisch unbestimmt sind.

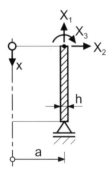

**Bild 5.2-6:**     Zylinderschale mit drei statisch Unbestimmten am oberen Rand

Greifen am oberen Rand, wie in Bild 5.2-6 gezeigt, die statisch Unbestimmten $X_1$ bis $X_3$ an, so gilt für $X_1 = 1$ entsprechend $V_o = -1$ nach (5.2.16) bis (5.2.18)

$$\delta_{11} = \Delta\ell = \frac{\ell}{Eh}, \quad \delta_{21} = \Delta r = -\frac{\mu a}{Eh}, \quad \delta_{31} = -\psi = 0.$$

## 5.2.4
## Kugel- und Kugelzonenschalen

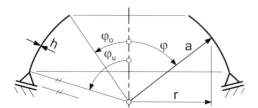

**Bild 5.2-7:**    Stehende Kugelzonenschale

Für Kugel- und Kugelzonenschalen (siehe Bild 5.2-7) gilt

$$r_\varphi = r_\vartheta = a \quad \text{und} \quad r = a\sin\varphi.$$

Damit erhält man aus (5.2.2) und (5.2.6) für unten gelagerte Schalen die Membrankräfte

$$n_\varphi = -\frac{V}{2\pi a \sin^2\varphi}, \tag{5.2.19}$$

$$n_\vartheta = -(aZ + n_\varphi). \tag{5.2.20}$$

Die Verformungen ergeben sich nach (5.2.7) und (5.2.11) mit (5.2.12) aus

$$\Delta r = a\sin\varphi\,\varepsilon_\vartheta = \frac{a}{Eh}\sin\varphi\left(n_\vartheta - \mu n_\varphi\right), \tag{5.2.21}$$

$$\begin{aligned}
\psi &= \left(\varepsilon_\vartheta - \varepsilon_\varphi\right)\cot\varphi + \frac{d}{d\varphi}\varepsilon_\vartheta \\
&= \frac{1}{Eh}\left[(1+\mu)(n_\vartheta - n_\varphi)\cot\varphi + \frac{d}{d\varphi}(n_\vartheta - \mu n_\varphi)\right]
\end{aligned} \tag{5.2.22}$$

Im folgenden werden die Lastfälle Schaleneigengewicht, vertikale Randlast, Schneelast, konstanter Innendruck und hydrostatischer Druck einzeln untersucht.

### 5.2.4.1
### Lastfall Eigengewicht der stehenden Kugelzonenschale

Für die in Bild 5.2-7 dargestellte Schale beträgt das Gewicht des oberhalb eines Horizontalschnitts bei $\varphi$ liegenden Teils

$$V = \int_{\varphi_0}^{\varphi} g \cdot 2\pi r \cdot a\,d\varphi = 2\pi g a^2 (\cos\varphi_0 - \cos\varphi),$$

wenn mit $g = \gamma_b h$ das Flächengewicht der Schale bezeichnet wird. Dieses hat die Komponente $Z = g\cos\varphi$ senkrecht zur Schalenfläche. Damit erhält man aus (5.2.19) und (5.2.20)

$$n_\varphi = -\frac{ga(\cos\varphi_0 - \cos\varphi)}{\sin^2\varphi}, \tag{5.2.23}$$

$$n_\vartheta = +ga\left(\frac{\cos\varphi_0 - \cos\varphi}{\sin^2\varphi} - \cos\varphi\right). \tag{5.2.24}$$

Des weiteren folgen aus (5.2.21) und (5.2.22)

$$\Delta r = \frac{ga^2}{Eh}\sin\varphi\left[(1+\mu)\frac{\cos\varphi_0 - \cos\varphi}{\sin^2\varphi} - \cos\varphi\right], \tag{5.2.25}$$

$$\psi = \frac{ga}{Eh}(2+\mu)\sin\varphi. \tag{5.2.26}$$

Die etwas mühseligen Zwischenrechnungen werden hier nicht wiedergegeben. Die Gleichungen (5.2.23) bis (5.2.26) sind ebenso wie die Ergebnisse der anderen behandelten Lastfälle in Tafel 16 und 17 zusammengestellt.

### 5.2.4.2
### Lastfall Eigengewicht der stehenden Kugelschale

Wird der Winkel $\varphi_0$ in Bild 5.2-7 und in den Gleichungen (5.2.23) bis (5.2.26) gleich Null gesetzt, so erhält man für die stehende Kugelschale die Ergebnisse

$$n_\varphi = -\frac{ga}{1+\cos\varphi}, \tag{5.2.27}$$

$$n_\vartheta = +ga\left(\frac{1}{1+\cos\varphi} - \cos\varphi\right), \tag{5.2.28}$$

$$\Delta r = \frac{ga^2}{Eh} \sin\varphi \left( \frac{1+\mu}{1+\cos\varphi} - \cos\varphi \right), \tag{5.2.29}$$

$$\psi = \frac{ga}{Eh}(2+\mu)\sin\varphi . \tag{5.2.30}$$

Bild 5.2-8 zeigt den Verlauf der Membrankräfte für eine stehende Halbkugel-schale.

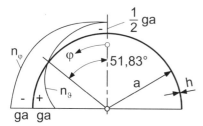

**Bild 5.2-8:**    Membrankräfte einer Halbkugelschale infolge Eigengewicht

Im Bereich $\varphi < 51{,}83°$ treten in der Schale nur Druckkräfte auf. Die Grenze zwischen Druck- und Zugbereich wird als Bruchfuge bezeichnet.

Wegen

$$n_\varphi = h\sigma_\varphi, \quad n_\vartheta = h\sigma_\vartheta \quad \text{und} \quad g = \gamma_b h$$

hängen die Membranspannungen $\sigma_\varphi$ und $\sigma_\vartheta$ infolge Eigengewicht nicht von der Schalendicke h ab.

### 5.2.4.3
### *Lastfall Vertikallast am oberen Rand einer stehenden Kugelzonen-schale*

Da die Linienlast $V_o$ in die Schale (siehe Bild 5.2-9) nicht tangential eingeleitet wird, erzeugt sie außer Membrankräften Querkräfte und Biegemomente. Hier wird nur die Tangentialkomponente von $V_o$ berücksichtigt. Die nach innen gerichtete Horizontalkomponente $H = V_o \cot\varphi_o$ ist nach der Biegetheorie zu erfassen.

Für diesen und für die folgenden Lastfälle werden nur noch die beiden Lastgrößen V und Z ermittelt, die in die allgemeinen Gleichungen (5.2.19) und (5.2.20) einzusetzen sind.

Hier beträgt die Summe der Vertikallasten $V = 2\pi r_o V_o$ und die Flächenlast $Z = 0$.

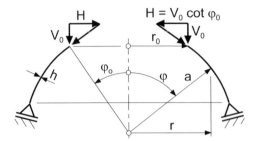

**Bild 5.2-9:**    Stehende Kugelzonenschale mit vertikaler Randlast

### 5.2.4.4
### Lastfall Schnee auf der stehenden Kugelschale

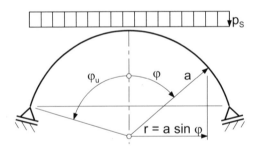

**Bild 5.2-10:**    Stehende Kugelschale mit Schneelast

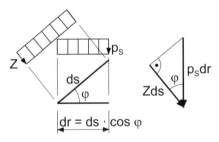

**Bild 5.2-11:**    Schneelast und Anteil senkrecht zur Schalenfläche

Die Schneelast $p_s$ wird stets auf die Grundrißfläche bezogen. Für die Schale nach Bild 5.2-10 gilt deshalb $V = \pi r^2 p_s$. Der Lastanteil Z senkrecht zur Schalenfläche ergibt sich aus einer Kraftzerlegung (siehe Bild 5.2-11).

Aus

$$Zds = p_s\, dr \cos \varphi$$

folgt

$$Z = p_s \cos^2 \varphi \,. \tag{5.2.31}$$

### 5.2.4.5
### *Lastfall konstanter Innendruck in der Kugelschale*

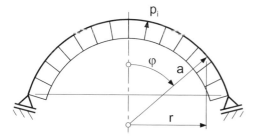

**Bild 5.2-12:**     Kugelschale mit konstantem Innendruck

Die Kraft V ergibt sich durch Integration der Vertikalkomponenten von $p_i$ über die Schalenfläche. Für die Kugelschale erhält man

$$V = -\int_0^\varphi p_i \cos \varphi \cdot 2\pi r \cdot a d\varphi = -\pi r^2 p_i \,.$$

Für die Flächenlast gilt $Z = -p_i$. Die Membrankräfte sind konstant und unabhängig vom Öffnungswinkel der Schale (siehe Tafel 16).

### 5.2.4.6
### *Lastfall hydrostatischer Druck in der hängenden Kugelschale*

Grundsätzlich sind beim Lastfall Flüssigkeitsdruck entsprechend Bild 5.2-13 vier Fälle zu unterscheiden: Druck von innen und außen jeweils bei hängender und stehender Schale.

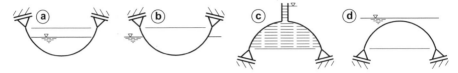

**Bild 5.2-13:**    Verschiedene hydrostatische Lastfälle

Lastfall (b) unterscheidet sich von Lastfall (a) nur durch das Vorzeichen der Flächenlast Z. Das gleiche gilt für die Lastfälle (c) und (d). Hier wird nur Lastfall (a) behandelt (siehe Bild 5.2-14).

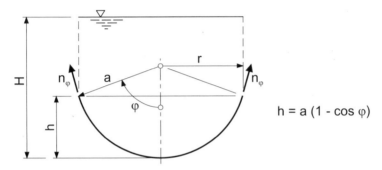

$$h = a\,(1 - \cos \varphi)$$

**Bild 5.2-14:**    Hängende Kugelschale mit Flüssigkeitsfüllung

Die Vertikallast V des abgeschnittenen Schalenteils setzt sich aus zwei Anteilen zusammen, dem Gewicht $V_1$ der Kalottenfüllung und der zylindrischen Auflast $V_2$:

$$V_1 = \gamma_f \int_0^\varphi \pi r^2 a \sin \varphi \, d\varphi = \pi \gamma_f a^3 \int_0^\varphi \sin^3 \varphi \, d\varphi = \pi \gamma_f a^3 \left( \frac{2}{3} - \cos \varphi + \frac{1}{3} \cos^3 \varphi \right),$$

$$V_2 = \gamma_f \pi r^2 (H - h) = \pi \gamma_f a^2 \sin^2 \varphi \left[ H - a(1 - \cos \varphi) \right].$$

Damit ergibt sich

$$V = V_1 + V_2 = \pi \gamma_f a^3 \left[ \frac{2}{3} \left( 1 - \cos^3 \varphi \right) + \sin^2 \varphi \left( \frac{H}{a} - 1 \right) \right].$$

Die Flächenlast Z entspricht der hydrostatischen Höhe bei $\varphi$:

$$Z = -\gamma_f (H - h) = -\gamma_f \left[ H - a(1 - \cos \varphi) \right].$$

Die in Tafel 16 angegebenen Gleichungen der Membrankräfte liefern für $\varphi = 0$ unbestimmte Ausdrücke. Nach der L'HOSPITALschen Regel gilt

$$\lim_{\varphi \to 0} \frac{1-\cos^3\varphi}{\sin^2\varphi} = \frac{3\cos^2\varphi\sin\varphi}{2\sin\varphi\cos\varphi}\bigg|_0 = \frac{3}{2}\cos\varphi\bigg|_0 = \frac{3}{2},$$

$$\lim_{\varphi \to 0} \frac{3\cos\varphi - 2\cos^3\varphi - 1}{\sin^2\varphi} = \frac{-3\sin\varphi + 6\cos^2\varphi\sin\varphi}{2\sin\varphi\cos\varphi}\bigg|_0 = \frac{-3 + 6\cos^2\varphi}{2\cos\varphi}\bigg|_0 = \frac{3}{2}.$$

Damit wird

$$n_\varphi(0) = n_\vartheta(0) = \frac{1}{2}\gamma_f aH .$$

Der Verlauf der Membrankräfte ist für eine bis zur Oberkante gefüllte Halbkugel-
schale in Bild 5.2-15 dargestellt.

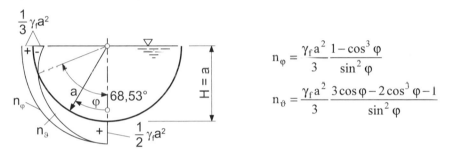

$$n_\varphi = \frac{\gamma_f a^2}{3}\frac{1-\cos^3\varphi}{\sin^2\varphi}$$

$$n_\vartheta = \frac{\gamma_f a^2}{3}\frac{3\cos\varphi - 2\cos^3\varphi - 1}{\sin^2\varphi}$$

**Bild 5.2-15:** Membrankräfte einer flüssigkeitsgefüllten Halbkugelschale

## 5.2.5
## Kegel- und Kegelstumpfschalen

Für Kegel- und Kegelstumpfschalen gilt $\varphi = \alpha$, $r_\varphi = \infty$ und $r_\varphi d\varphi = ds$. Des
weiteren läßt sich aus Bild 5.2-16 ablesen

$$r = s\cos\alpha , \qquad r_\vartheta = \frac{r}{\sin\alpha} = s\cot\alpha .$$

Damit erhält man aus (5.2.2) und (5.2.6) für unten gelagerte Schalen die Membrankräfte

$$n_\varphi = -\frac{V}{2\pi r\sin\alpha} , \tag{5.2.32}$$

$$n_\vartheta = -\frac{rZ}{\sin\alpha} . \tag{5.2.33}$$

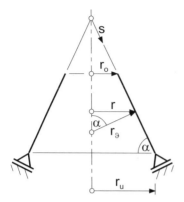

**Bild 5.2-16:**    Stehende Kegelstumpfschale

Die Verformungen ergeben sich nach (5.2.7) und (5.2.11) mit (5.2.12) aus

$$\Delta r = r \cdot \varepsilon_\vartheta = \frac{r}{Eh}\left(n_\vartheta - \mu n_\varphi\right),$$    (5.2.34)

$$\psi = -\varepsilon_\varphi \cot\alpha + \frac{d}{ds}\left(\varepsilon_\vartheta s \cot\alpha\right) = \cot\alpha\left[\left(\varepsilon_\vartheta - \varepsilon_\varphi\right) + s\frac{d\varepsilon_\vartheta}{ds}\right]$$

$$= \frac{\cot\alpha}{Eh}\left[\left(1+\mu\right)\left(n_\vartheta - n_\varphi\right) + s\frac{d}{ds}\left(n_\vartheta - \mu n_\varphi\right)\right].$$    (5.2.35)

Im folgenden werden dieselben Lastfälle wie bei der Kugelschale untersucht.

### 5.2.5.1
### Lastfall Eigengewicht der stehenden Kegelstumpfschale

Für die in Bild 5.2-16 dargestellte Schale beträgt das Gewicht des oberhalb eines Horizontalschnitts bei r liegenden Teils

$$V = g\int_{s_o}^{s} 2\pi r ds = g\pi\left(s^2 - s_o^2\right)\cos\alpha.$$

Die Lastkomponente senkrecht zur Schalenfläche beträgt  $Z = g\cos\alpha$. Damit erhält man aus (5.2.32) und (5.2.33)

$$n_\varphi = -\frac{g\left(s^2 - s_o^2\right)\cos\alpha}{2r\sin\alpha} = -\frac{g\left(r^2 - r_o^2\right)}{r\sin 2\alpha},$$    (5.2.36)

$$n_\vartheta = -gr\cot\alpha.$$    (5.2.37)

Die Verformungen ergeben sich nach (5.2.34) und (5.2.35) mit (5.2 12) aus

$$\Delta r = -\frac{gr^2}{Eh \sin 2\alpha}\left[2\cos^2\alpha - \mu\left(1 - \frac{r_0^2}{r^2}\right)\right],\qquad(5.2.38)$$

$$\psi = -\frac{gr}{2Eh \sin^2\alpha}\left[2(2+\mu)\cos^2\alpha - 1 - 2\mu + \frac{r_0^2}{r^2}\right].\qquad(5.2.39)$$

Die Gleichungen (5.2.36) bis (5.2.39) sind ebenso wie die Ergebnisse der anderen behandelten Lastfälle in Tafel 18 und 19 zusammengestellt.

### 5.2.5.2
### Lastfall Eigengewicht der stehenden Kegelschale

Wird der Radius $r_0$ in Bild 5.2-16 und in den Gleichungen (5.2.36) bis (5.2.39) gleich Null gesetzt, so erhält man für die stehende Kegelschale die Ergebnisse

$$n_\varphi = -\frac{gr}{\sin 2\alpha},\qquad(5.2.40)$$

$$n_\vartheta = -gr \cot\alpha,\qquad(5.2.41)$$

$$\Delta r = -\frac{gr^2}{Eh \sin 2\alpha}\left(2\cos^2\alpha - \mu\right),\qquad(5.2.42)$$

$$\psi = -\frac{gr}{2Eh \sin^2\alpha}\left[2(2+\mu)\cos^2\alpha - 1 - 2\mu\right].\qquad(5.2.43)$$

### 5.2.5.3
### Lastfall Vertikallast am oberen Rand einer stehenden Kegelstumpf-schale

Wie bei der Kugelschale wird auch hier nur die Tangentialkomponente von $V_0$ berücksichtigt. Die nach innen gerichtete Horizontalkomponente $H = V_0 \cot\alpha$ ist nach der Biegetheorie zu erfassen.

Für diesen und die folgenden Lastfälle werden nur noch die beiden Lastgrößen V und Z ermittelt, die in die allgemeinen Gleichungen (5.2.32) und (5.2.33) einzusetzen sind.

Wie bei der Kugelzonenschale gilt auch hier  $V = 2\pi r_0 V_0$  und  $Z = 0$.

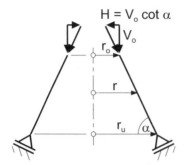

**Bild 5.2-17:**     Stehende Kegelstumpfschale mit vertikaler Randlast

### 5.2.5.4
### Lastfall Schnee auf der Kegelschale

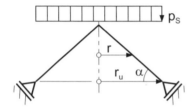

**Bild 5.2-18:**     Stehende Kegelschale mit Schneelast

Die Summe der Vertikallasten beträgt $V = \pi r^2 p_s$. Für die Last senkrecht zur Schalenfläche gilt analog zu (5.2.31) $Z = p_s \cos^2\alpha$.

### 5.2.5.5
### Lastfall konstanter Innendruck in der Kegelschale

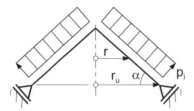

**Bild 5.2.19:**     Kegelschale mit konstantem Innendruck

Wie bei der Kugelschale gilt auch hier $V = -\pi r^2 p_i$ und $Z = -p_i$.

### 5.2.5.6
### *Lastfall hydrostatischer Druck in der hängenden Kegelschale*

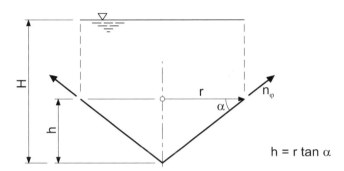

**Bild 5.2-20:**   Hängende Kegelschale mit Flüssigkeitsfüllung

Die Gesamtkraft V setzt sich aus dem Füllgewicht $V_1$ des abgeschnittenen Schalenteils und der Flüssigkeitsauflast $V_2$ zusammen:

$$V = V_1 + V_2 = \gamma_f\left[\pi r^2\,\frac{h}{3} + \pi r^2(H-h)\right] = \gamma_f\,\frac{\pi r^2}{3}(3H - 2r\tan\alpha).$$

Die Flächenbelastung Z der Schale entspricht der hydrostischen Höhe an der betrachteten Stelle und beträgt

$$Z = -\gamma_f(H - h) = -\gamma_f(H - r\tan\alpha).$$

## 5.3
## Die Biegetheorie

In Abschnitt 5.1.2 wurde dargelegt, unter welchen Bedingungen der Membranzustand von Schalen durch Querkräfte und Biegemomente gestört wird. Des weiteren wurde dort begründet, daß nach der Biegetheorie nur die rotationssymmetrischen Lastfälle radiale, horizontale Randkraft R und Randmoment M zu behandeln sind. Im folgenden werden die entsprechenden Differentialgleichungen hergeleitet und für die einzelnen Schalentypen getrennt gelöst.

Zunächst werden die Grundgleichungen für Rotationsschalen mit beliebiger Erzeugender zusammengestellt. Sie basieren auf dem Gleichgewicht, der geometrischen Verträglichkeit und dem HOOKEschen Gesetz.

### 5.3.1
### Grundgleichungen

#### 5.3.1.1
#### Gleichgewichtsbedingungen

In den Gleichgewichtsbedingungen treten keine äußeren Kräfte auf, da nach der Biegetheorie nur die Lastfälle R und M behandelt werden sollen, die keine Resultierenden haben und in den Randbedingungen berücksichtigt werden.

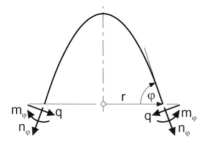

**Bild 5.3-1:**     Vertikalschnitt durch eine Rotationsschale im Biegezustand

Bild 5.3-1 zeigt den bereits in Bild 5.2-1 dargestellten Vertikalschnitt durch die Schale, ergänzt um die Schnittgrößen $m_\varphi$ und q des Biegezustands. Für die Vertikalrichtung liest man die Gleichgewichtsbedingung

$$\Sigma V = 2\pi r(n_\varphi \sin\varphi + q \cos\varphi) = 0$$

ab, die sich auf

$$n_\varphi = -q \cot\varphi \tag{5.3.1}$$

vereinfacht.

Auch bei den Gleichgewichtsbetrachtungen am infinitesimalen Schalenelement sind im Biegezustand die Querkräfte und Biegemomente zu berücksichtigen. Sie sind in Bild 5.3-2 eingezeichnet, das im übrigen Bild 5.2-2 entspricht. Querkräfte treten aus Symmetriegründen nur in den Horizontalschnitten auf. Deshalb kann bei q auf einen Index verzichtet werden.

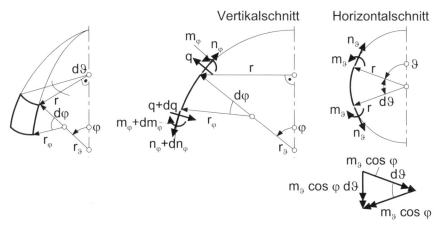

**Bild 5.3-2:**    Infinitesimales Schalenelement im Biegezustand

Für das Kräftegleichgewicht senkrecht zur Schalenfläche erhält man in Erweiterung von Gleichung (5.2.4)

$$n_\varphi d\varphi \cdot r d\vartheta + n_\vartheta d\vartheta \sin\varphi \cdot r_\varphi d\varphi - q \cdot r d\vartheta + (q + dq)(r + dr)d\vartheta = 0 \; .$$

Das Produkt der beiden Klammerausdrücke läßt sich wie folgt vereinfachen

$$qr + \left( q\frac{dr}{d\varphi} + r\frac{dq}{d\varphi} \right)d\varphi + \frac{dq}{d\varphi}\cdot\frac{dr}{d\varphi}d\varphi^2 \approx qr + \frac{d}{d\varphi}(qr)\cdot d\varphi \; ,$$

so daß sich als zweite Gleichgewichtsbedingung

$$n_\varphi r + n_\vartheta r_\varphi \sin\varphi + \frac{d}{d\varphi}(q\cdot r) = 0 \tag{5.3.2}$$

ergibt.

Eine dritte Bedingung beschreibt das Momentengleichgewicht um die Unterkante des Elements. Hierzu liefert auch $m_\vartheta$ einen Beitrag, denn die beiden Horizontalkomponenten $m_\vartheta \cos\varphi$ haben eine Resultierende in Richtung von $m_\varphi$. Dies ist anhand von Bild 5.3-2 nachzuvollziehen. Die Gleichung lautet

$$\Sigma M_\varphi = m_\varphi \cdot r d\vartheta - (m_\varphi + dm_\varphi)(r + dr)\cdot d\vartheta + m_\vartheta d\vartheta \cos\varphi \cdot r_\varphi d\varphi + q\cdot r d\vartheta \cdot r_\varphi d\varphi = 0$$

und vereinfacht sich auf

$$-\frac{d}{d\varphi}(m_\varphi \cdot r) + m_\vartheta r_\varphi \cos\varphi + qr\cdot r_\varphi = 0 \; . \tag{5.3.3}$$

Aus Symmetriegründen stehen keine weiteren Gleichgewichtsbedingungen zur Verfügung. Die Zahl der unbekannten Schnittgrößen ist um zwei größer als die Anzahl der Gleichungen.

### 5.3.1.2
### Dehnungs-Verformungs-Beziehungen

Da die Biegemomente in der Schalenmittelfläche keine Dehnungen erzeugen, gelten die für den Membranspannungszustand an Bild 5.2-3 hergeleiteten Dehnungs-Verformungs-Beziehungen (5.2.7) und (5.2.11) auch für den Biegezustand. Sie können hier also unverändert übernommen werden:

$$\Delta r = r \varepsilon_\vartheta , \tag{5.3.4}$$

$$\psi = \left( \varepsilon_\vartheta \frac{r_\vartheta}{r_\varphi} - \varepsilon_\varphi \right) \cot \varphi + \frac{1}{r_\varphi} \frac{d}{d\varphi} (\varepsilon_\vartheta r_\vartheta) . \tag{5.3.5}$$

Für die Dehnungen $\varepsilon_\varphi$ und $\varepsilon_\vartheta$ gilt (5.2.12).

### 5.3.1.3
### Verkrümmungs-Verformungs-Beziehungen

Die Verkrümmungen $\kappa_\varphi$ und $\kappa_\vartheta$, d.h. die Krümmungsänderungen der Schale, werden als Differenz der Krümmungen des unverformten und des verformten Elements berechnet. Es gilt demnach

$$\kappa_\varphi = \frac{1}{r_\varphi} - \frac{1}{r_\varphi + \Delta r_\varphi} \quad \text{und} \quad \kappa_\vartheta = \frac{1}{r_\vartheta} - \frac{1}{r_\vartheta + \Delta r_\vartheta} .$$

Aus Bild 5.2-3 liest man für den unverformten Zustand die Beziehungen

$$ds = r_\varphi d\varphi \quad \text{und} \quad r = r_\vartheta \sin \varphi$$

ab. Für den verformten Zustand lauten sie

$$ds(1 + \varepsilon_\varphi) = (r_\varphi + \Delta r_\varphi)(d\varphi - d\psi) \quad \text{und} \quad r + \Delta r = (r_\vartheta + \Delta r_\vartheta)\sin(\varphi - \psi) .$$

Damit ergibt sich für die Krümmungen

$$\kappa_\varphi = \frac{d\varphi}{ds} - \frac{d\varphi - d\psi}{ds(1 + \varepsilon_\varphi)} \approx \frac{d\psi}{ds} = \frac{1}{r_\varphi} \frac{d\psi}{d\varphi} , \tag{5.3.6}$$

$$\kappa_\vartheta = \frac{\sin \varphi}{r} - \frac{\sin \varphi \cos \psi - \cos \varphi \sin \psi}{r + \Delta r} \approx \frac{\psi \cos \varphi}{r} = \frac{\psi \cot \varphi}{r_\vartheta} . \tag{5.3.7}$$

### 5.3.1.4
### *Momenten-Verkrümmungs-Beziehungen*

Entsprechend (3.2.12) bis (3.2.14) lauten die Gleichungen für die Schalenmomente

$$m_\varphi = K(\kappa_\varphi + \mu\kappa_\vartheta) \quad \text{und} \quad m_\vartheta = K(\kappa_\vartheta + \mu\kappa_\varphi) \quad \text{mit} \quad K = \frac{Eh^3}{12(1-\mu^2)}.$$

Durch Einsetzen von (5.3.6) und (5.3.7) erhält man

$$m_\varphi = K\left(\frac{1}{r_\varphi}\frac{d\psi}{d\varphi} + \mu\frac{\psi\cot\varphi}{r_\vartheta}\right), \tag{5.3.8}$$

$$m_\vartheta = K\left(\frac{\psi\cot\varphi}{r_\vartheta} + \frac{\mu}{r_\varphi}\frac{d\psi}{d\varphi}\right). \tag{5.3.9}$$

### 5.3.2
### Randstörungen der langen Zylinderschale

### 5.3.2.1
### *Herleitung der Differentialgleichung*

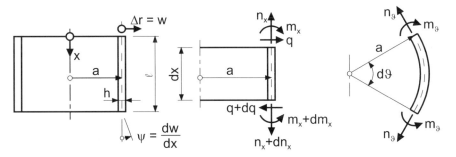

**Bild 5.3-3:**     Zylinderschale

Die in Abschnitt 5.3.1 hergeleiteten Grundgleichungen müssen zunächst auf die Geometrie und das Koordinatensystem des Zylinders (siehe Bild 5.3-3) umgeformt werden. Für diesen gilt

$$r = r_\vartheta = a , \qquad \varphi = \frac{\pi}{2} , \qquad r_\varphi = \infty , \qquad r_\varphi d\varphi = dx .$$

Die Koordinate x läuft vom Nullpunkt am oberen Rand nach unten. Die Schnitt-größen im Horizontalschnitt erhalten den Index x statt φ. Die elastische Änderung des Radius wird mit w statt Δr bezeichnet. Somit gilt für die Meridianverdrehung ψ = dw/dx. Damit ergibt sich aus (5.3.1) bis (5.3.4) sowie (5.3.8) und (5.3.9)

(a) $$n_x = 0 ,$$

(b) $$n_\vartheta + a \frac{dq}{dx} = 0 ,$$

(c) $$-\frac{dm_x}{dx} + q = 0 ,$$

(d) $$w = \frac{a}{Eh}\left(n_\vartheta - \mu n_x\right),$$

(e) $$m_x = K \cdot \frac{d^2 w}{dx^2} ,$$

(f) $$m_\vartheta = K \cdot \mu \frac{d^2 w}{dx^2} .$$

Aus (d) erhält man unter Verwendung der vier Gleichungen (a) bis (c) und (e)

$$w = \frac{a}{Eh} n_\vartheta = -\frac{a^2}{Eh}\frac{dq}{dx} = -\frac{a^2}{Eh}\frac{d^2 m_x}{dx^2} = -\frac{Ka^2}{Eh}\frac{d^4 w}{dx^4}$$

oder

$$\frac{d^4 w}{dx^4} + \frac{12(1-\mu^2)}{a^2 h^2} w = 0 .$$

Diese Differentialgleichung beschreibt den Biegezustand der durch Randlasten beanspruchten Zylinderschale. Sie ist gewöhnlich, linear, homogen und von vier-ter Ordnung. Mit der Abkürzung

$$\lambda = \frac{\sqrt[4]{3(1-\mu^2)}}{\sqrt{ah}} \qquad\qquad (5.3.10)$$

nimmt sie die Form

$$w'''' + 4\lambda^4 w = 0 \qquad \text{mit} \qquad (\ldots)' = \frac{d(\ldots)}{dx} \tag{5.3.11}$$

an. Der Wert $1/\lambda$ wird als charakteristische Länge der Schale bezeichnet, zu der die Länge $\ell$ ins Verhältnis gesetzt wird, um festzustellen, ob es sich um eine „lange" oder „kurze" Schale handelt. Näheres hierzu später.

Nach Lösung der Differentialgleichung (5.3.11) können die Schnittgrößen in Abhängigkeit von w ermittelt werden. Deren Gleichungen ergeben sich aus (a) bis (f) zu

$$n_x = 0 \,, \tag{5.3.12}$$

$$n_\vartheta = \frac{Eh}{a} w \,, \tag{5.3.13}$$

$$m_x = Kw'' \,, \tag{5.3.14}$$

$$m_\vartheta = K\mu w'' = \mu m_x \,, \tag{5.3.15}$$

$$q = Kw''' \,. \tag{5.3.16}$$

(5.3.11) ist vom selben Typ wie die Differentialgleichung des elastisch gebetteten Balkens. Das soll an Bild 5.3-4 gezeigt werden.

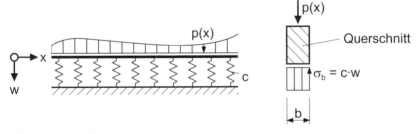

**Bild 5.3-4:**    Elastisch gebetteter Balken

Für die Schnittgrößen von Balken gelten die differentiellen Beziehungen (siehe z.B. [1.16] oder [1.17])

$$\frac{d^2 w}{dx^2} = -\frac{M}{EI} \,, \qquad \frac{dM}{dx} = Q \qquad \text{und} \qquad \frac{dQ}{dx} = -q \,.$$

Mit

$$q = p - \sigma_b \cdot b = p - bcw \qquad (5.3.17)$$

erhält man daraus

$$\frac{d^4 w}{dx^4} = -\frac{1}{EI}\frac{d^2 M}{dx^2} = -\frac{1}{EI}\frac{dQ}{dx} = +\frac{1}{EI}(p - bcw)$$

oder

$$w''' + \frac{bc}{EI} w = \frac{p}{EI} . \qquad (5.3.18)$$

Diese Differentialgleichung geht mit

$$\lambda = \sqrt[4]{\frac{bc}{4EI}} \qquad \text{und} \qquad p = 0 \qquad (5.3.19)$$

in (5.3.11) über, was bewiesen werden sollte.

### 5.3.2.2
### *Allgemeine Lösung der Differentialgleichung*

(5.3.11) wird durch Produkte aus Winkel- und Exponentialfunktionen erfüllt. Hier wird der Ansatz

$$w = e^{-\xi}(C_1 \cos\xi + C_2 \sin\xi) + e^{\xi}(C_3 \cos\xi + C_4 \sin\xi) \qquad (5.3.20)$$

mit dem bezogenen Argument $\xi = \lambda x$ gewählt.

Voraussetzungsgemäß soll die Differentialgleichung nur für Randlasten R und M gelten. Diese werden stets bei $x = 0$ angesetzt. Deshalb müssen am relativ weit entfernten Rand bei $x = \ell$ die Schnittgrößen q und $m_x$ verschwinden. Das ist nur möglich, wenn die Faktoren der Terme mit $e^{\xi}$ nahezu gleich Null sind. Mit $C_3 = C_4 = 0$ vereinfacht sich der Ansatz auf

$$w = e^{-\xi}(C_1 \cos\xi + C_2 \sin\xi). \qquad (5.3.21)$$

Für die Formulierung der Randbedingungen sowie für die Ermittlung der Schnitt- und Verformungsgrößen werden die ersten drei Ableitungen von w benötigt, die deshalb angegeben werden:

$$w' = -\lambda e^{-\xi}[(C_1 - C_2)\cos\xi + (C_1 + C_2)\sin\xi], \qquad (5.3.22)$$

$$w'' = 2\lambda^2 e^{-\xi}(-C_2 \cos\xi + C_1 \sin\xi), \qquad (5.3.23)$$

$$w''' = 2\lambda^3 e^{-\xi}[(C_1 + C_2)\cos\xi - (C_1 - C_2)\sin\xi]. \qquad (5.3.24)$$

Zur Verminderung des Schreibaufwands werden folgende Abkürzungen eingeführt:

$$\eta(\xi) = e^{-\xi}(\cos\xi + \sin\xi),$$

$$\eta'(\xi) = e^{-\xi}\sin\xi,$$

$$\eta''(\xi) = e^{-\xi}(\cos\xi - \sin\xi),$$

$$\eta'''(\xi) = e^{-\xi}\cos\xi.$$

Der Verlauf dieser Funktionen und deren Werte im Abstand von $\pi/4$ sind aus Bild
5.3-5 zu ersehen.

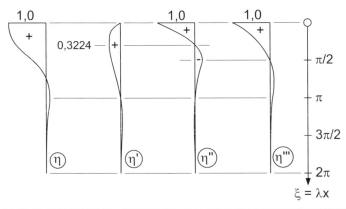

| $\xi$ | $\eta(\xi)$ | $\eta'(\xi)$ | $\eta''(\xi)$ | $\eta'''(\xi)$ |
|---|---|---|---|---|
| 0 | 1 | 0 | 1 | 1 |
| $0,25\pi$ | 0,6448 | 0,3224 | 0 | 0,3224 |
| $0,5\,\pi$ | 0,2079 | 0,2079 | -0,2079 | 0 |
| $0,75\,\pi$ | 0 | 0,0670 | -0,1340 | -0,0670 |
| $\pi$ | -0,0432 | 0 | -0,0432 | -0,0432 |
| $1,25\,\pi$ | -0,0278 | -0,0139 | 0 | -0,0139 |
| $1,5\,\pi$ | -0,0090 | -0,0090 | 0,0090 | 0 |
| $1,75\,\pi$ | 0 | -0,0029 | 0,0058 | 0,0029 |
| $2\,\pi$ | 0,0019 | 0 | 0,0019 | 0,0019 |

**Bild 5.3-5:**   Verlauf der Funktionen $\eta$, $\eta'$, $\eta''$, $\eta'''$ und Tabelle der Funktionswerte

In Tafel 20 sind die Funktionswerte von $\eta$ bis $\eta'''$ im Bereich $\xi = 0 \dots 4{,}0$ mit der
Schrittweite $\Delta\xi = 0{,}1$ angegeben.

Bei $\xi = 2\pi$ sind die Funktionswerte so klein, daß man sie mit ausreichender Genauigkeit gleich Null setzen kann. Für $\xi \geq 4$ bleiben die Absolutwerte unter 0,03, machen also weniger als 3 % des Ausgangswerts aus. Man sieht deshalb im allgemeinen Zylinderschalen mit $\lambda\ell \geq 4$ als „lang" an und versteht darunter, daß sich die Beanspruchungen bei $x = 0$ am abliegenden Schalenende nicht mehr auswirken.

### 5.3.2.3
### Lösung für Radialkraft R und Moment M am oberen Rand

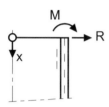

**Bild 5.3-6:**     Radialkraft R und Moment M am oberen Zylinderrand

Im Lastfall R lauten die Randbedingungen

$$m_x(0) = 0 \qquad \text{und} \qquad q(0) = +R .$$

Das entspricht den Gleichungen

$$Kw''(0) = K \cdot 2\lambda^2(-C_2) = 0 ,$$

$$Kw'''(0) = K \cdot 2\lambda^3(C_1 + C_2) = R ,$$

aus denen

$$C_1 = \frac{R}{2K\lambda^3} \qquad \text{und} \qquad C_2 = 0$$

folgt. Nach Einsetzen dieser Konstanten in (5.3.21) bis (5.3.24) erhält man aus (5.3.13), (5.3.14) und (5.3.16) die Schnittgrößen

$$n_\vartheta = 2Ra\lambda \cdot e^{-\xi} \cos\xi = 2Ra\lambda \cdot \eta'''(\xi) , \tag{5.3.25}$$

$$m_x = \frac{R}{\lambda} \cdot e^{-\xi} \sin\xi = \frac{R}{\lambda} \cdot \eta'(\xi), \tag{5.3.26}$$

$$q = R \cdot e^{-\xi}(\cos\xi - \sin\xi) = R \cdot \eta''(\xi) . \tag{5.3.27}$$

Für die restlichen beiden Schnittgrößen gilt nach (5.3.12) und (5.3.15)

$$n_x = 0 \,, \tag{5.3.28}$$

$$m_\vartheta = \mu m_x \,. \tag{5.3.29}$$

Die Randverformungen ergeben sich aus (5.3.21) und (5.3.22) zu

$$w(0) = C_1 = \frac{R}{2K\lambda^3} \tag{5.3.30}$$

$$w'(0) = -\lambda(C_1 - C_2) = -\frac{R}{2K\lambda^2} \,. \tag{5.3.31}$$

Die Gleichungen (5.3.25) bis (5.3.31) sind in Tafel 21 zusammengestellt.

Der Lastfall M wird analog behandelt. Aus den Randbedingungen

$$m_x(0) = +M \quad \text{und} \quad q(0) = 0$$

folgen die Bestimmungsgleichungen

$$Kw''(0) = K \cdot 2\lambda^2(-C_2) = M \,,$$
$$Kw'''(0) = K \cdot 2\lambda^3(C_1 + C_2) = 0 \,.$$

Man erhält die Konstanten

$$C_1 = \frac{M}{2K\lambda^2} \quad \text{und} \quad C_2 = -\frac{M}{2K\lambda^2} \,,$$

die Schnittgrößen

$$n_x = 0 \,, \tag{5.3.32}$$

$$n_\vartheta = 2Ma\lambda^2 \cdot e^{-\xi}(\cos\xi - \sin\xi) = 2Ma\lambda^2 \cdot \eta''(\xi) \,, \tag{5.3.33}$$

$$m_x = M \cdot e^{-\xi}(\cos\xi + \sin\xi) = M \cdot \eta(\xi) \,, \tag{5.3.34}$$

$$m_\vartheta = \mu m_x \,, \tag{5.3.35}$$

$$q = -2M\lambda \cdot e^{-\xi}\sin\xi = 2M\lambda \cdot \eta'(\xi) \tag{5.3.36}$$

und die Randverformungen

$$w(0) = \frac{M}{2K\lambda^2} \,, \tag{5.3.37}$$

$$w'(0) = -\frac{M}{K\lambda}.$$
(5.3.38)

Auch diese sieben Gleichungen findet man in Tafel 21.

### 5.3.2.4
### Lösung für Radialkraft R und Moment M am unteren Rand

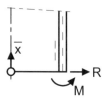

**Bild 5.3-7:**    Radialkraft R und Moment M am unteren Zylinderrand

Für w, $n_x$, $n_\vartheta$, $m_x$ und $m_\vartheta$ gelten die Gleichungen des vorstehenden Abschnitts 5.3.2.3 mit $\overline{\xi} = \lambda\overline{x}$ anstelle von $\xi = \lambda x$.

Wegen $\overline{x} = 1 - x$ und $d\overline{x} = -dx$ wechseln die Größen, welche ungerade Ableitungen nach x enthalten, das Vorzeichen, also w' und q. Demnach gilt für die Querkraft

$$q = -R \cdot e^{-\overline{\xi}}(\cos\overline{\xi} - \sin\overline{\xi}) = -R \cdot \eta''(\overline{\xi})$$
(5.3.39)

bzw.

$$q = +2M\lambda \cdot e^{-\overline{\xi}} \sin\overline{\xi} = +2M\lambda \cdot \eta'(\overline{\xi}),$$
(5.3.40)

und die Randverdrehungen lauten

$$w'(0) = +\frac{R}{2K\lambda^2}$$
(5.3.41)

bzw.

$$w'(0) = +\frac{M}{K\lambda}.$$
(5.3.42)

### 5.3.3
### Randstörungen der kurzen Zylinderschale

#### 5.3.3.1
#### *Allgemeine Lösung der Differentialgleichung*

Die Differentialgleichung (5.3.11)

$$w'''' + 4\lambda^4 w = 0 \qquad \text{mit} \qquad \lambda = \frac{\sqrt[4]{3(1-\mu^2)}}{\sqrt{ah}}$$

gilt unabhängig von der Länge des Zylinders.

Beim kurzen Zylinder mit $\lambda\ell < 4$ beeinflussen sich die beiden Ränder in nicht zu vernachlässigendem Maße. Deshalb muß der Lösungsansatz vier Konstanten enthalten. Es ist vorteilhaft, für den kurzen Zylinder einen anderen Ansatz als (5.3.20) zu wählen, und zwar den gleichwertigen Ausdruck

$$w = C_1 \cosh\xi\cos\xi + C_2 \cosh\xi\sin\xi + C_3 \sinh\xi\cos\xi + C_4 \sinh\xi\sin\xi . \qquad (5.3.43)$$

Die Konstanten $C_1$ bis $C_4$ sind aus den je zwei Randbedingungen an den Enden der Schale zu bestimmen.

Die ersten drei Ableitungen von (5.3.43) nach x, die im folgenden benötigt werden, lauten

$$w' = \lambda[C_1(\sinh\xi\cos\xi - \cosh\xi\sin\xi) + C_2(\sinh\xi\sin\xi + \cosh\xi\cos\xi) \\ + C_3(\cosh\xi\cos\xi - \sinh\xi\sin\xi) + C_4(\cosh\xi\sin\xi + \sinh\xi\cos\xi)] , \qquad (5.3.44)$$

$$w'' = -2\lambda^2(C_1\sinh\xi\sin\xi - C_2\sinh\xi\cos\xi \\ + C_3\cosh\xi\sin\xi - C_4\cosh\xi\cos\xi) , \qquad (5.3.45)$$

$$w''' = -2\lambda^3[C_1(\cosh\xi\sin\xi + \sinh\xi\cos\xi) - C_2(\cosh\xi\cos\xi - \sinh\xi\sin\xi) \\ + C_3(\sinh\xi\sin\xi + \cosh\xi\cos\xi) - C_4(\sinh\xi\cos\xi - \cosh\xi\sin\xi)] . \qquad (5.3.46)$$

Zur Vereinfachung werden die folgenden Abkürzungen eingeführt:

$$\begin{aligned} F_1(\xi) &= \cosh\xi\cos\xi \\ F_2(\xi) &= \sinh\xi\sin\xi \\ F_3(\xi) &= \cosh\xi\sin\xi \\ F_4(\xi) &= \sinh\xi\cos\xi . \end{aligned} \qquad (5.3.47)$$

Der Verlauf dieser Funktionen und deren Werte im Abstand von $\pi/4$ sind aus Bild 5.3-8 zu ersehen.

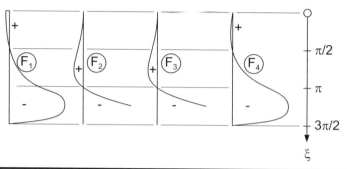

| $\xi$ | $F_1$ | $F_2$ | $F_3$ | $F_4$ |
|---|---|---|---|---|
| 0 | 1 | 0 | 0 | 0 |
| $0,25\pi$ | 0,937 | 0,614 | 0,937 | 0,614 |
| $0,5\,\pi$ | 0 | 2,301 | 2,509 | 0 |
| $0,75\,\pi$ | -3,764 | 3,697 | 3,764 | -3,697 |
| $\pi$ | -11,592 | 0 | 0 | -11,549 |
| $1,25\,\pi$ | -17,951 | -17,937 | -17,951 | -17,937 |
| $1,5\,\pi$ | 0 | -55,654 | -55,663 | 0 |
| $1,75\,\pi$ | 86,322 | -86,319 | -86,322 | 86,319 |
| $2\,\pi$ | 267,747 | 0 | 0 | 267,745 |

**Bild 5.3-8:**    Verlauf der Funktionen $F_1$ bis $F_4$ und Tabelle der Funktionswerte

In Tafel 22 sind die Funktionswerte von $F_1$ bis $F_4$ im Bereich $\xi = 0 \ldots 4{,}0$ mit der Schrittweite $\Delta\xi = 0{,}1$ angegeben.

Der viergliedrige Ansatz (5.3.43) darf natürlich auch für lange Schalen verwendet werden. Falls nicht mit einem Rechenprogramm gearbeitet wird, ist der Aufwand jedoch erheblich größer, als wenn zwei Konstanten wie bei (5.3.21) gleich Null gesetzt werden. Außerdem ergeben sich bei der Berechnung der Schnittgrößen kleine Differenzen großer Zahlen, wenn bei $\xi > 4$ mit den Funktionen $F_i$ gearbeitet wird, die in diesem Bereich stark anwachsen.

### 5.3.3.2
### Lösung für Radialkraft R und Moment M am oberen Rand

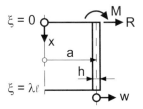

**Bild 5.3-9:**   Kurze Zylinderschale mit Radialkraft R und Moment M am oberen Rand

Für den Lastfall R lauten die vier Randbedingungen

$$m_x(0) = m_x(\lambda\ell) = 0$$
$$q(0) = R, \qquad q(\lambda\ell) = 0$$

Hieraus erhält man mit (5.3.14) und (5.3.16) sowie (5.3.45) und (5.3.46) die Bestimmungsgleichungen für $C_1$ bis $C_4$:

$$m_x(0) = Kw''(0) = -2K\lambda^2(-C_4) = 0,$$

$$q(0) = Kw'''(0) = -2K\lambda^3(-C_2 + C_3) = R,$$

$$m_x(\lambda\ell) = Kw''(\lambda\ell) = -2K\lambda^2(C_1\sinh\lambda\ell\sin\lambda\ell - C_2\sinh\lambda\ell\cos\lambda\ell$$
$$+ C_3\cosh\lambda\ell\sin\lambda\ell - C_4\cosh\lambda\ell\cos\lambda\ell) = 0,$$

$$q(\lambda\ell) = Kw'''(\lambda\ell) = -2K\lambda^3[C_1(\cosh\lambda\ell\sin\lambda\ell + \sinh\lambda\ell\cos\lambda\ell)$$
$$- C_2(\cosh\lambda\ell\cos\lambda\ell - \sinh\lambda\ell\sin\lambda\ell)$$
$$+ C_3(\sinh\lambda\ell\sin\lambda\ell + \cosh\lambda\ell\cos\lambda\ell)$$
$$- C_4(\sinh\lambda\ell\cos\lambda\ell - \cosh\lambda\ell\sin\lambda\ell)] = 0.$$

Dieses Gleichungssystem hat die Lösung

$$C_1 = \frac{R}{2K\lambda^3}\frac{\cosh\lambda\ell\sinh\lambda\ell - \cos\lambda\ell\sin\lambda\ell}{\sinh^2\lambda\ell - \sin^2\lambda\ell} = \frac{R}{2K\lambda^3}H_1(\lambda\ell),$$

$$C_2 = -\frac{R}{2K\lambda^3}\frac{\sin^2\lambda\ell}{\sinh^2\lambda\ell - \sin^2\lambda\ell} = -\frac{R}{2K\lambda^3}H_7(\lambda\ell),$$

$$C_3 = -\frac{R}{2K\lambda^3}\frac{\sinh^2\lambda\ell}{\sinh^2\lambda\ell - \sin^2\lambda\ell} = -\frac{R}{2K\lambda^3}H_8(\lambda\ell),$$

$$C_4 = 0.$$

Für den Lastfall M lauten die Randbedingungen

$$m_x(0) = M, \qquad m_x(\lambda\ell) = 0,$$

$$q(0) = q(\lambda\ell) = 0$$

und die Konstanten

$$C_1 = \frac{M}{2K\lambda^2} \frac{\sinh^2 \lambda\ell + \sin^2 \lambda\ell}{\sinh^2 \lambda\ell - \sin^2 \lambda\ell} = \frac{M}{2K\lambda^2} H_3(\lambda\ell),$$

$$C_2 = C_3 = -\frac{M}{2K\lambda^2} \frac{\cosh \lambda\ell \sinh \lambda\ell + \cos \lambda\ell \sin \lambda\ell}{\sinh^2 \lambda\ell - \sin^2 \lambda\ell} = -\frac{M}{2K\lambda^2} H_5(\lambda\ell),$$

$$C_4 = \frac{M}{2K\lambda^2}.$$

Die zur Abkürzung eingeführten Hilfswerte $H_i(\lambda\ell)$ sind in Tafel 23 für Werte $\lambda\ell \leq$ 4,0 mit der Schrittweite 0,1 angegeben.

### 5.3.3.3
### Schnittgrößen

Die Gleichungen (5.3.12) bis (5.3.16) für die Schnittgrößen gelten auch beim kurzen Zylinder. In diese Beziehungen sind die Ausdrücke (5.3.43), (5.3.45) und (5.3.46) für w, w″ und w‴ einzusetzen. Unter Verwendung der Funktionen $F_i$ nach (5.3.47) ergibt sich dann

$$n_x(\xi) = 0, \tag{5.3.48}$$

$$n_\vartheta(\xi) = \frac{Eh}{a}\left[C_1 F_1(\xi) + C_2 F_3(\xi) + C_3 F_4(\xi) + C_4 F_2(\xi)\right], \tag{5.3.49}$$

$$m_x(\xi) = -2K\lambda^2\left[C_1 F_2(\xi) - C_2 F_4(\xi) + C_3 F_3(\xi) - C_4 F_1(\xi)\right], \tag{5.3.50}$$

$$m_\vartheta(\xi) = \mu m_x(\xi), \tag{5.3.51}$$

$$q(\xi) = -2K\lambda^3[(C_2 + C_3) F_2(\xi) + (C_1 - C_4) F_4(\xi) \\ + (C_1 + C_4) F_3(\xi) - (C_2 - C_3) F_1(\xi)]. \tag{5.3.52}$$

Die Konstanten $C_i$ sind für den betreffenden Lastfall aus Abschnitt 5.3.3.2 zu übernehmen.

Die vorstehenden Gleichungen gelten, wenn R und M am oberen Rand angreifen. Für den in Bild 5.3-7 dargestellten Fall, daß der untere Rand belastet wird, ist wie beim langen Zylinder $\xi$ durch $\bar{\xi}$ zu ersetzen und das Vorzeichen von q umzukehren.

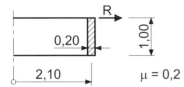

**Bild 5.3-10:**   Beispiel zur Schnittgrößenermittlung für eine kurze Zylinderschale

Für die in Bild 5.3-10 dargestellte, kurze Schale sollen die Schnittgrößen infolge der Last R beispielhaft ermittelt werden. Mit der Querdehnzahl $\mu = 0,2$ wird

$$\lambda = \frac{\sqrt[4]{3(1-0,2^2)}}{\sqrt{2,10 \cdot 0,20}} = 2,0 \quad \text{und} \quad \lambda\ell = 2,0 \cdot 1,00 = 2,0 \, .$$

Aus Tabelle 23 entnimmt man für $\lambda\ell = 2,0$ die Hilfswerte

$$H_1 = 1,138, \quad H_7 = 0,067 \quad \text{und} \quad H_8 = 1,067.$$

Die Konstanten für den Lastfall R lauten damit

$$C_1 = 1,138 \frac{R}{2K\lambda^3}, \quad C_2 = -0,067 \frac{R}{2K\lambda^3}, \quad C_3 = -1,067 \frac{R}{2K\lambda^3}, \quad C_4 = 0 \, ,$$

und die Schnittgrößen ergeben sich zu

$$n_\vartheta = 2Ra\lambda\left(1,138 \, F_1 - 0,067 \, F_3 - 1,067 \, F_4\right),$$
$$m_x = -R / \lambda \cdot \left(1,138 \, F_2 + 0,067 \, F_4 - 1,067 \, F_3\right),$$
$$q_x = -R\left(-1,134 \, F_2 + 1,138 \, F_4 + 1,138 \, F_3 - 1,000 \, F_1\right).$$

Die Funktionswerte von $F_1$ bis $F_4$ sind in Tafel 22 angegeben.

### 5.3.3.4
### Randverformungen

Die Randverformungen infolge R und M ergeben sich aus den Gleichungen (5.3.43) und (5.3.44) für $w(\xi)$ und $w'(\xi)$ durch Einsetzen der Werte 0 bzw. $\lambda\ell$ für $\xi$ (siehe Bild 5.3-11) unter Verwendung der entsprechenden $C_i$. Man erhält z.B. für die Verdrehung des oberen Randes infolge der dort angreifenden Last R

$$w'(0) = \lambda(C_2 + C_3) = \frac{R}{2K\lambda^2} \frac{\sinh^2 \lambda\ell + \sin^2 \lambda\ell}{\sinh^2 \lambda\ell - \sin^2 \lambda\ell} \, .$$

In Tafel 24 sind auch die Gleichungen der anderen Randverformungen infolge R und M am oberen Rand angegeben. Des weiteren enthält die Tafel eine vollständige Zusammenstellung der Randverschiebungen und -verdrehungen für die je zwei

Randangriffe oben und unten, wobei die Hilfswerte $H_1$ bis $H_6$ verwendet werden, deren Zahlenwerte in Abhängigkeit von $\lambda\ell$ Tafel 23 liefert.

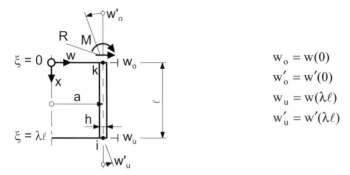

$$w_o = w(0)$$
$$w'_o = w'(0)$$
$$w_u = w(\lambda\ell)$$
$$w'_u = w'(\lambda\ell)$$

**Bild 5.3-11:**    Randverformungen der kurzen Zylinderschale

Tafel 23 reicht nur bis $\lambda\ell = 4{,}0$, wo die Hilfswerte praktisch schon gegen 1 oder 0 konvergiert sind. Auch daran erkennt man, daß sich die Ränder von Schalen mit $\lambda\ell > 4$ kaum gegeseitig beeinflussen. Denn mit $H_1 = H_3 = H_5 = 1$ und $H_2 = H_4 = H_6 = 0$ gehen die Formänderungswerte des kurzen Zylinders nach Tafel 24 in diejenigen des langen Zylinders nach Tafel 21 über.

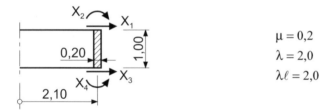

$$\mu = 0{,}2$$
$$\lambda = 2{,}0$$
$$\lambda\ell = 2{,}0$$

**Bild 5.3-12:**    Beispiel zur Ermittlung der Formänderungswerte eines kurzen Zylinders

Für die in Bild 5.3-12 dargestellte kurze Zylinderschale sollen sämtliche Formänderungswerte infolge der vier statisch Unbestimmten $X_i$ ermittelt werden. Dabei ist zu beachten, daß $X_2$ entgegen dem positiven Drehsinn von $w'$ wirkt. Mit Hilfe der Tafel 23 und 24 erhält man

$$\delta_{11} = \frac{R}{2K\lambda^3} \cdot H_1 = \frac{1{,}138}{2K\lambda^3} = \delta_{33}\,,$$

$$\delta_{12} = \frac{M}{2K\lambda^2} \cdot H_3 = \frac{1{,}134}{2K\lambda^2} = \delta_{34}\,,$$

$$\delta_{13} = -\frac{R}{2K\lambda^3} \cdot H_2 = -\frac{0,400}{2K\lambda^3}\,,$$

$$\delta_{14} = -\frac{M}{K\lambda^2} \cdot H_4 = -\frac{0,268}{K\lambda^2} = \delta_{32}\,,$$

$$\delta_{22} = +\frac{M}{K\lambda} \cdot H_5 = \frac{1,076}{K\lambda} = \delta_{44}\,,$$

$$\delta_{24} = -\frac{M}{K\lambda} \cdot H_6 = -\frac{0,155}{K\lambda}\,.$$

Nach dem Satz von MAXWELL dürfen die Indizes der $\delta_{ik}$ vertauscht werden.

### 5.3.4
### Randstörungen der Kugelschale

#### *5.3.4.1*
#### *Herleitung der Differentialgleichungen*

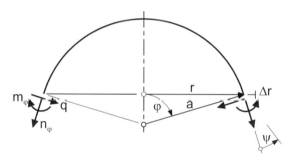

**Bild 5.3-13:**    Kugelschale

Für die Kugelschale gilt nach Bild 5.3-13

$$r_\varphi = r_\vartheta = a \qquad \text{und} \qquad r = a \sin\varphi\,.$$

Damit erhalten die Grundgleichungen (5.3.1) bis (5.3.3), (5.3.5) sowie (5.3.8) und (5.3.9) die Form

(a) $\qquad n_\varphi = -q \cot\varphi\,,$

(b) $\qquad \left(n_\varphi + n_\vartheta\right)\sin\varphi + \frac{d}{d\varphi}\left(q\sin\varphi\right) = 0\,,$

(c)
$$-\frac{d}{d\varphi}\left(m_\varphi \sin\varphi\right)+m_\varphi \cos\varphi+qa\sin\varphi=0\,,$$

(d)
$$\psi=\frac{1}{Eh}\left[(1+\mu)\left(n_\vartheta-n_\varphi\right)\cot\varphi+\frac{d}{d\varphi}\left(n_\vartheta-\mu n_\varphi\right)\right],$$

(e)
$$m_\varphi=\frac{K}{a}\left(\frac{d\psi}{d\varphi}+\mu\psi\cot\varphi\right),$$

(f)
$$m_\vartheta=\frac{K}{a}\left(\psi\cot\varphi+\mu\frac{d\psi}{d\varphi}\right).$$

Mit (e) und (f) folgt aus (c)

$$-\frac{K}{a}\left(\psi''\sin\varphi+\psi'\cos\varphi+\mu\psi'\cos\varphi-\mu\psi\sin\varphi\right)+\frac{K}{a}\left(\psi\cot\varphi+\mu\psi'\right)\cos\varphi+qa\sin\varphi=0$$

oder

$$\psi''+\psi'\cot\varphi-\psi\left(\cot^2\varphi+\mu\right)-\frac{qa^2}{K}=0\,,\qquad(5.3.53)$$

wenn die Ableitung nach $\varphi$ durch einen Kopfstrich gekennzeichnet wird. (5.3.53) stellt die erste von zwei gekoppelten Differentialgleichungen für q und $\psi$ dar. Um die zweite zu erhalten, werden zunächst die beiden Gleichungen (a) und (b) kombiniert. Es ergibt sich

$$-q\cos\varphi+n_\vartheta\sin\varphi+q'\sin\varphi+q\cos\varphi=0$$

und

$$n_\vartheta=-q'\;.\qquad(5.3.54)$$

Nun werden in (d) die Normalkräfte durch die Ausdrücke (a) und (5.3.54) ersetzt. Man erhält

$$\psi=\frac{1}{Eh}\left[(1+\mu)(-q'+q\cot\varphi)\cot\varphi+\left(-q''+\mu q'\cot\varphi-\frac{\mu q}{\sin^2\varphi}\right)\right]$$

$$=\frac{1}{Eh}\left[-q'\cot\varphi+q\left(\cot^2\varphi+\mu\cot^2\varphi-\frac{\mu}{\sin^2\varphi}\right)-q''\right].$$

Die zweite Differentialgleichung lautet dann

$$q''+q'\cot\varphi-q\left(\cot^2\varphi+\mu\right)+Eh\psi=0\,.\qquad(5.3.55)$$

Man könnte die beiden Gleichungen leicht entkoppeln, da sich q und ψ ohne weiteres isolieren und in die jeweils andere Gleichung einsetzen lassen. Die so entstehenden beiden Differentialgleichungen vierter Ordnung wären jedoch nur mit Hilfe schlecht konvergierender Reihen zu lösen. Wenn man den Anwendungsbereich auf Schalen beschränkt, deren Ränder um mindestens ca. 30° gegenüber der Horizontalen geneigt sind, kann man von einer Näherung Gebrauch machen, die von GECKELER eingeführt worden ist und die berücksichtigt, daß die Randstörungen relativ schnell abklingen. Das bedeutet, daß im Störbereich

$$\psi'' \gg \psi' \gg \psi \qquad \text{und} \qquad q'' \gg q' \gg q$$

gilt und die Funktionen q und ψ sowie deren erste Ableitungen gegenüber den zweiten Ableitungen vernachlässigt werden dürfen. Damit erhält man

$$\psi'' - \frac{qa^2}{K} = 0 \,, \tag{5.3.56}$$

$$q'' + Eh\psi = 0 \,. \tag{5.3.57}$$

Die Einschränkung des Gültigkeitsbereichs dieser beiden GECKELERschen Differentialgleichungen auf Kugelschalen mit steileren Rändern liegt darin begründet, daß q, q', ψ und ψ' in (5.3.53) und (5.3.55) mit dem Faktor cot φ behaftet sind, der bei kleinen Winkeln φ hohe Werte annimmt.

Zur Entkopplung der beiden Differentialgleichungen werden zunächst q und ψ isoliert und zweimal nach φ differenziert:

$$q = \frac{K}{a^2}\psi'' \qquad \rightarrow \qquad q'' = \frac{K}{a^2}\psi'''' \,,$$

$$\psi = -\frac{1}{Eh}q'' \qquad \rightarrow \qquad \psi'' = -\frac{1}{Eh}q'''' \,.$$

Durch Einsetzen dieser zweiten Ableitungen in (5.3.56) und (5.3.57) ergeben sich die beiden gewöhnlichen, linearen, homogenen Differentialgleichungen vierter Ordnung

$$\psi'''' + \frac{Eha^2}{K}\psi = 0 \,,$$

$$q'''' + \frac{Eha^2}{K}q = 0 \,.$$

Mit der Abkürzung

$$\kappa = \sqrt{\frac{a}{h}\sqrt{3(1-\mu^2)}} \tag{5.3.58}$$

erhält man daraus

$$\psi'''' + 4\kappa^4\psi = 0 , \tag{5.3.59}$$

$$q'''' + 4\kappa^4 q = 0 . \tag{5.3.60}$$

Nach Lösung der Differentialgleichungen können die Normalkräfte und Biegemomente in Abhängigkeit von q und $\psi$ ermittelt werden. Deren Gleichungen ergeben sich aus (a), (e), (f) und (5.3.54) zu

$$n_\varphi = -q \cot \varphi , \tag{5.3.61}$$

$$n_\vartheta = -q' , \tag{5.3.62}$$

$$m_\varphi = \frac{K}{a}(\psi' + \mu\psi \cot \varphi) , \tag{5.3.63}$$

$$m_\vartheta = \frac{K}{a}(\psi \cot \varphi + \mu\psi') . \tag{5.3.64}$$

### 5.3.4.2
### Allgemeine Lösung der Differentialgleichungen für Randstörungen

Die Schnittgrößen infolge R und M klingen, wie bereits gesagt, vom belasteten Rand weg schnell ab. Sie existieren praktisch nur in Randnähe. Deshalb wird als neue Variable der Winkel $\omega$ eingeführt, der vom Rand ab zählt (siehe Bild 5.3-14).

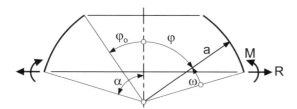

**Bild 5.3-14:**     Kugelschale mit Winkelkoordinaten $\varphi$, $\omega$ und Randbelastung

Es gilt

$$\omega = \alpha - \varphi \quad \text{und} \quad d\omega = -d\varphi .$$

Da die beiden Differentialgleichungen keine ungeraden Ableitungen von φ enthalten, bleiben sie unverändert, wenn φ durch ω ersetzt wird. (5.3.59) und (5.3.60) sind vom selben Typ wie die Differentialgleichung der Zylinderschale (5.3.11). Deshalb werden für ψ und q Ansätze gewählt, die dem Ausdruck (5.3.20) entsprechen, wobei das Argument κω statt λx heißen muß.

Hier sollen nur „lange" Kugelschalen behandelt werden, bei denen sich die Lasten R und M im Scheitelpunkt oder am abliegenden Rand nicht mehr nennenswert auswirken. Deshalb können die Konstanten $C_3$ und $C_4$ wie in (5.3.21) gleich Null gesetzt werden, wenn die Bedingung $\kappa(\alpha-\varphi_o) \geq 4$ erfüllt ist. Die Lösungen für die geschlossene und die offene Schale unterscheiden sich dann nicht. Damit lauten die Ansätze für ψ und q

$$\psi = e^{-\kappa\omega}(C_1 \cos \kappa\omega + C_2 \sin \kappa\omega) \ , \tag{5.3.65}$$

$$q = e^{-\kappa\omega}(\overline{C}_1 \cos \kappa\omega + \overline{C}_2 \sin \kappa\omega) \ . \tag{5.3.66}$$

In (5.3.56) und (5.3.57) sind ψ und q miteinander verknüpft. Deshalb bestehen auch Beziehungen zwischen den je zwei Konstanten der Ansätze.

Die beiden ersten Ableitungen von ψ lauten

$$\psi' = \frac{d\psi}{d\varphi} = -\frac{d\psi}{d\omega} = \kappa e^{-\kappa\omega}[C_1(\cos \kappa\omega + \sin \kappa\omega) + C_2(\sin \kappa\omega - \cos \kappa\omega)],$$

$$\psi'' = 2\kappa^2 e^{-\kappa\omega}(C_1 \sin \kappa\omega - C_2 \cos \kappa\omega).$$

Damit erhält man aus (5.3.56)

$$2\kappa^2 e^{-\kappa\omega}(C_1 \sin \kappa\omega - C_2 \cos \kappa\omega) = \frac{a^2}{K} e^{-\kappa\omega}(\overline{C}_1 \cos \kappa\omega + \overline{C}_2 \sin \kappa\omega) \ .$$

Ein Koeffizientenvergleich liefert

$$\overline{C}_1 = -\frac{K}{a^2} \cdot 2\kappa^2 C_2 = -\frac{Eh}{2\kappa^2} C_2 \ , \qquad \overline{C}_2 = \frac{Eh}{2\kappa^2} C_1 \ .$$

Damit lauten q und q′

$$q = \frac{Eh}{2\kappa^2} e^{-\kappa\omega}(-C_2 \cos \kappa\omega + C_1 \sin \kappa\omega) \ , \tag{5.3.67}$$

$$q' = \frac{Eh}{2\kappa} e^{-\kappa\omega}[-C_2(\cos \kappa\omega + \sin \kappa\omega) + C_1(\sin \kappa\omega - \cos \kappa\omega)],$$

und die Normalkräfte ergeben sich aus (5.3.61) und (5.3.62) zu

$$n_\varphi = \frac{Eh}{2\kappa^2} \cot\varphi \, e^{-\kappa\omega}(C_2 \cos\kappa\omega - C_1 \sin\kappa\omega), \qquad (5.3.68)$$

$$n_\vartheta = \frac{Eh}{2\kappa} e^{-\kappa\omega}\left[C_2(\cos\kappa\omega + \sin\kappa\omega) + C_1(\cos\kappa\omega - \sin\kappa\omega)\right]. \quad (5.3.69)$$

In der Gleichung (5.3.63) des Meridianmoments darf der Term mit $\psi$ vernachlässigt werden, da er gegenüber $\psi'$ kaum ins Gewicht fällt. Anders ist das bei Gleichung (5.3.64) für das Ringmoment, wo beide Terme wegen des relativ kleinen Faktors $\mu$ von gleicher Größenordnung sein können. Somit ergibt sich für die Biegemomente allgemein

$$m_\varphi = \frac{\kappa K}{a} e^{-\kappa\omega}\left[C_1(\cos\kappa\omega + \sin\kappa\omega) + C_2(\sin\kappa\omega - \cos\kappa\omega)\right], \quad (5.3.70)$$

$$m_\vartheta = \frac{K}{a} \cot\varphi \, e^{-\kappa\omega}(C_1 \cos\kappa\omega + C_2 \sin\kappa\omega) + \mu m_\varphi. \qquad (5.3.71)$$

Für die Radialverschiebung gilt nach (5.3.4) in Verbindung mit (5.2.12)

$$\Delta r = \frac{a \sin\varphi}{Eh}(n_\vartheta - \mu n_\varphi).$$

Daraus erhält man für den belasteten Rand bei $\varphi = \alpha$ und $\omega = 0$

$$\Delta r_u = \frac{a \sin\alpha}{2\kappa}\left[C_1 + C_2(1 - \frac{\mu}{\kappa}\cot\alpha)\right]. \qquad (5.3.72)$$

Auch wenn $\mu$ nicht gleich Null ist, wird der zweite Term in den runden Klammern wegen Geringfügigkeit oft vernachlässigt.

Die Randverdrehung ergibt sich direkt aus (5.3.65) zu

$$\psi_u = C_1. \qquad (5.3.73)$$

### 5.3.4.3
### *Lösung für Radialkraft R und Moment M am unteren Rand*

Im Lastfall R lauten die Randbedingungen (siehe Bild 5.3-13 und 5.3-14)

$$m_\varphi(0) = 0 \qquad \text{und} \qquad q(0) = -R \sin\alpha.$$

Das entspricht nach (5.3.70) und (5.3.67) den Gleichungen

$$C_1 - C_2 = 0,$$

$$-\frac{Eh}{2\kappa^2} \cdot C_2 = -R \sin\alpha \, ,$$

aus denen

$$C_1 = C_2 = \frac{2\kappa^2 \sin\alpha}{Eh} R$$

folgt. Nach Einsetzen dieser Konstanten erhält man aus (5.3.67) bis (5.3.71) die Schnittgrößen

$$n_\varphi = R \sin\alpha \cot\varphi \, e^{-\kappa\omega}(\cos\kappa\omega - \sin\kappa\omega) = R \sin\alpha \cot\varphi \cdot \eta''(\kappa\omega), \quad (5.3.74)$$

$$n_\vartheta = 2R\kappa\sin\alpha \, e^{-\kappa\omega}\cos\kappa\omega = 2R\kappa\sin\alpha \cdot \eta'''(\kappa\omega) \, , \quad\quad (5.3.75)$$

$$m_\varphi = \frac{Ra}{\kappa}\sin\alpha \, e^{-\kappa\omega}\sin\kappa\omega = \frac{Ra}{\kappa}\sin\alpha \cdot \eta'(\kappa\omega) \, , \quad\quad (5.3.76)$$

$$m_\vartheta = \frac{Ra}{2\kappa^2}\sin\alpha \cot\varphi \, e^{-\kappa\omega}(\cos\kappa\omega + \sin\kappa\omega) + \mu m_\varphi$$
$$= \frac{Ra}{2\kappa^2}\sin\alpha \cot\varphi \cdot \eta(\kappa\omega) + \mu m_\varphi \, , \quad\quad\quad (5.3.77)$$

$$q = -R\sin\alpha \, e^{-\kappa\omega}(\cos\kappa\omega - \sin\kappa\omega) = -R\sin\alpha \cdot \eta''(\kappa\omega) \, . \quad (5.3.78)$$

Dabei wurden wie beim Zylinder die Abkürzungen $\eta$ bis $\eta'''$ (siehe Tafel 20) verwendet. Die Randverformungen ergeben sich aus (5.3.72) und (5.3.73) zu

$$\Delta r_u = \frac{a\kappa\sin^2\alpha}{Eh} \cdot R \, (2 - \frac{\mu}{\kappa}\cot\alpha) \approx \frac{2a\kappa\sin^2\alpha}{Eh} \cdot R \, , \quad (5.3.79)$$

$$\psi_u = \frac{2\kappa^2\sin\alpha}{Eh} \cdot R \, . \quad (5.3.80)$$

Der Lastfall M wird analog behandelt. Aus den Randbedingungen

$$m_\varphi(0) = M \quad\quad \text{und} \quad\quad q(0) = 0$$

folgen die Bestimmungsgleichungen

$$\frac{\kappa K}{a}(C_1 - C_2) = M \quad\quad \text{und} \quad\quad -C_2 = 0 \, .$$

Man erhält die Konstanten

$$C_1 = \frac{a}{\kappa K} M, \qquad C_2 = 0,$$

die Schnittgrößen

$$n_\varphi = -\frac{2M\kappa}{a}\cot\varphi\, e^{-\kappa\omega}\sin\kappa\omega = -\frac{2M\kappa}{a}\cot\varphi\cdot\eta'(\kappa\omega), \qquad (5.3.81)$$

$$n_\vartheta = \frac{2M\kappa^2}{a} e^{-\kappa\omega}(\cos\kappa\omega - \sin\kappa\omega) = \frac{2M\kappa^2}{a}\cdot\eta''(\kappa\omega), \qquad (5.3.82)$$

$$m_\varphi = M\cdot e^{-\kappa\omega}(\cos\kappa\omega + \sin\kappa\omega) = M\cdot\eta(\kappa\omega), \qquad (5.3.83)$$

$$m_\vartheta = \frac{M}{\kappa}\cot\varphi\, e^{-\kappa\omega}\cos\kappa\omega + \mu m_\varphi = \frac{M}{\kappa}\cot\varphi\cdot\eta'''(\kappa\omega) + \mu m_\varphi, (5.3.84)$$

$$q = \frac{2M\kappa}{a} e^{-\kappa\omega}\sin\kappa\omega = \frac{2M\kappa}{a}\cdot\eta'(\kappa\omega) \qquad (5.3.85)$$

und die Verformungen

$$\Delta r_u = \frac{2M\kappa^2\sin\alpha}{Eh}, \qquad (5.3.86)$$

$$\psi_u = \frac{aM}{\kappa K}. \qquad (5.3.87)$$

Die Gleichungen (5.3.74) bis (5.3.87) sind in Tafel 25 zusammengestellt. Sie gelten entsprechend den getroffenen Annahmen nur für lange Schalen mit steilem Rand im Störbereich, d.h. für

$$\kappa(\alpha\text{-}\varphi_o) \geq 4 \quad \text{und} \quad \alpha \geq 30°.$$

Kurze und flache Kugelschalen werden hier nicht behandelt. Beträgt der Neigungswinkel des beanspruchten Randes weniger als 30°, so ist nach der Theorie der flachen Kugelschale zu rechnen, für die die vollständigen Differentialgleichungen (5.3.53) und (5.3.55) gelten. Bei kurzen Schalen ist mit viergliedrigen Ansätzen entsprechend (5.3.20) oder (5.3.43) zu rechnen.

### 5.3.4.4
*Lösung für Radialkraft R und Moment M am oberen Rand*

Greifen R und M, wie in Bild 5.3-15 dargestellt, am oberen Rand an, so zählt $\omega$ von dort aus, und es gilt

$$\omega = \varphi - \varphi_0 \quad \text{und} \quad d\omega = d\varphi .$$

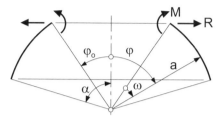

**Bild 5.3-15:**   Kugelzonenschale mit Radialkraft R und Moment M am oberen Rand

Das hat zur Folge, daß sich in Abschnitt 5.3.4.2 die Vorzeichen von $\psi'$ und $q'$ sowie infolgedessen auch bei $n_\vartheta$ und $m_\varphi$ umkehren. Des weiteren lautet der Randwinkel $\varphi_0$ statt $\alpha$, und im Lastfall R ist die Randbedingung für q positiv statt negativ. Mit diesen Änderungen erhält man aus (5.3.74) bis (5.3.80) für den Lastfall R

$$n_\varphi = -R \sin\varphi_0 \cot\varphi\, e^{-\kappa\omega}(\cos\kappa\omega - \sin\kappa\omega) = -R \sin\varphi_0 \cot\varphi \cdot \eta''(\kappa\omega) , \quad (5.3.88)$$

$$n_\vartheta = 2R\kappa \sin\varphi_0\, e^{-\kappa\omega}\cos\kappa\omega = 2R\kappa\sin\varphi_0 \cdot \eta'''(\kappa\omega) , \quad (5.3.89)$$

$$m_\varphi = \frac{Ra}{\kappa}\sin\varphi_0\, e^{-\kappa\omega}\sin\kappa\omega - \frac{Ra}{\kappa}\sin\varphi_0 \cdot \eta'(\kappa\omega) , \quad (5.3.90)$$

$$
\begin{aligned}
m_\vartheta &= -\frac{Ra}{2\kappa^2}\sin\varphi_0 \cot\varphi\, e^{-\kappa\omega}(\cos\kappa\omega + \sin\kappa\omega) + \mu m_\varphi \\
&= -\frac{Ra}{2\kappa^2}\sin\varphi_0 \cot\varphi \cdot \eta(\kappa\omega) + \mu m_\varphi ,
\end{aligned}
\quad (5.3.91)
$$

$$q = R \sin\varphi_0\, e^{-\kappa\omega}(\cos\kappa\omega - \sin\kappa\omega) = R \sin\varphi_0 \cdot \eta''(\kappa\omega) , \quad (5.3.92)$$

$$\Delta r_0 = \frac{a\kappa \sin^2\varphi_0}{Eh} \cdot R\, (2 + \frac{\mu}{\kappa}\cot\varphi_0) \approx \frac{2a\kappa \sin^2\varphi_0}{Eh} \cdot R , \quad (5.3.93)$$

$$\psi_0 = -\frac{2\kappa^2 \sin\varphi_0}{Eh} \cdot R . \quad (5.3.94)$$

Dementsprechend liefern (5.3.81) bis (5.3.87) für den Lastfall M

$$n_\varphi = \frac{2M\kappa}{a} \cot\varphi\, e^{-\kappa\omega} \sin\kappa\omega = \frac{2M\kappa}{a} \cot\varphi \cdot \eta'(\kappa\omega), \qquad (5.3.95)$$

$$n_\vartheta = \frac{2M\kappa^2}{a} e^{-\kappa\omega}(\cos\kappa\omega - \sin\kappa\omega) = \frac{2M\kappa^2}{a} \cdot \eta''(\kappa\omega), \qquad (5.3.96)$$

$$m_\varphi = M \cdot e^{-\kappa\omega}(\cos\kappa\omega + \sin\kappa\omega) = M \cdot \eta(\kappa\omega), \qquad (5.3.97)$$

$$m_\vartheta = -\frac{M}{\kappa} \cot\varphi\, e^{-\kappa\omega} \cos\kappa\omega + \mu m_\varphi = -\frac{M}{\kappa} \cot\varphi \cdot \eta'''(\kappa\omega) + \mu m_\varphi, \quad (5.3.98)$$

$$q = -\frac{2M\kappa}{a} e^{-\kappa\omega} \sin\kappa\omega = -\frac{2M\kappa}{a} \cdot \eta'(\kappa\omega), \qquad (5.3.99)$$

$$\Delta r_0 = \frac{2M\kappa^2 \sin\varphi_0}{Eh}, \qquad (5.3.100)$$

$$\psi_0 = -\frac{aM}{\kappa K}. \qquad (5.3.101)$$

Die Gleichungen (5.3.88) bis (5.3.101) sind in Tafel 25 zusammengestellt. Sie gelten für

$$\kappa(\alpha - \varphi_0) \geq 4 \quad \text{und} \quad \varphi_0 \geq 30°.$$

## 5.3.5
## Randstörungen der Kegelschale

### 5.3.5.1
### Herleitung der Differentialgleichungen

Für die Kegelschale gilt nach Bild 5.3-16

$$r = s\cos\alpha, \quad \varphi = \alpha, \quad r_\varphi = \infty, \quad r_\vartheta = s\cot\alpha, \quad r_\varphi d\varphi = ds.$$

Damit erhalten die Gleichungen (5.3.1) bis (5.3.3), (5.3.5) sowie (5.3.8) und (5.3.9) die Form

$$(a) \qquad n_\varphi = -q\cot\alpha,$$

$$(b) \qquad n_\vartheta \sin\alpha + \frac{d}{ds}(qs) \cdot \cos\alpha = 0,$$

(c) $\quad -\dfrac{d}{ds}(m_\varphi \cdot s) + m_\vartheta + qs = 0\,,$

(d) $\quad \psi = \dfrac{\cot\alpha}{Eh}\left[(1+\mu)(n_\vartheta - n_\varphi) + s\dfrac{d}{ds}(n_\vartheta - \mu n_\varphi)\right],$

(e) $\quad m_\varphi = K\left(\dfrac{d\psi}{ds} + \mu\dfrac{\psi}{s}\right),$

(f) $\quad m_\vartheta = K\left(\dfrac{\psi}{s} + \mu\dfrac{d\psi}{ds}\right).$

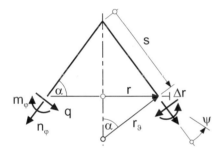

**Bild 5.3-16:**    Kegelschale

Mit (e) und (f) folgt aus (c)

$$K\left[-\left(\psi'' + \mu\frac{\psi'}{s} - \mu\frac{\psi}{s^2}\right)\cdot s - \left(\psi' + \mu\frac{\psi}{s}\right) + \left(\frac{\psi}{s} + \mu\psi'\right)\right] + (qs) = 0$$

oder

$$\psi'' + \frac{\psi'}{s} - \frac{\psi}{s^2} - \frac{q}{K} = 0\,, \qquad (5.3.102)$$

wenn die Ableitung nach s durch einen Kopfstrich gekennzeichnet wird. (5.3.102) stellt die erste von zwei gekoppelten Differentialgleichungen für $\psi$ und (q·s) dar. Um die zweite zu erhalten, wird zunächst $n_\vartheta$ aus (b) isoliert. Es ergibt sich

$$n_\vartheta = -(qs)' \cdot \cot\alpha\,. \qquad (5.3.103)$$

Nun werden in (d) die Normalkräfte durch die Ausdrücke (a) und (5.3.103) ersetzt. Man erhält

$$\text{Eh} \tan^2 \alpha \cdot \psi = \left[ (1 + \mu)(-(qs)' + q) + s(-(qs)'' + \mu q') \right].$$

Die zweite Differentialgleichung lautet dann

$$\text{Eh} \tan^2 \alpha \cdot \psi + s(qs)'' + (qs)' + \frac{(qs)}{s} = 0 . \tag{5.3.104}$$

Wie bei den vollständigen Differentialgleichungen (5.3.53) und (5.3.55) der Kugelschale können auch hier die von GECKELER eingeführten Vereinfachungen verwendet werden. Weil die Randstörungen schnell abklingen, gilt

$$\psi'' \gg \psi' \gg \psi \qquad \text{und} \qquad (qs)'' \gg (qs)' \gg (qs).$$

Deshalb werden in (5.3.102) und (5.3.104) die Funktionen $\psi$ und (qs) sowie deren erste Ableitungen gegenüber den zweiten Ableitungen vernachlässigt. Mit derselben Begründung kann dann auch

$$(qs)'' = (q's + q)' = q''s + q' + q' \approx q''s$$

gesetzt werden, so daß sich die vereinfachten, gekoppelten Differentialgleichungen

$$\psi'' - \frac{q}{K} = 0 , \tag{5.3.105}$$

$$s^2 q'' + \text{Eh} \tan^2 \alpha \cdot \psi = 0 \tag{5.3.106}$$

ergeben. Zur Entkoppelung werden q und $\psi$ isoliert, zweimal differenziert und eingesetzt. Dabei wird s für den Störbereich näherungsweise als konstant angesehen. Es ergeben sich die Differentialgleichungen

$$\psi'''' + \frac{\text{Eh} \tan^2 \alpha}{K \cdot s^2} \psi = 0 ,$$

$$q'''' + \frac{\text{Eh} \tan^2 \alpha}{K \cdot s^2} q = 0 .$$

Mit der Abkürzung

$$\lambda = \sqrt{\frac{\tan \alpha}{hs} \sqrt{3(1 - \mu^2)}} \tag{5.3.107}$$

erhält man daraus

$$\psi'''' + 4\lambda^4 \psi = 0 , \tag{5.3.108}$$

$$q'''' + 4\lambda^4 q = 0 . \tag{5.3.109}$$

Der Parameter $\lambda$ ist nicht konstant, da (5.3.107) die Variable s enthält. In (5.3.108) und (5.3.109) ist deshalb $\lambda_o$ oder $\lambda_u$ statt $\lambda$ zu verwenden, je nachdem ob die Randlasten oben oder unten angreifen.

In drei der vier von GECKELER vernachlässigten Terme von (5.3.102) und (5.3.104) tritt die Koordinate s im Nenner auf. Deshalb sind diese Terme bei kleinen Werten von s nicht mehr vernachlässigbar. Der Gültigkeitsbereich der vereinfachten Differentialgleichungen (5.3.108) und (5.3.109) ist also beschränkt, wenn R und M am oberen Rand angreifen. Es sollte $\lambda_o s_o \geq 4$ eingehalten werden.

Nach Lösung der Differentialgleichungen können die Normalkräfte und Biegemomente in Abhängigkeit von q und $\psi$ ermittelt werden. Deren Gleichungen ergeben sich aus (a), (e), (f) und (5.3.103) zu

$$n_\varphi = -q \cot \alpha \,, \tag{5.3.110}$$

$$n_\vartheta = -(qs)' \cot \alpha \approx -q's \cot \alpha \,, \tag{5.3.111}$$

$$m_\varphi = K\left(\psi' + \mu \frac{\psi}{s}\right) \approx K\psi' \,, \tag{5.3.112}$$

$$m_\vartheta = K\left(\frac{\psi}{s} + \mu\psi'\right) = K\frac{\psi}{s} + \mu m_\varphi \,. \tag{5.3.113}$$

### 5.3.5.2
### Lösung für Radialkraft R und Moment M am unteren Rand

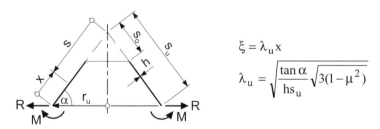

$$\xi = \lambda_u x$$

$$\lambda_u = \sqrt{\frac{\tan \alpha}{h s_u}} \sqrt{3(1 - \mu^2)}$$

**Bild 5.3-17:**    Kegelschale mit Randlasten R und M am unteren Rand

Lastfall R:

$$n_\varphi = R \cos \alpha \, e^{-\xi}(\cos \xi - \sin \xi) = R \cos \alpha \cdot \eta''(\xi) \,, \tag{5.3.114}$$

$$n_{\vartheta} = 2R\lambda_u s \cos\alpha\, e^{-\xi}\cos\xi = 2R\lambda_u s \cos\alpha \cdot \eta'''(\xi)\,, \tag{5.3.115}$$

$$m_{\varphi} = \frac{R\sin\alpha}{\lambda_u} e^{-\xi}\sin\xi = \frac{R\sin\alpha}{\lambda_u}\cdot\eta'(\xi)\,, \tag{5.3.116}$$

$$m_{\vartheta} = \frac{R\sin\alpha}{2\lambda_u^2 s} e^{-\xi}(\cos\xi+\sin\xi) + \mu m_{\varphi} = \frac{R\sin\alpha}{2\lambda_u^2 s}\cdot\eta(\xi) + \mu m_{\varphi}\,, \tag{5.3.117}$$

$$q = -R\sin\alpha\, e^{-\xi}(\cos\xi-\sin\xi) = -R\sin\alpha\cdot\eta''(\xi)\,, \tag{5.3.118}$$

$$\Delta r_u = \frac{Rs_u}{Eh}\cos^2\alpha\cdot(2\lambda_u s_u - \mu) \approx \frac{R\sin^2\alpha}{2\lambda_u^3 K}\,, \tag{5.3.119}$$

$$\psi_u = \frac{R\sin\alpha}{2\lambda_u^2 K}\,. \tag{5.3.120}$$

Lastfall M:

$$n_{\varphi} = -2M\lambda_u \cot\alpha\, e^{-\xi}\sin\xi = -2M\lambda_u \cot\alpha\cdot\eta'(\xi)\,, \tag{5.3.121}$$

$$n_{\vartheta} = 2M\lambda_u^2 s \cot\alpha\, e^{-\xi}(\cos\xi-\sin\xi) = 2M\lambda_u^2 s \cot\alpha\cdot\eta''(\xi)\,, \tag{5.3.122}$$

$$m_{\varphi} = Me^{-\xi}(\cos\xi+\sin\xi) = M\cdot\eta(\xi)\,, \tag{5.3.123}$$

$$m_{\vartheta} = \frac{M}{\lambda_u s} e^{-\xi}\cos\xi + \mu m_{\varphi} = \frac{M}{\lambda_u s}\cdot\eta'''(\xi) + \mu m_{\varphi}\,, \tag{5.3.124}$$

$$q = 2M\lambda_u e^{-\xi}\sin\xi = 2M\lambda_u\cdot\eta'(\xi)\,, \tag{5.3.125}$$

$$\Delta r_u = \frac{M\sin\alpha}{2\lambda_u^2 K}\,, \tag{5.3.126}$$

$$\psi_u = \frac{M}{\lambda_u K}\,. \tag{5.3.127}$$

Die Gleichungen (5.3.114) bis (5.3.127) sind in Tafel 26 zusammengestellt. Sie gelten nur für lange Schalen, d.h. für

$$\lambda_u(s_u\text{-}s_o) \geq 4\,,$$

da dies eine Voraussetzung für die Anwendbarkeit der Ansätze (5.3.65) und (5.3.66) für $\psi$ und q ist.

### 5.3.5.3
### Lösung für Radialkraft R und Moment M am oberen Rand

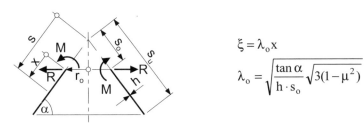

$$\xi = \lambda_o x$$

$$\lambda_o = \sqrt{\frac{\tan\alpha}{h \cdot s_o}} \sqrt{3(1-\mu^2)}$$

**Bild 5.3-18:**    Kegelschale mit Randlasten R und M am oberen Rand

Lastfall R:

$$n_\varphi = -R\cos\alpha\, e^{-\xi}(\cos\xi - \sin\xi) = -R\cos\alpha \cdot \eta''(\xi),\qquad(5.3.128)$$

$$n_\vartheta = 2R\lambda_o s\cos\alpha\, e^{-\xi}\cos\xi = 2R\lambda_o s\cos\alpha \cdot \eta'''(\xi),\qquad(5.3.129)$$

$$m_\varphi = \frac{R\sin\alpha}{\lambda_o} e^{-\xi}\sin\xi = \frac{R\sin\alpha}{\lambda_o} \cdot \eta'(\xi),\qquad(5.3.130)$$

$$m_\vartheta = -\frac{R\sin\alpha}{2\lambda_o^2 s} e^{-\xi}(\cos\xi + \sin\xi) + \mu m_\varphi = -\frac{R\sin\alpha}{2\lambda_o^2 s} \cdot \eta(\xi) + \mu m_\varphi,\quad(5.3.131)$$

$$q = R\sin\alpha\, e^{-\xi}(\cos\xi - \sin\xi) = R\sin\alpha \cdot \eta''(\xi),\qquad(5.3.132)$$

$$\Delta r_o = \frac{Rs_o}{Eh}\cos^2\alpha \cdot (2\lambda_o s_o + \mu) \approx \frac{R\sin^2\alpha}{2\lambda_o^3 K},\qquad(5.3.133)$$

$$\psi_o = -\frac{R\sin\alpha}{2\lambda_o^2 K}.\qquad(5.3.134)$$

Lastfall M:

$$n_\varphi = 2M\lambda_o \cot\alpha\, e^{-\xi} \sin\xi = 2M\lambda_o \cot\alpha \cdot \eta'(\xi), \qquad\qquad (5.3.135)$$

$$n_\vartheta = 2M\lambda_o^2 s \cot\alpha\, e^{-\xi}(\cos\xi - \sin\xi) = 2M\lambda_o^2 s \cos\alpha \cdot \eta''(\xi), \qquad (5.3.136)$$

$$m_\varphi = -Me^{-\xi}(\cos\xi + \sin\xi) = -M \cdot \eta(\xi), \qquad\qquad (5.3.137)$$

$$m_\vartheta = -\frac{M}{\lambda_o s}e^{-\xi}\cos\xi + \mu m_\varphi = -\frac{M}{\lambda_o s}\cdot\eta'''(\xi) + \mu m_\varphi, \qquad (5.3.138)$$

$$q = -2M\lambda_o e^{-\xi}\sin\xi = -2M\lambda_o \cdot \eta'(\xi), \qquad\qquad (5.3.139)$$

$$\Delta r_o = \frac{M\sin\alpha}{2\lambda_o^2 K}, \qquad\qquad (5.3.140)$$

$$\psi_o = -\frac{M}{\lambda_o K}. \qquad\qquad (5.3.141)$$

Die Gleichungen (5.3.128) bis (5.3.141) sind in Tafel 26 zusammengestellt. Sie gelten nur für lange Schalen und nicht in der Nähe des Nullpunkts von s, d.h. für

$$\lambda_o(s_u\text{-}s_o) \geq 4 \qquad \text{und} \qquad \lambda_o s_o \geq 4.$$

## 5.3.6
## Randstörungen bei Rotationsschalen mit beliebiger Erzeugenden

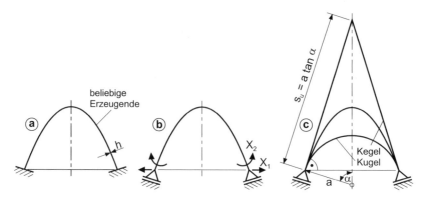

**Bild 5.3-19:** Rotationsschale mit beliebiger Erzeugenden

Bild 5.3-19 zeigt eine eingespannte Rotationsschale mit beliebiger Erzeugenden, z.B. ein Ellipsoid oder ein Paraboloid (a). Diese Schale ist zweifach statisch unbestimmt gelagert (b). Sie kann in der Nähe des Lagers von außen durch eine Kegelschale und von innen durch eine Kugelschale tangential approximiert werden (c).

Die Parameter der Kugel- und Kegelschale lauten

$$\kappa = \sqrt{\frac{a}{h}\sqrt{3(1-\mu^2)}}$$

bzw.

$$\lambda_u = \sqrt{\frac{\tan\alpha}{h \cdot s_u}\sqrt{3(1-\mu^2)}} = \sqrt{\frac{1}{ah}\sqrt{3(1-\mu^2)}} = \frac{\kappa}{a}$$

Damit erhält man für die Kugelschale nach Tafel 25 die Formänderungsgrößen

$$E\delta_{11} = \frac{2a\kappa\sin^2\alpha}{h},$$

$$E\delta_{12} = \frac{2\kappa^2\sin\alpha}{h},$$

$$E\delta_{22} = \frac{E}{K}\frac{a}{\kappa}.$$

Die Formänderungsgrößen der Kegelschale lauten nach Tafel 26

$$E\delta_{11} = \frac{E}{K}\frac{\sin^2\alpha}{2}\frac{\lambda_u}{\lambda_u^4} = \frac{2a\kappa\sin^2\alpha}{h},$$

$$E\delta_{12} = \frac{E}{K}\frac{\sin\alpha}{2}\frac{\lambda_u^2}{\lambda_u^4} = \frac{2\kappa^2\sin\alpha}{h},$$

$$E\delta_{22} = \frac{E}{K}\frac{1}{\lambda_u} = \frac{E}{K}\frac{a}{\kappa}.$$

Da die Formänderungsgrößen der Kugel (Näherung von innen) und des Kegels (Näherung von außen) gleich sind, können die lastunabhängigen $\delta_{ik}$-Werte jeder Rotationsschale an einer tangential eingepaßten Ersatzschale mit Kugel- oder Kegelform ermittelt werden. Das gilt näherungsweise auch für den Verlauf der Randstörungen, d.h. der Schnittgrößen infolge einer Radialkraft R und eines Randmoments M.

## 5.3.7
## Der Lastfall Temperatur bei Rotationsschalen

### 5.3.7.1
### *Temperaturbelastung der Schale*

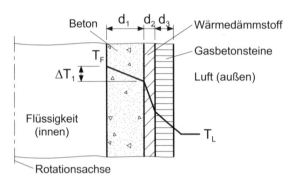

**Bild 5.3-20:**    Temperaturverlauf in einer mehrschaligen Behälterwand

Bild 5.3-20 zeigt den Temperaturverlauf in der aus mehreren Schichten bestehenden Wand eines Flüssigkeitsbehälters. Der Temperaturzustand sei stationär, d.h. zeitlich konstant. Innerhalb der einzelnen Schichten verläuft die Temperatur linear.

Der Wärmedurchgangswiderstand 1/k setzt sich gemäß

$$\frac{1}{k} = \frac{1}{\alpha_i} + \frac{d_1}{\lambda_1} + \frac{d_2}{\lambda_2} + \frac{d_3}{\lambda_3} + \frac{1}{\alpha_a} \qquad (5.3.142)$$

(siehe z.B. DIN 4108 Teil 2 [4.5]) aus den beiden Wärmeübergangswiderständen $1/\alpha_i$ und $1/\alpha_a$ sowie den Wärmedurchlaßwiderständen $d_i/\lambda_i$ zusammen. Darin bezeichnet $\lambda_i$ die Wärmeleitfähigkeit der einzelnen Materialien. Bei Flüssigkeitskontakt wird $1/\alpha = 0$.

Die Differenz zwischen Innen- und Außentemperatur verteilt sich entsprechend den Wärmedurchlaßwiderständen $d_i/\lambda_i$ auf die einzelnen Schichten. Für die statische Berechnung interessiert nur der Anteil, der auf den Konstruktionsbeton entfällt, d.h. im oben dargestellten Beispiel

$$\Delta T_1 = \frac{d_1/\lambda_1}{1/k}(T_F - T_L) . \qquad (5.3.143)$$

Bild 5.3-21 gibt den Temperaturverlauf innerhalb der tragenden Behälterwand wieder. Die Aufstelltemperatur, bei der das Tragwerk spannungslos ist, wird mit $T_0$ bezeichnet.

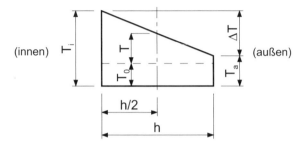

(innen)    (außen)

**Bild 5.3-21:** Aufteilung der Temperaturbelastung in T und $\Delta T$

Gegenüber $T_0$ erfährt die Schale in ihrer Mittelfläche die gleichmäßige Temperaturänderung

$$T = \frac{1}{2}(T_i + T_a) - T_0 . \tag{5.3.144}$$

Zusätzlich tritt die ungleichmäßige Temperaturänderung

$$\Delta T = T_i - T_a \tag{5.3.145}$$

auf. Die beiden Anteile T und $\Delta T$ sind als getrennte Lastfälle zu behandeln.

### 5.3.7.2
### *Beispiel für die Ermittlung der maßgebenden Temperaturbelastungen*

Für ein Klärbecken mit dem Wandaufbau nach Bild 5.3-20 sollen die maßgebenden Werte T und $\Delta T$ ermittelt werden.

Die Schichtdicken lauten

$$d_1 = 0,30 \text{ m} , \quad d_2 = 0,05 \text{ m} , \quad d_3 = 0,115 \text{ m} .$$

Die entsprechenden Wärmeleitfähigkeiten betragen z.B. nach DIN 4108 Teil 4 [4.5]

$$\lambda_1 = 2,1 \frac{\text{W}}{\text{mK}} , \quad \lambda_2 = 0,040 \frac{\text{W}}{\text{mK}} , \quad \lambda_3 = 0,14 \frac{\text{W}}{\text{mK}} ,$$

die Wärmeübergangswiderstände

$$\frac{1}{\lambda_i} = 0 \text{ (Flüssigkeit)} \quad \text{und} \quad \frac{1}{\lambda_a} = 0,04 \, \frac{m^2 K}{W} \text{ (Außenluft).}$$

Die Aufstelltemperatur wird zu 15 °C angenommen. Im Endzustand liegt die Temperatur der Füllung zwischen 10 und 30 °C, die der Außenluft zwischen –20 und +30 °C. Damit erhält man für den Endzustand

$$\frac{1}{k} = 0 + \frac{0,30}{2,1} + \frac{0,05}{0,040} + \frac{0,115}{0,14} + 0,04 = 0,143 + 1,250 + 0,821 + 0,04 = 2,254 \,,$$

$$\max \Delta T = \frac{0,143}{2,254}(30 + 20) = +3,2 \text{ K} \,,$$

(im Winter)

$$\text{zug T} = (30 - \frac{3,2}{2}) - 15 = +13,4 \text{ K} \,,$$

$$\min \Delta T = \frac{0,143}{2,254}(10 - 30) = -1,3 \text{ K} \,,$$

(im Sommer)

$$\text{zug T} = (10 + \frac{1,3}{2}) - 15 = -4,35 \text{ K} \,.$$

Während der Probefüllung im Bauzustand, d.h. vor Ausführung der Dämmung und der Mauerwerksverkleidung, betragen die Temperaturen von Füllung und Außenluft 8 bzw. 25 °C. Die entsprechende Berechnung lautet

$$\frac{1}{k} = 0 + \frac{0,30}{2,1} + 0,04 = 0,143 + 0,04 = 0,183 \,,$$

$$\Delta T = \frac{0,143}{0,183}(8 - 25) = -13,3 \text{ K} \,,$$

(während der Probefüllung)

$$\text{zug T} = (8 + \frac{13,3}{2}) - 15 = -0,35 \text{ K} \,.$$

Für alle drei berechneten Temperaturkombinationen sind die Schnittgrößen des Behälters zu ermitteln und mit den anderen, gleichzeitig möglichen Lastfällen in ungünstigster Weise zu überlagern.

### 5.3.7.3
### *Der Lastfall gleichmäßige Temperaturänderung T*

In membrangelagerten Schalen treten infolge T zwar affine Verzerrungen, aber keine Schnittgrößen auf, da sich die Schale an ihrem Lager frei bewegen kann. Mit der Temperaturdehnung

$$\varepsilon_T = \alpha_T T \qquad (5.3.146)$$

ergeben sich die Formänderungen

$$\Delta r = r \, \alpha_T T \qquad (5.3.147)$$

und

$$\psi = 0 \,. \qquad (5.3.148)$$

Die Randverformungen der in Bild 5.3-22 dargestellten Schale lauten beispielsweise

$$\Delta r_u = \alpha_T T \, r_u, \qquad \Delta r_o = \alpha_T T \, r_o, \qquad \psi_u = \psi_o = 0.$$

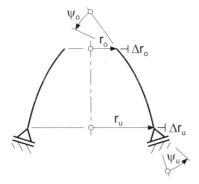

**Bild 5.3-22:**    Membrangelagerte Schale mit Randverformungen infolge T

Bei Behinderungen am Rand sind die entsprechenden Störungen als statisch Unbestimmte $X_i$ zu berechnen. Die vorstehenden Randverformungen stellen dabei die Formänderungswerte $\delta_{io}$ dar.

Als Beispiel sollen die Schnittgrößen und Randverformungen des in Bild 5.3-23 dargestellten, langen Zylinders im Lastfall T berechnet werden.
Die lastabhängigen Formänderungswerte lauten

$$\delta_{10} = \alpha_T Ta \,, \qquad \delta_{20} = 0 \,.$$

Die lastunabhängigen $\delta_{ik}$ werden Tafel 21 entnommen:

$$\delta_{11} = \frac{1}{2K\lambda^3} \,, \qquad \delta_{12} = \delta_{21} = \frac{1}{2K\lambda^2} \,, \qquad \delta_{22} = \frac{1}{K\lambda} \,.$$

Die Lösung der beiden Elastizitätsgleichungen ergibt sich zu

$$X_1 = 4K\lambda^3\alpha_T Ta , \quad X_2 = -2K\lambda^2\alpha_T Ta .$$

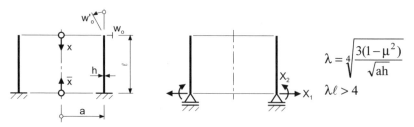

**Bild 5.3-23:**    Beispiel für die Behandlung des Lastfalls Temperatur

Damit erhält man die Schnittgrößen

$$n_x = 0 ,$$

$$n_\vartheta = 2X_1 a\lambda\eta'''(\bar\xi) + 2X_2 a\lambda^2\eta''(\bar\xi) = Eh\alpha_T \cdot \eta(\bar\xi) ,$$

$$m_x = \frac{X_1}{\lambda}\eta'(\bar\xi) + X_2 \cdot \eta(\bar\xi) = -\frac{Eh\alpha_T T}{2a\lambda^2} \cdot \eta''(\bar\xi) ,$$

$$m_\vartheta = \mu m_x ,$$

$$q = -X_1 \cdot \eta''(\bar\xi) + 2X_2\lambda \cdot \eta'(\bar\xi) = -\frac{Eh\alpha_T T}{a\lambda} \cdot \eta(\bar\xi) ,$$

die bei $\bar\xi = \lambda\bar x > 4$ gegen Null konvergieren. Die Verformungen am oberen Rand lauten

$$w_o = \alpha_T Ta \quad \text{und} \quad w_o' = 0 .$$

### 5.3.7.4
### Der Lastfall ungleichmäßige Temperatur ΔT

Analog zur Platte in Abschnitt 3.2.10.2 wird als Grundsystem die am Rand bzw. an beiden Rändern fest eingespannte Schale gewählt (siehe Bild 5.3-24).

In diesem Zustand sind infolge $\Delta T$ keine Verformungen möglich. Entsprechend (3.2.36) entstehen nur die konstanten Biegemomente

$$m_{\varphi o} = m_{\vartheta o} = -K(1+\mu)\frac{\alpha_T \Delta T}{h} , \qquad (5.3.149)$$

die eine Verkrümmung der Schale verhindern. Querkräfte treten nicht auf. Deshalb gilt

$$q_o = \Delta r_o = \psi_o = 0 \ . \tag{5.3.150}$$

In den beiden vorstehenden Gleichungen kennzeichnet der Index o den Grundzustand mit Festeinspannung.

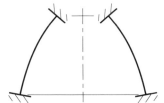

**Bild 5.3-24:** Grundsystem der Schale für den Lastfall $\Delta T$

An einem freien oder gelenkig gelagerten Schalenrand kann das Moment $m_{\varphi o}$ nicht aufgenommen werden. Dann wird dem Grundzustand ein Lastfall überlagert, der aus dem Randmoment $M = - m_{\varphi o}$ besteht.

Als Beispiel sollen die Schnittgrößen und Randverformungen des in Bild 5.3-23 dargestellten, langen Zylinders im Lastfall $\Delta T$ berechnet werden.

Beim Zylinder heißt das Meridianmoment $m_x$ statt $m_{\varphi}$. Am freien Rand wird das nach außen drehende Moment

$$M = +K(1+\mu)\frac{\alpha_T \cdot \Delta T}{h}$$

angesetzt, dessen Einfluß dem Grundzustand zu überlagern ist. Mit Hilfe der Tafel 21 läßt sich unmittelbar angeben:

$$n_x = 0 \ ,$$
$$n_\vartheta = 2Ma\lambda^2 \cdot \eta''(\xi) \ ,$$
$$m_x = m_{xo} + M \cdot \eta(\xi) = M[-1 + \eta(\xi)] \ ,$$
$$m_\vartheta = m_{\vartheta o} + \mu \cdot M \cdot \eta(\xi) = M[-1 + \mu\eta(\xi)] \ ,$$
$$q = -2M\lambda \cdot \eta'(\xi) \ ,$$
$$w_o = \frac{M}{2K\lambda^2} \ ,$$
$$w'_o = -\frac{M}{K\lambda} \ .$$

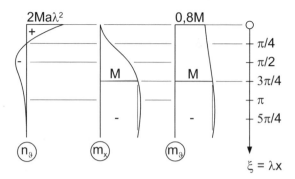

**Bild 5.3-25:**    Schnittgrößenverlauf infolge ΔT in der Nähe eines freien Zylinderrandes

Den Verlauf der Ringkraft und der Biegemomente für $\mu = 0,2$ gibt Bild 5.3-25 wieder. Im Bereich $\xi = \lambda x > 4$ konvergieren die Momente gegen -M, während die Ringkraft gegen Null strebt. Im Gegensatz zu $m_x$ verschwindet $m_\vartheta$ nicht am freien Rand. Außerdem treten dort große Ringkräfte auf, die bei der Bemessung der Umfangsbewehrung infolge Biegung mit Längskraft zu berücksichtigen sind.

## 5.3.8
## Der Lastfall Vorspannung bei Rotationsschalen

### 5.3.8.1
### Spannverfahren für Schalen

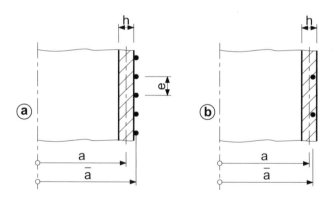

**Bild 5.3-26:**    Vorspannung durch Umwickeln (a) und mit Einzelspanngliedern (b)

In der Praxis werden bei Rotationsschalen zwei verschiedene Spannverfahren verwendet, das Wickelverfahren und die Vorspannung mit Einzelspanngliedern in Hüllrohren.

Beim Wickelverfahren entstehen keine Reibungsverluste im Spanndraht, so daß der Spannungszustand der umwickelten Schale rotationssymmetrisch ist. Die Drahtabstände e können variiert werden. Wenn die Spannkraft des Einzeldrahts mit V bezeichnet wird, ergibt sich die äquivalente, auf die Schalenmitte bezogene radiale Flächenlast Z entsprechend (4.4.3) zu

$$Z(x) = -\frac{V}{a \cdot e(x)}, \qquad (5.3.151)$$

unabhängig vom Krümmungsradius $\bar{a}$ der Wicklung. Das Minuszeichen zeigt an, daß Z nach innen gerichtet ist.

Werden Einzelspannglieder verwendet, so sind diese in sogenannten Lisenen zu verankern, innerhalb derer sie sich überschneiden. Um die Reibungsverluste in wirtschaftlichen Grenzen zu halten, werden auf dem Behälterumfang in der Regel drei bis sechs Lisenen angeordnet.

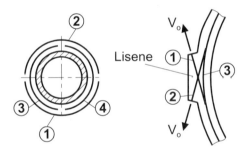

**Bild 5.3-27:**  Beispiel für eine Behältervorspannung mit Einzelspanngliedern

Bild 5.3-27 zeigt eine Lösung mit vier Lisenen, bei der die Spannglieder jeweils den halben Behälter umfassen. Für die Spannkraft gilt

$$V = V_o \cdot e^{-\mu\varphi}. \qquad (5.3.152)$$

Darin bezeichnet $V_o$ die Spannkraft an der Presse, $\mu$ den Reibungsbeiwert und $\varphi$ den Umlenkwinkel. Wenn an beiden Enden des Spannglieds vorgespannt wird, beträgt der maximale Umlenkwinkel im betrachteten Beispiel $\pi/2$, so daß bei einem wirklichkeitsnahen Wert $\mu = 0{,}20$

$$\min V = V_o \cdot e^{-0{,}1\pi} = 0{,}730 V_o$$

wird. Die mittlere Vorspannung beträgt dann an der Lisene

$$V_m(0) = \frac{1}{2}(1 + 0,730)V_o = 0,865V_o$$

und in der Mitte zwischen den Lisenen

$$V_m\left(\frac{\pi}{4}\right) = V_o \cdot e^{-0,05\pi} = 0,855V_o \; .$$

Man erkennt, daß der Spannungszustand nahezu rotationssymmetrisch ist.

Unabhängig davon, ob die Spannglieder in der Wandung mittig liegen oder nicht, entspricht ein Spannglied nach (4.4.3) der nach innen gerichteten und auf die Mittelfläche bezogenen radialen Linienlast

$$P = \frac{V}{a} \; . \tag{5.3.153}$$

Im folgenden wird der Lastfall Vorspannung nur am zylindrischen Behälter behandelt.

### 5.3.8.2
### *Zylindervorspannung durch Wickeln (Bauzustand)*

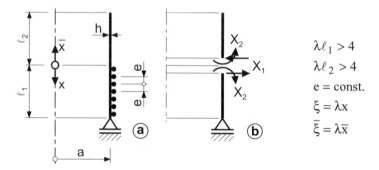

**Bild 5.3-28:**    Teilweise umwickelter Zylinder (a) und gewähltes Grundsystem (b)

Im Bauzustand ist nur der untere Teil des in Bild 5.3-28 dargestellten Zylinders umwickelt. Es sollen die Schnittgrößen im Bereich der Unstetigkeitsstelle ermittelt werden, wobei angenommen wird, daß beide Teile des Zylinders lang sind.

Die Formänderungswerte lauten nach Tafel 15 und 21

$$\delta_{11} = 2 \cdot \frac{1}{2K\lambda^3} = \frac{1}{K\lambda^3} \ ,$$

$$\delta_{12} = \delta_{21} = -\frac{1}{2K\lambda^2} + \frac{1}{2K\lambda^2} = 0 \ ,$$

$$\delta_{22} = 2 \cdot \frac{1}{K\lambda} = \frac{2}{K\lambda} \ ,$$

$$\delta_{10} = +\frac{Z \cdot a^2}{Eh} = -\frac{Va}{Eeh} \ ,$$

$$\delta_{20} = 0 \ .$$

Damit ergibt sich

$$X_1 = -\frac{\delta_{10}}{\delta_{11}} = +\frac{Va}{Eeh} \cdot K\lambda^3 = \frac{V}{4ea\lambda} \ .$$

Der Verlauf von $n_\vartheta$, $m_x$ und $q$ in der Umgebung der Unstetigkeitsstelle ist in Bild 5.3-29 dargestellt.

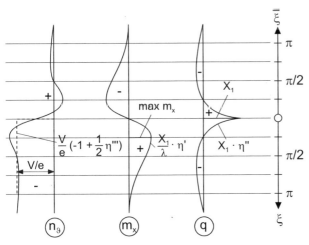

**Bild 5.3-29:**    Schnittgrößenverlauf infolge konstanter Wickelvorspannung in der Nähe des Wickelendes

Für die Längskräfte gilt $n_x = 0$, für die Ringmomente $m_\vartheta = \mu \cdot m_x$. Die Gleichungen der übrigen drei Schnittgrößen lauten nach Tafel 15 und 21

|  | oben | unten |
|---|---|---|
| $n_\vartheta$ | $-2X_1 a\lambda \cdot \eta'''(\bar{\xi}) = -\dfrac{V}{2e} \cdot \eta'''(\bar{\xi})$ | $-\dfrac{V}{e} + 2X_1 a\lambda \cdot \eta'''(\xi) = \dfrac{V}{e}\left[-1 + \dfrac{1}{2}\eta'''(\xi)\right]$ |
| $m_x$ | $-\dfrac{X_1}{\lambda} \cdot \eta'(\bar{\xi}) = -\dfrac{V}{4ea\lambda^2} \cdot \eta'(\bar{\xi})$ | $+\dfrac{X_1}{\lambda} \cdot \eta'(\xi) = \dfrac{V}{4ea\lambda^2} \cdot \eta'(\xi)$ |
| $q$ | $+X_1 \cdot \eta''(\bar{\xi}) = \dfrac{V}{4ea\lambda} \cdot \eta''(\bar{\xi})$ | $+X_1 \cdot \eta''(\xi) = \dfrac{V}{4ea\lambda} \cdot \eta''(\xi)$ |

### 5.3.8.3
### *Zylindervorspannung mit Einzelspanngliedern*

Es sollen die Schnittgrößen infolge der Wirkung eines einzelnen Spannglieds ermittelt werden. Die beiden Teile des Zylinders oberhalb und unterhalb des Lastangriffspunktes seien lang. Bild 5.3-30 zeigt den Zylinder und das gewählte Grundsystem.

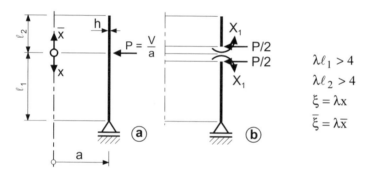

**Bild 5.3-30:**    Zylinder mit einem Einzelspannglied (a) und gewähltes Grundsystem (b)

Wenn P je zur Hälfte am oberen und unteren Zylinderteil angesetzt wird, tritt nur das Biegemoment als statisch Unbestimmte auf. Die Formänderungswerte lauten

$$\delta_{11} = \frac{2}{K\lambda} \quad \text{und} \quad \delta_{10} = -\frac{P}{2} \cdot 2 \cdot \frac{1}{2K\lambda^2} = -\frac{P}{2K\lambda^2}.$$

Daraus ergibt sich

$$X_1 = -\frac{\delta_{10}}{\delta_{11}} = \frac{P}{4\lambda}.$$

Die Schnittgrößen erhält man durch Überlagerung der Wirkungen der Randlasten R = -P/2 und M = $X_1$ mit Hilfe von Tafel 20 und 21. Für den unteren Teil gilt neben $n_x = 0$ und $m_\vartheta = \mu m_x$

$$n_\vartheta = -2\frac{P}{2}a\lambda\eta''' + 2\frac{P}{4\lambda}a\lambda^2\eta'' = \frac{Pa\lambda}{2}(-2\eta''' + \eta'') = -\frac{Pa\lambda}{2}\cdot\eta, \quad (5.3.154)$$

$$m_x = -\frac{P}{2\lambda}\eta' + \frac{P}{4\lambda}\eta = \frac{P}{4\lambda}(-2\eta' + \eta) = \frac{P}{4\lambda}\eta'', \quad (5.3.155)$$

$$q = -\frac{P}{2}\eta'' - 2\frac{P}{4\lambda}\lambda\eta' = -\frac{P}{2}(\eta'' + \eta') = -\frac{P}{2}\eta'''. \quad (5.3.156)$$

Die Schnittgrößen des oberen Teils ergeben sich aus den vorstehenden Gleichungen, indem $\xi$ durch $\overline{\xi}$ ersetzt und das Vorzeichen von q umgekehrt wird.

### 5.3.8.4
### *Einflußlinien für Schnittgrößen infolge radialer Linienlasten*

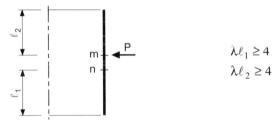

**Bild 5.3-31:** Gültigkeitsbereich der Einflußlinien für Schnittgrößen der Zylinderschale

Wenn der Lastangriffspunkt m und der Aufpunkt n so weit von den Enden des Zylinders entfernt liegen, daß die in Bild 5.3-31 angegebenen Bedingungen erfüllt sind, dann gilt für die Schnittgrößen $S_{nm} = S_{mn}$. Das bedeutet, daß Laststelle und Aufpunkt vertauscht werden dürfen. Dabei muß nur das Vorzeichen der Querkraft umgekehrt werden. Demnach lassen sich die Zustandslinien (5.3.154) bis (5.3.156) als Einflußlinien mit dem Lastangriffspunkt als Aufpunkt deuten, wenn P = 1 gesetzt wird. Man erhält

$$"n_\vartheta" = -\frac{a\lambda}{2}\cdot\eta, \quad (5.3.157)$$

$$"m_x" = \frac{1}{4\lambda}\eta'', \quad (5.3.158)$$

$$"q" = \pm\frac{1}{2}\cdot\eta'''. \quad (5.3.159)$$

Bei „q" gilt das Pluszeichen für Lasten unterhalb, das Minuszeichen oberhalb des Aufpunktes. Durch Auswertung der vorstehenden Gleichungen kann mit geringem Aufwand der Einfluß einzelner Spannglieder bestimmt werden. Die Auswertungsformeln lauten

$$n_\vartheta = -\frac{a\lambda}{2}\Sigma P_i \cdot \eta_i,\tag{5.3.160}$$

$$m_x = \frac{1}{4\lambda}\Sigma P_i \cdot \eta_i'',\tag{5.3.161}$$

$$q = \mp\frac{1}{2}\Sigma P_i \cdot \eta_i'''.\tag{5.3.162}$$

Sie sollen im folgenden Beispiel (siehe Bild 5.3-32) angewendet werden.

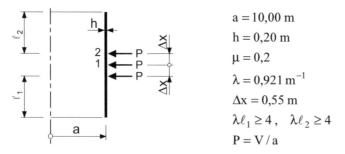

$$a = 10,00 \text{ m}$$
$$h = 0,20 \text{ m}$$
$$\mu = 0,2$$
$$\lambda = 0,921 \text{ m}^{-1}$$
$$\Delta x = 0,55 \text{ m}$$
$$\lambda\ell_1 \geq 4, \quad \lambda\ell_2 \geq 4$$
$$P = V/a$$

**Bild 5.3-32:**    Beispiel zur Berechnung von Schnittgrößen infolge mehrerer Spannglieder

Gesucht seien die Schnittgrößen $n_\vartheta$, $m_x$ und $q$ an den Stellen 1 und 2. Die drei gleichen Spannglieder liegen im Abstand $\Delta\xi = \lambda\Delta x = 0{,}921\cdot0{,}55 = 0{,}50$. Unter Verwendung der Tafel 20 erhält man

$$n_{\vartheta 1} = -\frac{a\lambda P}{2}(1 + 2\cdot0{,}8231),$$

$$n_{\vartheta 2} = -\frac{a\lambda P}{2}(1 + 0{,}8231 + 0{,}5083),$$

$$m_{x1} = \frac{P}{4\lambda}(1 + 2\cdot0{,}2415),$$

$$m_{x2} = \frac{P}{4\lambda}(1 + 0{,}2415 - 0{,}1108).$$

Die Querkräfte sind an den Lastangriffspunkten unstetig. Es werden die Werte unmittelbar oberhalb Punkt 1 und 2 berechnet:

$$q_{1,0} = \frac{P}{2}(1 + 0,5323 - 0,5323),$$

$$q_{2,0} = \frac{P}{2}(1 + 0,5323 + 0,1988).$$

## 5.4 Beispiele zusammengesetzter, rotationssymmetrischer Flächentragwerke

In diesem Abschnitt sollen einige Beispiele für aus mehreren Elementen bestehende Flächentragwerke behandelt werden. Die Berechnungen betreffen dabei im wesentlichen die durch das Zusammenwirken aufgeworfenen Probleme und werden nur sparsam kommentiert.

Die gewählten Beispiele sind in der folgenden Tabelle zusammengestellt.

| Nr. | System und Belastung | Nr. | System und Belastung | Nr. | System und Belastung |
|---|---|---|---|---|---|
| 1 | p | 5 | $p_i$ kurzer Zylinder | 9 | g Kugelschale, g |
| 2 | γ, p | 6 | T, ΔT | 10 | γ, Kugelschale |
| 3 | γ | 7 | P, Torusschale | 11 | P, γ |
| 4 | g kurzer Zylinder, g | 8 | $p_s$ Kugelschale | | |

Da es bei den Beispielen im wesentlichen auf die theoretischen Zusammenhänge, d.h. auf die Ansätze und Rechenabläufe, ankommt, wurde bewußt auf die Verwendung der diesem Buch beigefügten CD-ROM verzichtet.

## 5.4.1
## Kreisplatte auf zwei konzentrischen Zylindern

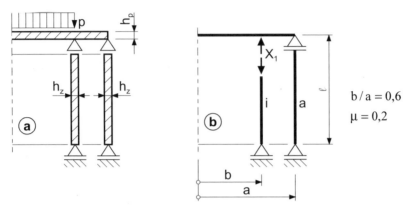

**Bild 5.4-1:**    Kreisplatte mit Teilflächenlast p auf zwei konzentrischen Zylindern (a) und gewähltes Grundsystem (b)

Normalkräfte im Grundsystem

- infolge $X_1 = 1$:    $n_{xi} = -1$,    $n_{xa} = +\dfrac{b}{a}$,

- infolge p:    $n_{xi} = 0$,    $n_{xa} = -\dfrac{1}{2}p\dfrac{b^2}{a}$.

Formänderungswerte und statisch Unbestimmte:

$$\delta_{11} = 0{,}06131 \cdot \frac{a^3}{K_P} + \frac{\ell}{Eh_z}\left(1 + \frac{b}{a}\right),$$

$$\delta_{10} = -0{,}02426\frac{pa^4}{K_P} - \frac{\ell}{Eh_z}\frac{pb^2}{2a},$$

$$X_1 = -\frac{\delta_{10}}{\delta_{11}}.$$

Endgültige Schnittgrößen

- in den Zylindern:    $n_i = -X_1$,    $n_a = -\dfrac{pb^2}{2a} + X_1\dfrac{b}{a}$,

• in der Platte:        $m = m_o + X_1 m_1$  (Verlauf nach Tafel 9).

## 5.4.2
## Zylindrischer Behälter mit doppelt gelagerter Kreisringplatte am oberen Rand

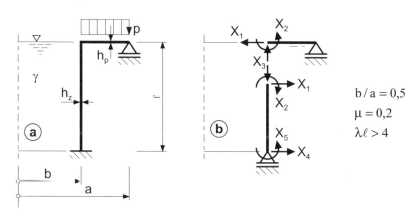

**Bild 5.4-2:**    Berechnungsbeispiel (a) und gewähltes Grundsystem (b)

Es soll nur das Einspannmoment $m_r$(b) der Kreisringplatte infolge Wasserfüllung und Verkehrslast berechnet werden.

Formänderungswerte:

$$\delta_{11} = \frac{1}{Eh_p} \frac{b^3}{a^2 - b^2} \left( 0{,}8 + 1{,}2 \frac{a^2}{b^2} \right) + \frac{1}{2K_z \lambda^3} \, ,$$

$$\delta_{12} = 0 + \frac{1}{2K_z \lambda^2} \, , \quad \delta_{13} = 0 + \frac{\mu a}{Eh_z} \, ,$$

$$\delta_{14} = \delta_{15} = \delta_{24} = \delta_{25} = \delta_{35} = 0 \, ,$$

$$\delta_{22} = 0{,}97222 \frac{a}{K_p} + \frac{1}{K_z \lambda} \, , \quad \delta_{23} = -0{,}39298 \frac{a^2}{K_p} + 0 \, ,$$

$$\delta_{33} = 0{,}18506 \frac{a^3}{K_p} + \frac{\ell}{Eh_z} \, , \quad \delta_{34} = \frac{\mu a}{Eh_z} \, ,$$

$$\delta_{44} = \frac{1}{2K_z \lambda^3} \, , \quad \delta_{45} = \frac{1}{2K_z \lambda^2} \, , \quad \delta_{55} = \frac{1}{K_z \lambda} \, ,$$

$$\delta_{10} = 0, \quad \delta_{20} = 0,12311 \cdot \frac{pa^3}{K_p} - \frac{a^2}{Eh_z}\gamma,$$

$$\delta_{30} = -0,06053 \cdot \frac{pa^4}{K_p} + \frac{\mu a\ell^2}{2Eh_z}\gamma, \quad \delta_{40} = \frac{a^2\ell}{Eh_z}\gamma, \quad \delta_{50} = \frac{a^2}{Eh_z}\gamma,$$

Nach Lösung des Gleichungssystems lautet das gesuchte Einspannmoment $m_r(b) = -X_2$.

### 5.4.3
### Zylindrischer Wasserbehälter mit Bodenplatte

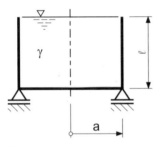

**Bild 5.4-3:**　　Stehender, wassergefüllter Zylinder mit Bodenplatte

Wird der in Bild 5.4-3 dargestellte Behälter nach der üblichen baupraktischen Vereinfachung am durch seine Mittelflächen gebildeten System berechnet, so wird die Belastung zu hoch eingeschätzt. Der Wasserdruck wirkt nämlich auf die kleineren, benetzten Flächen. In Bild 5.4-4 werden der genaue und der baupraktische Ansatz gegenübergestellt.

Der Wasserdruck an der Plattenoberkante beträgt

$$p_p = \gamma\left(\ell - h_p / 2\right).$$

Derselbe Druck wirkt auch radial auf die Innenfläche des Zylinders an dessen unterem Ende. Um die auf die Mittelfläche bezogene Belastung zu erhalten, muß $p_P$ entsprechend (4.4.1) mit dem Verhältnis $\bar{a}/a$ multipliziert werden, so daß sich

$$p_z = p_p \cdot \frac{\bar{a}}{a} = \gamma\left(\ell - h_p / 2\right) \cdot \frac{a - h_z / 2}{a}$$

ergibt. Demgegenüber wird gewöhnlich bei Platte und Zylinder mit dem Wert

$$p = \gamma\ell$$

gerechnet. Der Unterschied zu $p_P$ und $p_Z$ beträgt z.B. bei einem Behälter mit den Maßen a = 2,50 m, l = 5,00 m, $h_P$ = 0,30 m und $h_Z$ = 0,20 m ca. 3 bzw. 7 %. Hinzu kommt die Ungenauigkeit bei der Erfassung der Bauwerksgeometrie im Eckbereich.

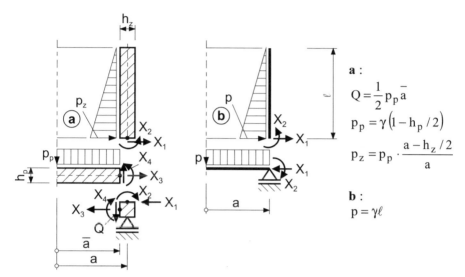

**Bild 5.4-4:**   Genauer (a) und baupraktischer (b) Berechnungsansatz

## 5.4.4
## Kurzer Zylinder mit Deckplatte auf schrägem Lager

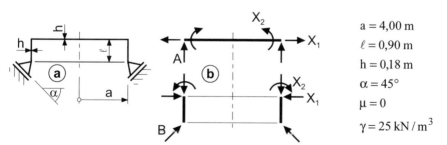

$a = 4,00 \text{ m}$

$\ell = 0,90 \text{ m}$

$h = 0,18 \text{ m}$

$\alpha = 45°$

$\mu = 0$

$\gamma = 25 \text{ kN}/\text{m}^3$

**Bild 5.4-5:**   Berechnungsbeispiel (a) und gewähltes Grundsystem (b)

Für das in Bild 5.4-5 dargestellte Tragwerk sollen die Biegemomente der Kreis-platte infolge Eigengewicht berechnet werden.

Belastung und Lagerkräfte:

$$g = \gamma h = 4,5 \, kN/m^2, \quad A = \frac{ga}{2} = 9,00 \, kN/m, \quad B_v = B_h = A + g\ell = 13,05 \, kN/m$$

Festwerte:

$$\frac{E}{K} = \frac{12(1-\mu^2)}{h^3} = 2057,6$$

$$\lambda = \frac{\sqrt[4]{3(1-\mu^2)}}{\sqrt{ah}} = 1,551$$

$$\lambda\ell = 1,396 \approx 1,4 < 4 \rightarrow \text{kurzer Zylinder}$$

Formänderungswerte

• der Platte/Scheibe:

$$E\delta_{11} = \frac{a}{h} = 22,2, \quad E\delta_{12} = 0, \quad E\delta_{22} = \frac{E}{K} \cdot a = 8230,4$$

$$E\delta_{10} = 0, \quad E\delta_{20} = \frac{E}{K} \frac{ga^3}{8} = 74074$$

• des Zylinders:

$$\lambda\ell = 1,4: \quad H_1 = 1,480, \quad H_2 = 0,676, \quad H_3 = 1,731$$
$$H_4 = 0,707, \quad H_5 = 1,606$$

$$E\delta_{11} = \frac{E}{K} \frac{H_1}{2\lambda^3} = 408,1, \quad E\delta_{12} = -\frac{E}{K} \frac{H_3}{2\lambda^2} = -740,3$$

$$E\delta_{22} = \frac{E}{K} \frac{H_5}{\lambda} = 2130,6$$

$$E\delta_{10} = -\frac{E}{K} \frac{B_h \cdot H_2}{2\lambda^3} = -2432,5, \quad E\delta_{20} = \frac{E}{K} \frac{B_h \cdot H_4}{\lambda^2} = 7891,7$$

• gesamt:

$$E\delta_{11} = 22,2 + 408,1 = 430,3, \quad E\delta_{12} = 0 - 740,3 = -740,3$$
$$E\delta_{22} = 8230,4 + 2130,6 = 10361$$
$$E\delta_{10} = 0 - 2432,5 = -2432,5, \quad E\delta_{20} = 74074 + 7892 = 81966$$

Gleichungssystem und Lösung:

| $X_1$ | $X_2$ | |
|---|---|---|
| 430,3 | -740,3 | 2432,5 |
| -740,3 | 10361 | −81966 |

$X_1 = -9,07 \text{ kN} / \text{m}$

$X_2 = -8,56 \text{ kNm} / \text{m}$

Plattenmomente:

$$m_r(a) = X_2 = -8,56 \text{ kNm} / \text{m}$$

$$m_r(0) = X_2 + \frac{ga^2}{16} \cdot 3 = 4,94 \text{ kNm} / \text{m} = m_\varphi(0)$$

$$m_\varphi(a) = X_2 + \frac{ga^2}{16} \cdot 2 = 0,44 \text{ kNm} / \text{m}$$

Der Momentenverlauf ist in Bild 5.4-6 dargestellt.

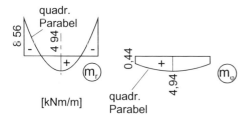

**Bild 5.4-6:**       Verlauf der Plattenmomente

## 5.4.5
## Kurzer Zylinder mit zwei Kreisplatten unter Innendruck

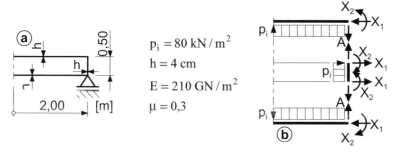

$p_i = 80 \text{ kN} / \text{m}^2$

$h = 4 \text{ cm}$

$E = 210 \text{ GN} / \text{m}^2$

$\mu = 0,3$

**Bild 5.4-7:**       Berechnungsbeispiel (a) und gewähltes Grundsystem (b)

Gesucht ist die Randverdrehung der Kreisplatte infolge des Innendrucks $p_i$. Aus Symmetriegründen werden Lastgruppen (siehe z.B. [1.16] oder [1.17]) als statisch Unbestimmte angesetzt.

Festwerte:

$$\frac{E}{K} = \frac{12(1-\mu^2)}{h^3} = 170.625$$

$$\lambda = \frac{\sqrt[4]{3(1-\mu^2)}}{\sqrt{ah}} = 4{,}545$$

$$\lambda\ell = 2{,}27 < 4 \quad \rightarrow \text{kurzer Zylinder}$$

Formänderungsgrößen

• der Platte/Scheibe:

$$E\delta_{11} = \frac{a}{h}(1-\mu) = 35{,}0\,, \quad E\delta_{12} = 0\,, \quad E\delta_{22} = \frac{E}{K}\frac{a}{1+\mu} = 262.500$$

$$E\delta_{10} = 0\,, \quad E\delta_{20} = -\frac{E}{K}\frac{p_i a^3}{8(1+\mu)} = -10.500.000$$

• des Zylinders:

$$\lambda\ell = 2{,}27: \quad H_1 = 1{,}071\,, \quad H_2 = 0{,}306\,, \quad H_3 = 1{,}053$$
$$H_4 = 0{,}165\,, \quad H_5 = 1{,}027\,, \quad H_6 = 0{,}031$$

$$E\delta_{11} = \frac{E}{K}\frac{1}{2\lambda^3}(H_1 - H_2) = 695{,}3$$

$$E\delta_{12} = \frac{E}{K}\frac{1}{2\lambda^2}(H_3 - 2H_4) = 2.986{,}5$$

$$E\delta_{22} = \frac{E}{K}\frac{1}{\lambda}(H_5 - H_6) = 37.394$$

$$A = \frac{1}{2}p_i a = 80\ kN/m$$

$$E\delta_{10} = \frac{a^2 p_i}{h} - \frac{\mu a A}{h} = 8.000 - 1.200 = 6.800$$

$$E\delta_{20} = 0$$

• gesamt:

$$E\delta_{11} = 35{,}0 + 695{,}3 = 730{,}3$$
$$E\delta_{12} = 2.986{,}5$$

$$E\delta_{22} = 262.500 + 37.394 = 299.894$$
$$E\delta_{10} = 6.800$$
$$E\delta_{20} = -10.500.000$$

Gleichungssystem und Lösung:

| $X_1$ | $X_2$ | |
|---|---|---|
| 730,3 | 2.986,5 | -6.800 |
| 2.986,5 | 299.894 | 10.500.000 |

$$X_1 = -158,97 \, \text{kN}/\text{m}$$
$$X_2 = 36,60 \, \text{kNm}/\text{m}$$

Randverdrehung der Platte:

$$E\psi = E\left(\delta_{20}^P + X_2 \cdot \delta_{22}^P\right) = -10.500.000 + 36,60 \cdot 262.500$$
$$= -892.500 \, \text{kN}/\text{m}^2$$
$$\psi = -\frac{892.500}{210 \cdot 10^6} = -4,25 \cdot 10^{-3} \quad \text{(entgegen dem Drehsinn von } X_2\text{)}$$

### 5.4.6
### Zylinder mit warmer Teilfüllung (Lastfall Temperatur)

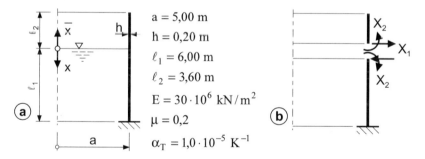

$$a = 5,00 \, \text{m}$$
$$h = 0,20 \, \text{m}$$
$$\ell_1 = 6,00 \, \text{m}$$
$$\ell_2 = 3,60 \, \text{m}$$
$$E = 30 \cdot 10^6 \, \text{kN}/\text{m}^2$$
$$\mu = 0,2$$
$$\alpha_T = 1,0 \cdot 10^{-5} \, \text{K}^{-1}$$

**Bild 5.4-8:** Zylindrischer Behälter mit Teilfüllung (a) und Grundsystem (b)

Im gefüllten Teil des Zylinders sind die gleichzeitig wirkenden Temperaturlastfälle T = +20 K und $\Delta T = T_i - T_a = +8$ K zu berücksichtigen. Es sind die Schnittgrößen $n_\vartheta$, $m_x$ und $m_\vartheta$ im Bereich des Flüssigkeitsspiegels gesucht.

Festwerte:

$$\lambda = \frac{\sqrt[4]{3(1-\mu^2)}}{\sqrt{ah}} = 1{,}303$$

$$K = \frac{Eh^3}{12(1-\mu^2)} = 20{,}83 \cdot 10^3 \text{ kNm}$$

$$M = K\frac{\alpha_T \Delta T}{h}(1+\mu) = 10{,}00 \text{ kNm/m}$$

$\lambda\ell_1 = 1{,}30 \cdot 6{,}00 = 7{,}80 \approx 2 \cdot 4 \rightarrow$ Die Randstörungen überlagern sich nicht.

$\lambda\ell_2 = 1{,}30 \cdot 3{,}60 = 4{,}68 > 4 \rightarrow$ langer Zylinder

Formänderungswerte:

$$\delta_{11} = \frac{1}{K\lambda^3}, \quad \delta_{12} = 0, \quad \delta_{22} = \frac{2}{K\lambda}$$

Lastfall T: $\quad \delta_{10} = -a\alpha_T T, \quad \delta_{20} = 0$

Lastfall $\Delta$T: $\quad \delta_{10} = -\frac{M}{2K\lambda^2}, \quad \delta_{20} = +\frac{M}{K\lambda}$

Gleichungssystem und Lösung:

| $X_1$ | $X_2$ | LF T | LF $\Delta$T |
|---|---|---|---|
| $1/K\lambda^3$ | $0$ | $+a\alpha_T T$ | $+M/2K\lambda^2$ |
| $0$ | $2/K\lambda$ | $0$ | $-M/K\lambda$ |

Lastfall T : $\quad X_1 = a\alpha_T TK\lambda^3 = 46{,}06 \text{ kN/m}, \quad X_2 = 0$

Lastfall $\Delta$T : $\quad X_1 = \frac{M\lambda}{2}, \quad X_2 = -\frac{M}{2}$

Schnittgrößen im Lastfall T:

• oben:  $n_\vartheta = 2X_1 a\lambda\eta''' = 600{,}0\, \eta'''$

$\quad\quad m_x = \frac{X_1}{\lambda}\eta' = 35{,}4\, \eta'$

$\quad\quad m_\vartheta = \mu m_x = 7{,}1\, \eta'$

• unten: Es gelten dieselben Gleichungen mit umgekehrtem Vorzeichen.

Schnittgrößen im Lastfall $\Delta T$:

- oben:  $n_{\vartheta} = 2X_1 a\lambda\eta''' + 2X_2 a\lambda^2\eta'' = Ma\lambda^2(\eta''' - \eta'') = Ma\lambda^2\eta' = 84,9\,\eta'$

  $m_x = \dfrac{X_1}{\lambda}\eta' + X_2\cdot\eta = \dfrac{M}{2}(\eta' - \eta) = -5,0\,\eta'''$

  $m_{\vartheta} = \mu m_x = -1,0\,\eta'''$

- unten: Im unteren Teil sind außer $X_1$ und $X_2$ die Schnittgrößen des Grundzu-
  stands nach Bild 5.3-25 zu berücksichtigen.

  $n_{\vartheta} = 2Ma\lambda^2\eta'' - 2X_1 a\lambda\eta''' + 2X_2 a\lambda^2\eta'' = Ma\lambda^2(\eta'' - \eta''') = -84,9\,\eta'$

  $m_x = M(-1+\eta) - \dfrac{X_1}{\lambda}\eta' + X_2\cdot\eta = M\left(-1 + \dfrac{\eta}{2} - \dfrac{\eta'}{2}\right) = 10,0\left(-1 + \dfrac{\eta'''}{2}\right)$

  $m_{\vartheta} = M(-1 + \mu\eta) - \mu\dfrac{X_1}{\lambda}\eta' + \mu X_2\eta$

  $\qquad = M\left(-1 + \dfrac{\mu}{2}\eta - \dfrac{\mu}{2}\eta'\right) = 10,0\left(-1 + \dfrac{\eta'''}{10}\right)$

In den folgenden drei Bildern ist der Verlauf der berechneten Schnittgrößen dargestellt.

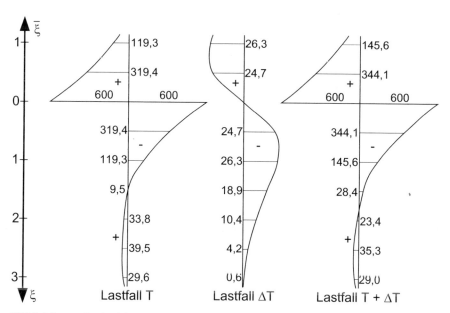

**Bild 5.4-9:**   Verlauf der Ringkräfte $n_{\vartheta}$ [kN/m] infolge T und $\Delta T$

Die Ringkräfte $n_\vartheta$ verlaufen antimetrisch (siehe Bild 5.4-9). In Höhe des Flüssigkeitsspiegels tritt ein Sprung auf. Der Anteil aus dem Lastfall $\Delta T$ ist verhältnismäßig klein. Er wurde in größerem Maßstab dargestellt.

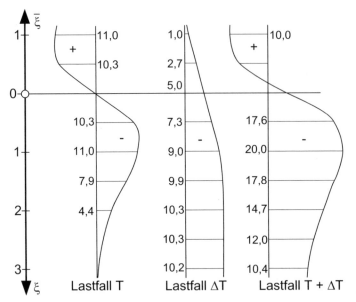

**Bild 5.4-10:**    Verlauf der Biegemomente $m_x$ [kNm/m] infolge T und $\Delta T$

Aus Bild 5.4-10 geht hervor, daß die Längsmomente $m_x$ im unteren Teil des Zylinders aus den Lastfällen T und $\Delta T$ von gleicher Größenordnung sind.

Bei den Ringmomenten $m_\vartheta$ (siehe Bild 5.4-11) spielt der Lastfall $\Delta T$ die Hauptrolle. In Höhe des Flüssigkeitsspiegels tritt ein Momentensprung auf.

Der Behälter ist in Ringrichtung für Biegung mit Längskraft zu bemessen. Da die Ringkräfte $n_\vartheta$ im wesentlichen durch T hervorgerufen werden, während bei den Ringmomenten $m_\vartheta$ der Anteil infolge $\Delta T$ stark überwiegt, ist es wichtig, beide Lastfälle zu superponieren. Das gilt auch für die Längsrichtung, da T und $\Delta T$ ungefähr den gleichen Einfluß auf max $m_x$ haben.

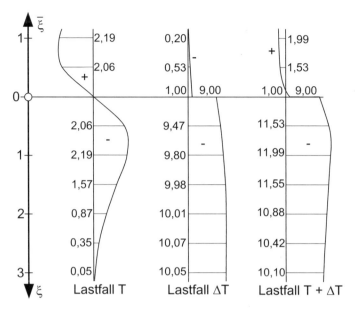

**Bild 5.4-11:** Verlauf der Biegemomente $m_\vartheta$ [kNm/m] infolge T und $\Lambda$T

## 5.4.7
## Zylinder auf Torusschale

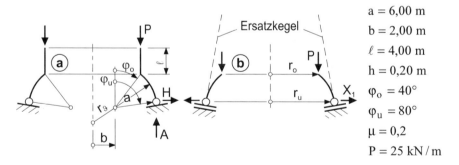

$a = 6{,}00$ m

$b = 2{,}00$ m

$\ell = 4{,}00$ m

$h = 0{,}20$ m

$\varphi_o = 40°$

$\varphi_u = 80°$

$\mu = 0{,}2$

$P = 25$ kN / m

**Bild 5.4-12:** Berechnungsbeispiel (a) und Grundsystem (b)

Gesucht sind die Schnittkräfte $n_\varphi$ und $n_\vartheta$ am unteren Schalenrand sowie die Auflagerkräfte A und H.

Geometrie:

$$r = b + a\sin\varphi, \quad r_o = 5,86\,\text{m}, \quad r_u = 7,91\,\text{m}$$

$$r_\varphi = a = 6,00\,\text{m}, \quad r_\vartheta = \frac{r}{\sin\varphi} = \frac{b + a\sin\varphi}{\sin\varphi}$$

Ersatzkegel:

$$s_u = \frac{r_u}{\cos\varphi_u} = 45,55\,\text{m}$$

$$\lambda_u = \sqrt{\frac{\tan\varphi_u}{hs_u}\sqrt{3(1-\mu^2)}} = 1,028 < \lambda_o$$

$$s_u - s_o \approx 2\pi a \cdot \frac{\varphi_u - \varphi_o}{360} = 4,19\,\text{m}$$

$$\lambda_u(s_u - s_o) = 1,028 \cdot 4,19 = 4,3 > 4 \quad \rightarrow \text{lang}$$

Die statisch Unbestimmten am oberen Rand der Torusschale wirken sich am Auflager nicht aus.

Membrankräfte am unteren Rand:

$$V = 2\pi r_o \cdot P = 920\,\text{kN}, \quad Z = 0$$

$$n_\varphi^o = -\frac{V}{2\pi r\sin\varphi}, \quad n_\vartheta^o = -\left(r_\vartheta Z + \frac{r_\vartheta}{r_\varphi}n_\varphi\right)$$

$$n_{\varphi u}^o = -\frac{920}{2\pi \cdot 7,91 \cdot \sin 80°} = -18,80\,\text{kN}/\text{m}$$

$$n_{\vartheta u}^o = +\frac{1}{6,00} \cdot \frac{7,91}{\sin 80°} \cdot 18,80 = +25,16\,\text{kN}/\text{m}$$

Formänderungswerte und statisch Unbestimmte:

$$E\delta_{11} = \frac{s_u}{h}\cos^2\varphi_u(2\lambda_u s_u - \mu) = \frac{45,55}{0,2}\cos^2 80°(2\cdot 1,028 \cdot 45,55 - 0,2) = 642$$

$$E\delta_{10} = E\Delta r_u^o = E\cdot r_u\varepsilon_{\vartheta u}^o = \frac{r_u}{h}(n_{\vartheta u}^o - n_{\varphi u}^o) = 1144$$

$$X_1 = -\frac{\delta_{10}}{\delta_{11}} = -1,782\,\text{kN}/\text{m}$$

Schnittkräfte am unteren Rand:

$$n_{\varphi u} = n_{\varphi u}^o + X_1\cos\varphi_u = -18,80 - 0,31 = -19,11\,\text{kN}/\text{m}$$

$$n_{\vartheta u} = n_{\vartheta u}^o + 2X_1\lambda_u s_u\cos\varphi_u = +25,16 - 28,98 = -3,82\,\text{kN}/\text{m}$$

$$\text{Pr obe}: \quad E\Delta r_u = \frac{1}{0,20}(-3,82+0,2\cdot19,11) = 0 \ \sqrt{}$$

Auflagerkräfte:

$$A = \frac{V}{2\pi r_u} = 18,51 \ kN/m$$

$$H = n_{\phi u}^{o}\cdot\cos\phi_u + X_1 = -18,80\cdot\cos80° - 1,782 = -5,05 \ kN/m$$

## 5.4.8
## Kugelschale mit Fußring und Kreisringplatte

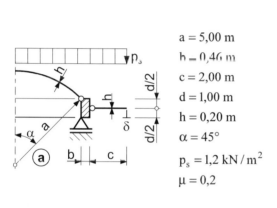
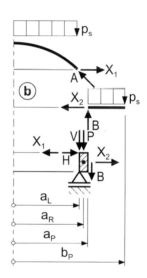

$a = 5,00$ m

$b = 0,46$ m

$c = 2,00$ m

$d = 1,00$ m

$h = 0,20$ m

$\alpha = 45°$

$p_s = 1,2 \ kN/m^2$

$\mu = 0,2$

**Bild 5.4-13:**    Berechnungsbeispiel (a) und Grundsystem (b)

Gesucht seien die Schnittgrößen des Kreisrings und die Verschiebung $E\cdot\delta$ infolge Schneelast.

Geometrie:

$$a_L = a\cos\alpha = 3,54 \ m \ , \qquad a_R = a_L + b/2 = 3,77 \ m$$
$$a_P = a_L + b = 4,00 \ m \ , \qquad b_P = a_P + c = 6,00 \ m$$

Kräfte am Grundsystem:

$$H = V = \frac{p_s a_L}{2} = \frac{1,2 \cdot 3,54}{2} = 2,12 \text{ kN/m}$$

$$B = \frac{p_s}{2a_P}\left(b_P^2 - a_P^2\right) = \frac{1,2}{2 \cdot 4,00}(36 - 16) = 3,00 \text{ kN/m}$$

$$P = bp_s = 0,46 \cdot 1,2 = 0,55 \text{ kN/m}$$

Formänderungswerte

- der Kugelschale:

$$\kappa = \sqrt{\frac{5,00}{0,20}} \sqrt{3 \cdot 0,96} = 6,51$$

$$\kappa\alpha = 6,51 \cdot \frac{\pi}{4} = 5,1 > 4 \qquad \rightarrow \text{lang}$$

$$h/a = 0,20/5,00 = 0,04 \ll 1 \quad \rightarrow \text{dünn}$$

$$\alpha = 45° > 30° \qquad\qquad \rightarrow \text{steil}$$

$$E\delta_{11} = \frac{2a\kappa\sin^2\alpha}{h} = \frac{2 \cdot 5,00 \cdot 6,51 \cdot 0,5}{0,20} = 162,84$$

$$E\delta_{10} = \frac{a^2 p_s}{2h}\sin\alpha(\mu - \cos 2\alpha) = \frac{5,00^2 \cdot 1,2}{2 \cdot 0,20}\sin 45°(0,2 - \cos 90°) = +10,61$$

- der Scheibe:

$$E\delta_{22} = \frac{1}{0,20}\frac{4,00^3}{6,00^2 - 4,00^2}\left(0,8 + \frac{6,00^2}{4,00^2} \cdot 1,2\right) = 56,00$$

$$E\delta_{20} = 0$$

- des Kreisrings:

$$R_{So} = H \cdot \frac{a_L}{a_R} = 2,12 \cdot \frac{3,54}{3,77} = 1,99 \text{ kN/m}$$

$$M_{So} = -H \cdot \frac{d}{2} \cdot \frac{a_L}{a_R} + V \cdot 0 - P \cdot \frac{b}{2} - B \cdot b\frac{a_P}{a_R}$$

$$= -1,99 \cdot 0,50 - 0,55 \cdot 0,23 - 3,00 \cdot 0,46\frac{4,00}{3,77}$$

$$= -2,59 \text{ kNm/m}$$

$$E\delta_{20} = \frac{R_{So} \cdot a_R^2}{bd} = \frac{1,99 \cdot 3,77^2}{0,46 \cdot 1,00} = 61,49$$

$$E\delta_{10} = -E\delta_{20} + \frac{6M_{So} \cdot a_R^2}{bd^2} = -61,49 - \frac{6 \cdot 2,59 \cdot 3,77^2}{0,46 \cdot 1,00^2} = -541,64$$

$$E\delta_{11} = \frac{4a_R \cdot a_L}{bd} = \frac{4 \cdot 3,77 \cdot 3,54}{0,46 \cdot 1,00} = 116,05$$

$$E\delta_{22} = \frac{a_R \cdot a_P}{bd} = \frac{3,77 \cdot 4,00}{0,46 \cdot 1,00} = 32,78 = -E\delta_{12}$$

$$E\delta_{21} = \frac{a_L}{a_P} \cdot E\delta_{12} = -\frac{3,54}{4,00} \cdot 32,78 = -29,01$$

• gesamt:

$$E\delta_{11} = 162,84 + 116,05 = 278,89$$
$$E\delta_{10} = 10,64 - 541,64 = -531,03$$
$$E\delta_{22} = 56,00 + 32,78 = 88,78$$
$$E\delta_{20} = 0 + 61,49 = 61,49$$
$$E\delta_{12} = -32,78$$
$$E\delta_{21} = -29,01$$

Gleichungssystem und Lösung:

| $X_1$ | $X_2$ | |
|-------|-------|--|
| 278,89 | -32,78 | +531,03 |
| -29,01 | 88,78 | −61,49 |

$X_1 = 1,896 \, kN/m$

$X_2 = -0,073 \, kN/m$

Schnittgrößen des Kreisrings:

$$N = R_{So} \cdot a_R - X_1 a_L + X_2 a_P = 1,99 \cdot 3,77 - 1,896 \cdot 3,54 - 0,073 \cdot 4,00 = +0,50 \, kN$$

$$M_u = M_{So} \cdot a_R + X_1 a_L \cdot \frac{d}{2} + X_2 \cdot 0 = -2,59 \cdot 3,77 + 6,71 \cdot 0,50 = -6,40 \, kNm$$

Durchbiegung an der Plattenaußenkante:

Die gesuchte Verschiebung δ setzt sich aus zwei Anteilen zusammen, der Vertikalverschiebung der Platteninnenkante infolge der Ringverdrehung und der Biegeverformung der Kreisringplatte:

$$E\delta = -E\varphi \cdot b + E \cdot w(b_P)$$

- Ringverdrehung:

$$E\varphi = \frac{12M_s a_R^2}{bd^3} = \frac{12M_y a_R}{bd^3} = -\frac{12 \cdot 6{,}40 \cdot 3{,}77}{0{,}46 \cdot 1{,}00^3} = -629{,}4$$

- Biegeverformung der Kreisringplatte:

$$\beta = \frac{6{,}00}{4{,}00} = 1{,}5 \;,\quad \frac{E}{K} = \frac{12(1-\mu^2)}{h^3} = 1440$$

$$Ew(b_P) = \frac{E}{K} \cdot 0{,}21530 \cdot p_s a_P^4 = 1440 \cdot 0{,}21530 \cdot 1{,}2 \cdot 4{,}00^4 = 95.242$$

- Gesuchte Verschiebung:

$$E\delta = +629{,}4 \cdot 0{,}46 + 95.242 = 95.532 \text{ kN/m} = 95{,}5 \text{ MN/m}$$

### 5.4.9
### Kegelstumpfförmiger Behälter mit Kuppel und Bodenplatte

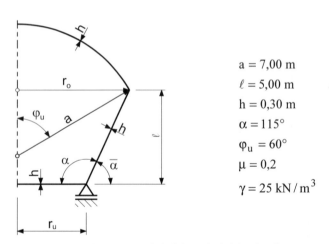

$a = 7{,}00$ m

$\ell = 5{,}00$ m

$h = 0{,}30$ m

$\alpha = 115°$

$\varphi_u = 60°$

$\mu = 0{,}2$

$\gamma = 25$ kN/m$^3$

**Bild 5.4-14:**    System Kugelschale/Kegelschale/Bodenplatte

Gesucht seien die statisch Unbestimmten des in Bild 5.4-14 dargestellten Behälters infolge Eigengewicht.

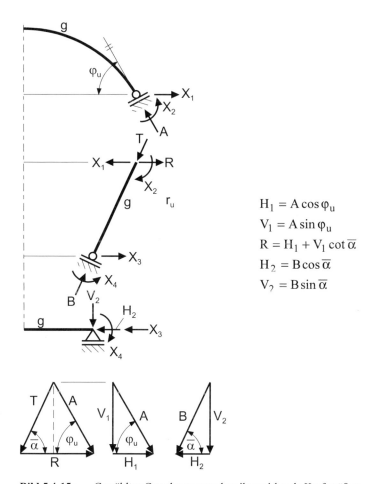

$$H_1 = A \cos \varphi_u$$
$$V_1 = A \sin \varphi_u$$
$$R = H_1 + V_1 \cot \overline{\alpha}$$
$$H_2 = B \cos \overline{\alpha}$$
$$V_2 = B \sin \overline{\alpha}$$

**Bild 5.4-15:**    Gewähltes Grundsystem und an ihm wirkende Kraftgrößen

Weil die beiden Schalen nicht tangential ineinander übergehen, entsteht an der Kontaktstelle bereits im Grundsystem ein Biegezustand. Die Auflagerkraft der membrangelagerten Kugelschale ist, wie in Bild 5.4-15 dargestellt, in eine Komponente T in Richtung der Erzeugenden des Kegels und in eine horizontale Radialkraft R zu zerlegen.

Geometrische Werte:

$$r_o = a \sin \varphi_u = 6{,}06 \text{ m}, \qquad r_u = r_o - \ell \cot \overline{\alpha} = 3{,}73 \text{ m}$$
$$s_o = r_o / \cos \overline{\alpha} = 14{,}34 \text{ m}, \quad s_u = r_u / \cos \overline{\alpha} = 8{,}83 \text{ m}$$

Kräfte im Grundzustand:

$$g = \gamma h = 25 \cdot 0{,}30 = 7{,}50 \text{ kN}/\text{m}^2$$

$$A = \frac{ga}{1 + \cos\varphi_u} = 35{,}00 \text{ kN}/\text{m}$$

$$H_1 = 17{,}50 \text{ kN}/\text{m}, \quad V_1 = 30{,}31 \text{ kN}/\text{m}$$

$$R = 17{,}50 + 30{,}31 \cdot \cot 65° = 31{,}63 \text{ kN}/\text{m}$$

$$B = \frac{V_1 r_o}{r_u \sin\alpha} + \frac{g\left(r_o^2 - r_u^2\right)}{r_u \sin 2\alpha} = 54{,}34 + 59{,}92 = 114{,}26 \text{ kN}/\text{m}$$

$$H_2 = 48{,}29 \text{ kN}/\text{m}, \quad V_2 = 103{,}55 \text{ kN}/\text{m}$$

Festwerte und Schaleneigenschaften:

$$\frac{E}{K} = \frac{12(1 - \mu^2)}{h^3} = 426{,}7$$

- Kugelschale:

$$\kappa = \sqrt{\frac{a}{h}\sqrt{3(1 - \mu^2)}} = 6{,}29$$

$$\kappa\varphi_u = 6{,}29 \cdot \frac{\pi}{3} = 6{,}6 > 4 \qquad\qquad \rightarrow \text{lang}$$

$$h/a = 0{,}30/7{,}00 = 0{,}04 \ll 1 \quad \rightarrow \text{dünn}$$

$$\varphi_u = 60° > 30° \qquad\qquad\qquad \rightarrow \text{steil}$$

- Kegelschale:

$$\lambda = \sqrt{\frac{\tan\overline{\alpha}}{hs}\sqrt{3(1 - \mu^2)}}, \quad \lambda_o = 0{,}920, \quad \lambda_u = 1{,}172$$

$$\lambda_o(s_o - s_u) = 0{,}920(14{,}34 - 8{,}83) = 5{,}1 > 4 \quad \rightarrow \text{lang}$$

$$h/r_u = 0{,}30/3{,}73 = 0{,}08 \ll 1 \qquad\qquad\qquad \rightarrow \text{dünn}$$

Formänderungswerte

- der Kugelschale:

$$E\delta_{11} = \frac{2a\kappa\sin^2\varphi_u}{h} = 220{,}2, \quad E\delta_{12} = \frac{2\kappa^2 \sin\varphi_u}{h} = 228{,}6$$

$$E\delta_{22} = \frac{E}{K}\frac{a}{\kappa} = 474{,}6$$

$$E\delta_{10} = +\frac{ga^2}{h}\sin\varphi_u\left(\frac{1+\mu}{1+\cos\varphi_u} - \cos\varphi_u\right) = 318{,}3$$

$$E\delta_{20} = +\frac{ga}{h}(2+\mu)\sin\varphi_u = 333,4$$

- der Kegelschale:

$$E\delta_{11} = \frac{E}{K}\frac{\sin^2\overline{\alpha}}{2\lambda_o^3} = 225,3\,, \quad E\delta_{12} = -\frac{E}{K}\frac{\sin\overline{\alpha}}{2\lambda_o^2} = -228,6$$

$$E\delta_{22} = \frac{E}{K}\frac{1}{\lambda_o} = 463,3$$

$$E\delta_{10} = +\frac{gr_o^2}{h\sin 2\alpha}2\cos^2\alpha - \frac{\mu V_1 r_o}{h\sin\alpha} - R\cdot E\delta_{11}$$
$$= -428,4 - 135,2 - 7.126,5 = -7.690$$

$$E\delta_{20} = +\frac{gr_o}{2h\sin^2\alpha}\left[2(2+\mu)\cos^2\alpha - 2\mu\right] - \frac{V_1}{h}\frac{\cos\alpha}{\sin^2\alpha} - R\cdot E\delta_{12}$$
$$= 35,6 + 52,0 + 7.231,2 = 7.319$$

$$E\delta_{33} = \frac{E}{K}\frac{\sin^2\overline{\alpha}}{2\lambda_u^3} = 108,8\,, \quad E\delta_{34} = \frac{E}{K}\frac{\sin\overline{\alpha}}{2\lambda_u^2} = 140,8$$

$$E\delta_{44} = \frac{E}{K}\frac{1}{\lambda_u} = 364,1$$

$$E\delta_{30} = -\frac{gr_u^2}{h\sin 2\alpha}\left[2\cos^2\alpha - \mu\left(1 - \frac{r_o^2}{r_u^2}\right)\right] + \frac{\mu V_1 r_o}{h\sin\alpha}$$
$$- 311,3 + 135,2 - 446,5$$

$$E\delta_{40} = -\frac{gr_u}{2h\sin^2\alpha}\left[2(2+\mu)\cos^2\alpha - 1 - 2\mu + \frac{r_o^2}{r_u^2}\right] + \frac{V_1 r_o}{hr_u}\frac{\cos\alpha}{\sin^2\alpha}$$
$$= -115,0 - 84,5 = -199,5$$

- der Platte/Scheibe:

$$E\delta_{33} = \frac{r_u}{h}(1-\mu) = 9,9\,, \quad E\delta_{34} = 0$$

$$E\delta_{44} = \frac{E}{K}\frac{r_u}{1+\mu} = 1.326$$

$$E\delta_{30} = H_2\cdot E\delta_{33} = 480,4$$

$$E\delta_{40} = -\frac{E}{K}\frac{gr_u^3}{8(1+\mu)} = -17.307$$

Gleichungssystem und Lösung:

| $X_1$ | $X_2$ | $X_3$ | $X_4$ | |
|-------|-------|-------|-------|--------|
| 445,5 | 0 | 0 | 0 | 7.372 |
| 0 | 938,4 | 0 | 0 | −7.652 |
| 0 | 0 | 118,7 | 140,8 | −9.269 |
| 0 | 0 | 140,8 | 1.690 | 17.507 |

$$X_1 = 16{,}55 \, \text{kN/m}$$
$$X_2 = -8{,}15 \, \text{kNm/m}$$
$$X_3 = -22{,}30 \, \text{kN/m}$$
$$X_4 = 12{,}22 \, \text{kNm/m}$$

## 5.4.10
## Zylindrischer Behälter mit Kugelboden und Kreisringscheibe

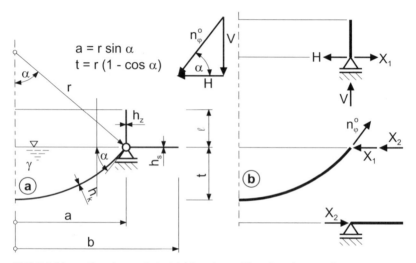

**Bild 5.4-16:**    Berechnungsbeispiel (a) und gewähltes Grundsystem (b)

Gesucht seien die Formänderungswerte des in Abbildung 5.4-16 dargestellten Behälters. Es soll nur der Lastfall Wasserfüllung untersucht werden. Für die Kugelschale wird $\kappa\alpha \geq 4$ sowie $\alpha \geq 30°$ vorausgesetzt.

Am Auflager sind drei Elemente gelenkig miteinander verbunden. Dort müssen zwei statisch Unbestimmte angesetzt werden, um die Formänderungsbedingungen in Radialrichtung zu erfüllen. Bei dem gewählten Ansatz wirkt $X_1$ zwischen Zylinder und Boden, $X_2$ zwischen Boden und Scheibe. So ist gewährleistet, daß alle drei Elemente im Gelenk die gleiche Radialverschiebung erfahren. Es wäre auch möglich, z.B. die zweite Unbestimmte zwischen Zylinder und Scheibe anzusetzen, wobei die Horizontalkomponente H der Aufhängekraft wahlweise dem Zylinder oder der Scheibe zugewiesen werden könnte.

Die Formänderungswerte lauten

$$E\delta_{11} = E\delta_{11}^Z + E\delta_{11}^K = \frac{E}{K_Z}\frac{H_1(\lambda\ell)}{2\lambda^3} + \frac{2r\kappa\sin^2\alpha}{h_K}$$

$$E\delta_{12} = \frac{2r\kappa\sin^2\alpha}{h_K}$$

$$E\delta_{22} = \frac{2r\kappa\sin^2\alpha}{h_K} + \frac{1}{h_S}\frac{a^3}{b^2-a^2}\left[(1-\mu)+\frac{b^2}{a^2}(1+\mu)\right]$$

$$H = n_\varphi^o \cdot \cos\alpha = \frac{1}{6}\gamma r^2\left[2\frac{1-\cos^3\alpha}{\sin^2\alpha}+3\left(\frac{t}{r}-1\right)\right]\cdot\cos\alpha$$

$$E\delta_{10} = -H\cdot E\delta_{11}^Z - \frac{\gamma r^3}{6h_K}\sin\alpha\left[6\cos\alpha-2(1+\mu)\frac{1-\cos^3\alpha}{\sin^2\alpha}+3(1-\mu)\left(\frac{t}{r}-1\right)\right]$$

$$E\delta_{20} = E\delta_{10}^K$$

## 5.4.11
## Zylindrischer Wasserbehälter mit kegelstumpfförmiger Haube und Zugring

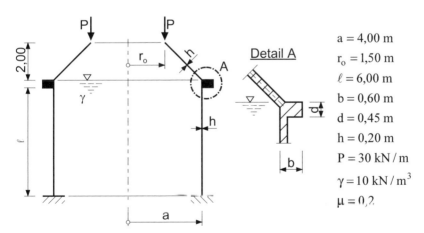

$a = 4,00\ m$

$r_o = 1,50\ m$

$\ell = 6,00\ m$

$b = 0,60\ m$

$d = 0,45\ m$

$h = 0,20\ m$

$P = 30\ kN/m$

$\gamma = 10\ kN/m^3$

$\mu = 0,2$

**Bild 5.4-17:**    Berechnungsbeispiel

Für den in Bild 5.4-17 dargestellten Behälter sind die Schnittgrößen infolge Wasserfüllung und Randlast P gesucht.

Idealisierung:

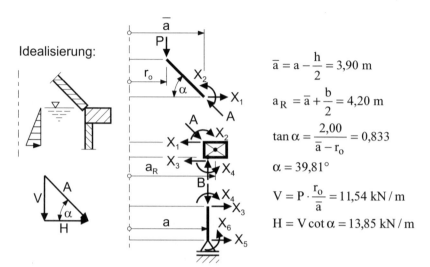

$$\overline{a} = a - \frac{h}{2} = 3,90 \text{ m}$$

$$a_R = \overline{a} + \frac{b}{2} = 4,20 \text{ m}$$

$$\tan \alpha = \frac{2,00}{\overline{a} - r_0} = 0,833$$

$$\alpha = 39,81°$$

$$V = P \cdot \frac{r_0}{\overline{a}} = 11,54 \text{ kN/m}$$

$$H = V \cot \alpha = 13,85 \text{ kN/m}$$

**Bild 5.4-18:**     Grundsystem und Ansatz der $X_i$

Formänderungswerte der Kegelschale:

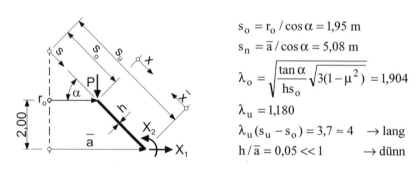

$$s_0 = r_0 / \cos \alpha = 1,95 \text{ m}$$

$$s_n = \overline{a} / \cos \alpha = 5,08 \text{ m}$$

$$\lambda_0 = \sqrt{\frac{\tan \alpha}{h s_0}} \sqrt[4]{3(1-\mu^2)} = 1,904$$

$$\lambda_u = 1,180$$

$$\lambda_u (s_u - s_0) = 3,7 \approx 4 \quad \rightarrow \text{lang}$$

$$h / \overline{a} = 0,05 \ll 1 \quad \rightarrow \text{dünn}$$

**Bild 5.4-19:**     Kegelschale mit angreifenden Kraftgrößen

$$\frac{E}{K} = \frac{12(1-\mu^2)}{h^3} = 1440$$

$$E\delta_{11} = \frac{E}{K} \frac{\sin^2 \alpha}{2\lambda_u^3} = 179,5 \, , \quad E\delta_{12} = +\frac{E}{K} \frac{\sin \alpha}{2\lambda_u^2} = 330,9$$

$$E\delta_{22} = \frac{E}{K}\frac{1}{\lambda_u} = 1220,1$$

$$E\delta_{10} = +\frac{\mu\,P\,r_0}{h\sin\alpha} = 70,3\,, \quad E\delta_{20} = +\frac{P\,r_0\cdot\cos\alpha}{h\overline{a}\cdot\sin^2\alpha} = 108,1$$

Formänderungswerte des Kreisrings:

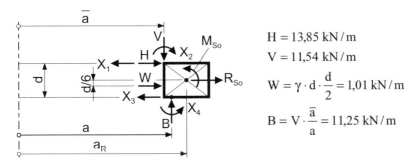

$$H = 13,85\ kN/m$$

$$V = 11,54\ kN/m$$

$$W = \gamma\cdot d\cdot\frac{d}{2} = 1,01\ kN/m$$

$$B = V\cdot\frac{\overline{a}}{a} = 11,25\ kN/m$$

**Bild 5.4-20:**   Kreisring mit angreifenden Kraftgrößen

$$R_{So} = (H + W)\cdot\frac{\overline{a}}{a_R} = 13,80\ kN/m$$

$$M_{So} = \frac{\overline{a}}{a_R}\left(V\cdot\frac{h}{2} - II\cdot\frac{d}{2} + W\cdot\frac{d}{6}\right) = -1,752\ kNm/m$$

$$E\delta_{10} = -\frac{R_{So}\cdot a_R^2}{bd} + \frac{6M_{So}\cdot a_R^2}{bd^2} = -901,6 - 1.526,2 = -2.427,8$$

$$E\delta_{30} = -901,6 + 1.526,2 = 624,6$$

$$E\delta_{20} = -E\delta_{40} = -\frac{12M_{So}\cdot a_R^2}{bd^3} = +6.783,1$$

$$E\delta_{11} = \frac{4a_R\overline{a}}{bd} = 242,7$$

$$E\delta_{12} = E\delta_{21} = -E\delta_{41} = -E\delta_{32} = -\frac{6a_R\overline{a}}{bd^2} = -808,9$$

$$E\delta_{13} = -\frac{2a_R a}{bd} = -124,4$$

$$E\delta_{14} = E\delta_{23} = -E\delta_{34} = -E\delta_{43} = \frac{6a_R a}{bd^2} = 829,6$$

$$E\delta_{22} = -E\delta_{42} = \frac{12a_R\,\overline{a}}{bd^3} = 3.595,1$$

$$E\delta_{24} = -E\delta_{44} = -\frac{12a_R\,a}{bd^3} = -3.687,2$$

$$E\delta_{31} = -\frac{2a_R\,\overline{a}}{bd} = -121,3$$

$$E\delta_{33} = \frac{4a_R\,a}{bd} = 248,9$$

Formänderungswerte der Zylinderschale:

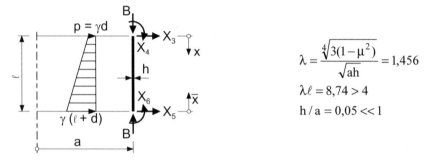

$$\lambda = \frac{\sqrt[4]{3(1-\mu^2)}}{\sqrt{ah}} = 1,456$$

$$\lambda\ell = 8,74 > 4$$

$$h/a = 0,05 \ll 1$$

**Bild 5.4-21:**     Zylinderschale mit angreifenden Kraftgrößen

$$E\delta_{30} = \frac{a^2 p}{h} + \frac{\mu aB}{h} = 360 + 45 = 405$$

$$E\delta_{40} = -E\delta_{60} = -\frac{a^2\gamma}{h} = -800$$

$$E\delta_{50} = E\delta_{30} + \frac{a^2\ell\gamma}{h} = 405 + 4.800 = 5.205$$

$$E\delta_{33} = E\delta_{55} = \frac{E}{K}\frac{1}{2\lambda^3} = 233,0$$

$$E\delta_{34} = E\delta_{56} = \frac{E}{K}\frac{1}{2\lambda^2} = 339,4$$

$$E\delta_{44} = E\delta_{66} = \frac{E}{K}\frac{1}{\lambda} = 988,7$$

Gleichungssystem und Lösung:

| $X_1$ | $X_2$ | $X_3$ | $X_4$ | $X_5$ | $X_6$ | |
|---|---|---|---|---|---|---|
| 422,2 | −478,0 | −124,4 | 829,6 | 0 | 0 | 2.357,5 |
| −478,0 | 4.815,2 | 829,6 | −3.687,2 | 0 | 0 | −6.891,2 |
| −121,3 | 808,9 | 481,9 | −490,2 | 0 | 0 | −1029,6 |
| 808,9 | −3.595,1 | −490,2 | 4.675,9 | 0 | 0 | 7.583,1 |
| 0 | 0 | 0 | 0 | 233,0 | 339,4 | −5.205,0 |
| 0 | 0 | 0 | 0 | 339,4 | 988,7 | −800,0 |

$X_1 = 4,31 \text{ kN/m}$

$X_2 = -0,99 \text{ kNm/m}$

$X_3 = 0,81 \text{ kN/m}$

$X_4 = 0,20 \text{ kNm/m}$

$X_5 = -42,32 \text{ kN/m}$

$X_6 = 13,72 \text{ kNm/m}$

Schnittgrößen der Kegelschale:

Mit $\xi = \lambda_o x$ und $\overline{\xi} = \lambda_u \overline{x}$ (siehe Bild 5.4-19) sowie $\eta = \eta(\xi)$ und $\overline{\eta} = \eta(\overline{\xi})$ gilt

$$n_\varphi = -\frac{P\,r_o}{r\sin\alpha} + P\cot\alpha\cos\alpha\,\eta'' + X_1\cos\alpha\,\overline{\eta}'' - 2X_2\lambda_u\cot\alpha\,\overline{\eta}'$$

$$n_\vartheta = 0 - 2P\cot\alpha\,\lambda_o s\cos\alpha\,\eta''' + 2X_1\lambda_u s\cos\alpha\,\overline{\eta}''' + 2X_2\lambda_u^2 s\cot\alpha\,\overline{\eta}''$$

$$m_\varphi = -\frac{P\cot\alpha\sin\alpha}{\lambda_o}\eta' + \frac{X_1\sin\alpha}{\lambda_u}\overline{\eta}' + X_2\overline{\eta} = -12,10\,\eta' + 2,34\,\overline{\eta}' - 0,99\,\overline{\eta}$$

$$m_\vartheta = +\frac{P\cot\alpha\sin\alpha}{2\lambda_o^2 s}\eta + \frac{X_1\sin\alpha}{2\lambda_u^2 s}\overline{\eta} + \frac{X_2}{\lambda_u s}\overline{\eta}''' + \mu m_\varphi$$

$$q = -P\cot\alpha\sin\alpha\,\eta'' - X_1\sin\alpha\,\overline{\eta}'' + 2X_2\lambda_u\overline{\eta}'$$

Die Gleichung für $m_\varphi$ wird in der folgenden Tabelle für $\xi$ und $\overline{\xi}$ = 0,5; 1,0; 1,5 sowie für den Punkt in halber Höhe der Schale ausgewertet.

| Pkt | x | $\xi = \lambda_o x$ | $\overline{x}$ | $\overline{\xi} = \lambda_u \overline{x}$ | $s = s_o + x$ | $\eta'$ | $\overline{\eta}'$ | $\overline{\eta}$ | $m_\varphi$ |
|---|---|---|---|---|---|---|---|---|---|
| 0 | 0 | 0 | 3,124 | 3,69 | 1,952 | 0 | −0,0130 | −0,0343 | 0 |
| 1 | 0,263 | 0,5 | 2,861 | 3,38 | 2,215 | 0,2908 | −0,0080 | −0,0411 | −3,50 |
| 2 | 0,526 | 1,0 | 2,598 | 3,07 | 2,478 | 0,3096 | 0,0033 | −0,0430 | −3,69 |
| 3 | 0,789 | 1,5 | 2,335 | 2,76 | 2,741 | 0,2226 | 0,0236 | −0,0351 | −2,60 |
| 4 | 1,562 | 2,97 | 1,562 | 1,84 | 3,514 | 0,0088 | 0,1531 | 0,1109 | +0,14 |
| 5 | 1,852 | 3,52 | 1,271 | 1,5 | 3,805 | −0,0109 | 0,2226 | 0,2384 | +0,42 |
| 6 | 2,276 | > 4 | 0,848 | 1,0 | 4,228 | ~ 0 | 0,3096 | 0,5083 | +0,22 |
| 7 | 2,700 | > 4 | 0,424 | 0,5 | 4,652 | ~ 0 | 0,2908 | 0,8231 | −0,20 |
| 8 | 3,124 | > 4 | 0 | 0 | 5,076 | ~ 0 | 0 | 1 | −0,99 |

Bild 5.4-22 zeigt den Verlauf des Biegemoments $m_\varphi$ in der Kegelschale.

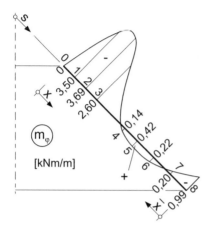

**Bild 5.4-22:**    Verlauf des Biegemoments $m_\varphi$ in der Kegelschale

Schnittgrößen des Rings (siehe Bild 5.4-20):

$$R_S = R_{So} - X_1 \frac{\overline{a}}{a_R} - X_3 \frac{a}{a_R} = 13{,}80 - 4{,}00 - 0{,}77 = 9{,}03 \text{ kN/m}$$

$$M_S = M_{So} + \left(X_1 \frac{d}{2} - X_2\right) \frac{\overline{a}}{a_R} + \left(-X_3 \frac{d}{2} + X_4\right) \frac{a}{a_R}$$

$$= -1{,}752 + 1{,}820 - 0{,}017 = 0{,}085 \text{ kNm/m}$$

$$N = R_S \cdot a_R = 37{,}93 \text{ kN}$$

$$M_y = M_S \cdot a_R = 0{,}36 \text{ kNm}$$

Schnittgrößen des Zylinders:

Mit $\xi = \lambda x$ und $\overline{\xi} = \lambda \overline{x}$ (siehe Bild 5.4-21) sowie $\eta = \eta(\xi)$ und $\overline{\eta} = \eta(\overline{\xi})$ gilt

$$n_x = -B$$

$$n_\vartheta = a\gamma(d + x) + 2X_3 a\lambda \eta''' + 2X_4 a\lambda^2 \eta'' + 2X_5 a\lambda \overline{\eta}''' + 2X_6 a\lambda^2 \overline{\eta}''$$

$$m_x = \frac{X_3}{\lambda} \eta' + X_4 \eta + \frac{X_5}{\lambda} \overline{\eta}' + X_6 \overline{\eta} = 0{,}56\, \eta' + 0{,}20\, \eta - 29{,}06\, \overline{\eta}' + 13{,}72\, \overline{\eta}$$

$$m_\vartheta = \mu m_x$$

$$q = X_3 \eta'' - 2X_4 \lambda \eta' - X_5 \overline{\eta}'' + 2X_6 \lambda \overline{\eta}'$$

Die Gleichung für $m_x$ wird in der folgenden Tabelle für $\xi$ und $\overline{\xi} = 0{,}5;\ 1{,}0;\ 1{,}5$ sowie für die Viertelspunkte des Zylinders ausgewertet.

| Pkt | x | $\xi = \lambda x$ | $\overline{x}$ | $\overline{\xi} = \lambda\overline{x}$ | $\eta'$ | $\eta$ | $\overline{\eta}'$ | $\overline{\eta}$ | $m_x$ |
|---|---|---|---|---|---|---|---|---|---|
| 0 | 0 | 0 | 6,00 | > 4 | 0 | 1 | ~ 0 | ~ 0 | 0,20 |
| 1 | 0,343 | 0,5 | 5,657 | > 4 | 0,2908 | 0,8231 | ~ 0 | ~ 0 | 0,33 |
| 2 | 0,687 | 1,0 | 5,313 | > 4 | 0,3096 | 0,5083 | ~ 0 | ~ 0 | 0,27 |
| 3 | 1,030 | 1,5 | 4,970 | > 4 | 0,2226 | 0,2384 | ~ 0 | ~ 0 | 0,17 |
| 4 | 1,50 | 2,18 | 4,50 | > 4 | 0,0927 | 0,0280 | ~ 0 | ~ 0 | 0,06 |
| 5 | 3,00 | > 4 | 3,00 | > 4 | ~ 0 | ~ 0 | ~ 0 | ~ 0 | 0 |
| 6 | 4,50 | > 4 | 1,50 | 2,18 | ~ 0 | ~ 0 | 0,0927 | 0,0280 | -2,31 |
| 7 | 4,970 | > 4 | 1,030 | 1,5 | ~ 0 | ~ 0 | 0,2226 | 0,2384 | -3,20 |
| 8 | 5,313 | > 4 | 0,687 | 1,0 | ~ 0 | ~ 0 | 0,3096 | 0,5083 | -2,02 |
| 9 | 5,657 | > 4 | 0,343 | 0,5 | ~ 0 | ~ 0 | 0,2908 | 0,8231 | 2,84 |
| 10 | 6,00 | > 4 | 0 | 0 | ~ 0 | ~ 0 | 0 | 1 | 13,72 |

Bild 5.4-23 zeigt den Verlauf des Biegemoments $m_x$.

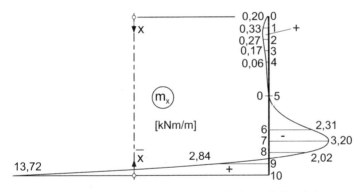

**Bild 5.4-23:**    Verlauf des Biegemoments $m_x$ in der Zylinderschale

# 6 Hilfstafeln

**Tafel 1:** Schnittkräfte und Randverformungen von Kreis- und Kreisringscheiben infolge konstanter Radiallast

| | $n_r$ | $n_\varphi$ | $\Delta r$ |
|---|---|---|---|
| 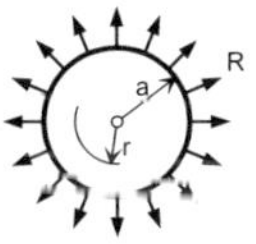 | $R$ | $R$ | $\Delta r(a) = \dfrac{Ra}{Eh}(1-\mu)$ |
| 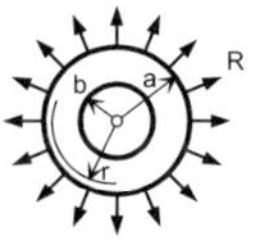 | $\dfrac{Ra^2}{a^2-b^2}\left(1-\dfrac{b^2}{r^2}\right)$ | $\dfrac{Ra^2}{a^2-b^2}\left(1+\dfrac{b^2}{r^2}\right)$ | $\Delta r(a) = \dfrac{R}{Eh}\dfrac{a^3}{a^2-b^2}\left[(1-\mu)+\dfrac{b^2}{a^2}(1+\mu)\right]$ <br> $\Delta r(b) = \dfrac{2R}{Eh}\dfrac{a^2 b}{a^2-b^2}$ |
| 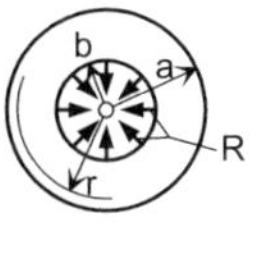 | $\dfrac{Rb^2}{a^2-b^2}\left(\dfrac{a^2}{r^2}-1\right)$ | $-\dfrac{Rb^2}{a^2-b^2}\left(\dfrac{a^2}{r^2}+1\right)$ | $\Delta r(a) = -\dfrac{2R}{Eh}\dfrac{ab^2}{a^2-b^2}$ <br> $\Delta r(b) = -\dfrac{R}{Eh}\dfrac{b^3}{a^2-b^2}\left[(1-\mu)+\dfrac{a^2}{b^2}(1+\mu)\right]$ |

**Tafel 2:** Zahlentafel zur Berechnung der Momente vierseitig gelagerter Rechteckplatten infolge Gleichlast ($\mu = 0$)

$$m = p\,\frac{\ell_x \cdot \ell_y}{\alpha}$$

$$\mu = 0$$

| $\ell_y/\ell_x$ | 1 $m_{xf}$ | 1 $m_{yf}$ | 1 $m_{xy}$ | 2 $m_{xf}$ | 2 $m_{yf}$ | 2 $m_{ys}$ | 2 $m_{xy}$ | 3 $m_{xf}$ | 3 $m_{yf}$ | 3 $m_{ys}$ | 4 $m_{xf}$ | 4 $m_{yf}$ | 4 $m_{xs}$ | 4 $m_{ys}$ | 4 $m_{xy}$ | 5 $m_{xf}$ | 5 $m_{yf}$ | 5 $m_{xs}$ | 5 $m_{ys}$ | 6 $m_{xf}$ | 6 $m_{yf}$ | 6 $m_{xs}$ | 6 $m_{ys}$ |
|---|---|---|---|---|---|---|---|---|---|---|---|---|---|---|---|---|---|---|---|---|---|---|---|
| 0,50 | 80,6 | 20,8 | 30,2 | 118 | 34,2 | -16,6 | 44,8 | 154 | 48,2 | -24,0 | 120 | 35,8 | -24,4 | -16,8 | 45,0 | 202 | 37,4 | -24,6 | -17,6 | 210 | 50,0 | -35,0 | -24,0 |
| 0,55 | 70,3 | 20,4 | 28,0 | 108 | 32,3 | -15,2 | 40,8 | 140 | 44,4 | -21,9 | 106 | 34,5 | -22,2 | -15,7 | 40,8 | 149 | 36,9 | -22,5 | -16,9 | 188 | 47,1 | -31,9 | -22,2 |
| 0,60 | 62,1 | 20,2 | 26,2 | 96,2 | 30,9 | -14,9 | 37,6 | 128 | 41,5 | -20,0 | 93,2 | 33,7 | -20,5 | -15,0 | 37,8 | 112 | 36,9 | -20,9 | -16,4 | 167 | 45,4 | -29,2 | -21,0 |
| 0,65 | 54,1 | 20,4 | 24,8 | 87,8 | 30,0 | -13,7 | 35,0 | 118 | 39,3 | -18,6 | 82,8 | 33,3 | -19,0 | -14,5 | 35,6 | 88,5 | 37,4 | -19,6 | -16,0 | 147 | 44,5 | -27,0 | -20,1 |
| 0,70 | 47,5 | 20,8 | 23,8 | 78,3 | 29,2 | -13,1 | 32,8 | 108 | 37,7 | -17,5 | 73,3 | 33,5 | -17,9 | -14,1 | 33,8 | 73,7 | 38,7 | -18,5 | -15,8 | 125 | 44,4 | -25,0 | -19,4 |
| 0,75 | 42,1 | 21,5 | 23,0 | 70,5 | 28,7 | -12,7 | 31,2 | 99,0 | 36,5 | -16,7 | 65,0 | 33,8 | -16,9 | -13,9 | 32,4 | 64,3 | 39,8 | -17,6 | -15,7 | 104 | 44,9 | -23,4 | -18,9 |
| 0,80 | 37,4 | 22,3 | 22,4 | 63,1 | 28,4 | -12,4 | 29,8 | 90,7 | 35,7 | -16,0 | 57,8 | 34,3 | -16,1 | -13,8 | 31,3 | 57,2 | 41,8 | -17,0 | -15,9 | 87,5 | 46,1 | -22,2 | -18,7 |
| 0,85 | 34,0 | 23,3 | 22,0 | 56,6 | 28,3 | -12,1 | 28,4 | 82,8 | 35,1 | -15,4 | 51,7 | 35,5 | -15,5 | -13,8 | 30,5 | 52,3 | 44,5 | -16,6 | -16,3 | 76,0 | 48,0 | -21,2 | -18,6 |
| 0,90 | 31,4 | 24,5 | 21,7 | 50,8 | 28,3 | -12,0 | 27,6 | 75,5 | 34,8 | -14,9 | 47,0 | 37,0 | -15,0 | -13,9 | 30,1 | 48,8 | 47,8 | -16,3 | -16,9 | 67,7 | 50,3 | -20,4 | -18,7 |
| 0,95 | 29,1 | 25,8 | 21,6 | 45,5 | 28,7 | -11,9 | 26,8 | 68,3 | 34,8 | -14,6 | 43,2 | 38,7 | -14,6 | -14,1 | 29,9 | 46,2 | 51,7 | -16,2 | -17,5 | 61,8 | 53,2 | -19,8 | -19,0 |
| 1,00 | 27,2 | 27,2 | 21,6 | 41,2 | 29,4 | -11,9 | 26,2 | 61,7 | 35,1 | -14,3 | 40,2 | 40,2 | -14,3 | -14,3 | 29,8 | 44,1 | 55,9 | -16,3 | -18,3 | 56,8 | 56,8 | -19,4 | -19,4 |
| 1,10 | 24,6 | 30,7 | 21,7 | 35,1 | 31,7 | -12,0 | 25,6 | 50,7 | 36,2 | -14,0 | 37,2 | 46,2 | -14,0 | -15,0 | 30,1 | 41,7 | 66,4 | -16,7 | -19,5 | 50,7 | 66,3 | -18,8 | -20,2 |
| 1,20 | 22,9 | 34,9 | 22,0 | 31,1 | 34,7 | -12,1 | 25,2 | 42,6 | 38,0 | -13,8 | 35,0 | 52,8 | -13,8 | -15,7 | 30,8 | 40,6 | 78,2 | -17,2 | -20,9 | 47,3 | 79,0 | -18,6 | -21,5 |
| 1,30 | 21,8 | 40,2 | 22,8 | 28,2 | 38,6 | -12,5 | 25,2 | 37,0 | 40,6 | -13,9 | 34,0 | 61,9 | -13,9 | -16,6 | 31,9 | 40,3 | 89,6 | -17,8 | -22,6 | 45,3 | 95,6 | -18,8 | -22,9 |
| 1,40 | 21,0 | 45,9 | 23,6 | 26,4 | 43,2 | -12,9 | 25,6 | 33,2 | 44,0 | -14,0 | 33,5 | 71,5 | -14,0 | -17,6 | 33,3 | 40,6 | 101 | -18,7 | -24,4 | 44,6 | 117 | -19,2 | -24,5 |
| 1,50 | 20,6 | 52,1 | 24,4 | 24,9 | 48,5 | -13,3 | 26,2 | 30,6 | 48,2 | -14,2 | 33,2 | 79,5 | -14,3 | -18,6 | 34,9 | 41,4 | 113 | -19,7 | -26,3 | 44,4 | 140 | -19,8 | -26,2 |
| 1,60 | 20,3 | 57,8 | 25,4 | 24,0 | 54,0 | -13,9 | 26,8 | 28,6 | 53,4 | -14,7 | 33,5 | 87,6 | -14,7 | -19,7 | 36,6 | 42,4 | 126 | -20,7 | -28,0 | 44,9 | 157 | -20,5 | -28,0 |
| 1,70 | 20,2 | 63,5 | 26,6 | 23,5 | 59,4 | -14,4 | 27,8 | 27,2 | 59,4 | -15,1 | 33,8 | 95,7 | -15,1 | -20,8 | 38,4 | 43,7 | 140 | -21,8 | -29,8 | 45,7 | 172 | -21,2 | -29,7 |
| 1,80 | 20,4 | 69,4 | 27,8 | 23,1 | 65,2 | -15,1 | 28,6 | 26,3 | 66,8 | -15,7 | 34,4 | 104 | -15,6 | -22,0 | 40,4 | 45,2 | 156 | -22,9 | -31,5 | 46,8 | 186 | -22,1 | -31,5 |
| 1,90 | 20,6 | 74,9 | 29,0 | 22,8 | 71,3 | -15,8 | 29,6 | 25,4 | 75,5 | -16,1 | 35,0 | 112 | -16,2 | -23,2 | 42,6 | 46,9 | 174 | -24,0 | -33,2 | 48,2 | 198 | -23,0 | -33,2 |
| 2,00 | 20,8 | 80,6 | 30,2 | 22,8 | 77,6 | -16,4 | 30,8 | 25,0 | 85,4 | -16,8 | 35,8 | 120 | -16,8 | -24,4 | 45,0 | 49,0 | 194 | -24,0 | -35,4 | 50,0 | 210 | -24,0 | -35,0 |

Nach STIGLAT/WIPPEL: Platten [3.5]

**Tafel 3:** Momentenbeiwerte nach PIEPER/MARTENS [2.11] für vierseitig gelagerte Rechteckplatten

Feldmomente $m_{xf}$ und $m_{yf}$ bei halber Einspannung mit $\mu = 0$, Stützmomente $m_{xs}$ und $m_{ys}$ bei voller Einspannung:

$$m_{xf} = \frac{q\ell_x^2}{f_x}, \quad m_{yf} = \frac{q\ell_x^2}{f_y}; \quad m_{xs} = -\frac{q\ell_x^2}{s_x}, \quad m_{ys} = -\frac{q\ell_x^2}{s_y}$$

### Tafel 3.1

Stützung 1

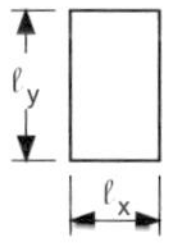

| $\ell_y/\ell_x$ | $f_x$ | $f_y$ |
|---|---|---|
| 1,0 | 27,2 | 27,2 |
| 1,1 | 22,4 | 27,9 |
| 1,2 | 19,1 | 29,1 |
| 1,3 | 16,8 | 30,9 |
| 1,4 | 15,0 | 32,8 |
| 1,5 | 13,7 | 34,7 |
| 1,6 | 12,7 | 36,1 |
| 1,7 | 11,9 | 37,3 |
| 1,8 | 11,3 | 38,5 |
| 1,9 | 10,8 | 39,4 |
| 2,0 | 10,4 | 40,3 |
| $\to \infty$ | 8,0 | ✳ |

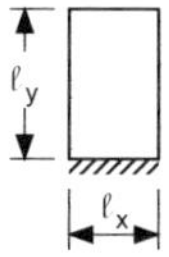

### Tafel 3.2.1

Stützung 2

| $\ell_y/\ell_x$ | $f_x$ | $f_y$ | $s_y$ |
|---|---|---|---|
| 1,0 | 32,8 | 29,1 | 11,9 |
| 1,1 | 26,3 | 29,2 | 10,9 |
| 1,2 | 22,0 | 29,8 | 10,1 |
| 1,3 | 18,9 | 30,6 | 9,6 |
| 1,4 | 16,7 | 31,8 | 9,2 |
| 1,5 | 15,0 | 33,5 | 8,9 |
| 1,6 | 13,7 | 34,8 | 8,7 |
| 1,7 | 12,8 | 36,1 | 8,5 |
| 1,8 | 12,0 | 37,3 | 8,4 |
| 1,9 | 11,4 | 38,4 | 8,3 |
| 2,0 | 10,9 | 39,5 | 8,2 |
| $\to \infty$ | 8,0 | ✳ | 8,0 |

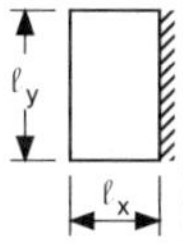

### Tafel 3.2.2

Stützung 2'

| $\ell_y/\ell_x$ | $f_x$ | $f_y$ | $s_x$ |
|---|---|---|---|
| 1,0 | 29,1 | 32,8 | 11,9 |
| 1,1 | 24,6 | 34,5 | 10,9 |
| 1,2 | 21,5 | 36,8 | 10,2 |
| 1,3 | 19,2 | 38,8 | 9,7 |
| 1,4 | 17,5 | 40,9 | 9,3 |
| 1,5 | 16,2 | 42,7 | 9,0 |
| 1,6 | 15,2 | 44,1 | 8,8 |
| 1,7 | 14,4 | 45,3 | 8,6 |
| 1,8 | 13,8 | 45,5 | 8,4 |
| 1,9 | 13,3 | 47,2 | 8,3 |
| 2,0 | 12,9 | 47,9 | 8,3 |
| $\to \infty$ | 10,2 | ✳ | 8,0 |

|  | Tafel 3.3.1 | | | |  | Tafel 3.3.2 | | | |
| --- | --- | --- | --- | --- | --- | --- | --- | --- | --- |
|  | $\ell_y/\ell_x$ | $f_x$ | $f_y$ | $s_y$ |  | $\ell_y/\ell_x$ | $f_x$ | $f_y$ | $s_x$ |
| Stützung 3 | 1,0 | 38,0 | 30,6 | 14,3 | Stützung 3' | 1,0 | 30,6 | 38,0 | 14,3 |
|  | 1,1 | 30,2 | 30,2 | 12,7 |  | 1,1 | 26,3 | 39,5 | 13,5 |
|  | 1,2 | 24,8 | 30,3 | 11,5 |  | 1,2 | 23,2 | 41,4 | 13,0 |
|  | 1,3 | 21,1 | 31,0 | 10,7 |  | 1,3 | 20,9 | 43,5 | 12,6 |
|  | 1,4 | 18,4 | 32,2 | 10,0 |  | 1,4 | 19,2 | 45,6 | 12,3 |
|  | 1,5 | 16,4 | 33,8 | 9,5 |  | 1,5 | 17,9 | 47,6 | 12,2 |
|  | 1,6 | 14,8 | 35,9 | 9,2 |  | 1,6 | 16,9 | 49,1 | 12,0 |
|  | 1,7 | 13,6 | 38,3 | 8,9 |  | 1,7 | 16,1 | 50,3 | 12,0 |
|  | 1,8 | 12,7 | 41,1 | 8,7 |  | 1,8 | 15,4 | 51,3 | 12,0 |
|  | 1,9 | 12,0 | 44,9 | 8,5 |  | 1,9 | 14,9 | 52,1 | 12,0 |
|  | 2,0 | 11,4 | 46,3 | 8,4 |  | 2,0 | 14,5 | 52,9 | 12,0 |
|  | $\to \infty$ | 8,0 | ✳ | 8,0 |  | $\to \infty$ | 12,0 | ✳ | 12,0 |

|  | Tafel 3.4 | | | | |
| --- | --- | --- | --- | --- | --- |
|  | $\ell_y/\ell_x$ | $f_x$ | $f_y$ | $s_x$ | $s_y$ |
| Stützung 4 | 1,0 | 33,2 | 33,2 | 14,3 | 14,3 |
|  | 1,1 | 27,3 | 34,1 | 12,7 | 13,6 |
|  | 1,2 | 23,3 | 35,5 | 11,5 | 13,1 |
|  | 1,3 | 20,6 | 37,7 | 10,7 | 12,8 |
|  | 1,4 | 18,5 | 39,9 | 10,0 | 12,6 |
|  | 1,5 | 16,9 | 41,9 | 9,6 | 12,4 |
|  | 1,6 | 15,8 | 43,5 | 9,2 | 12,3 |
|  | 1,7 | 14,9 | 44,9 | 8,9 | 12,2 |
|  | 1,8 | 14,2 | 46,2 | 8,7 | 12,2 |
|  | 1,9 | 13,6 | 47,2 | 8,5 | 12,2 |
|  | 2,0 | 13,1 | 48,3 | 8,4 | 12,2 |
|  | $\to \infty$ | 10,2 | ✳ | 8,0 | 11,2 |

| Tafel 3.5.1 | | | | |
|---|---|---|---|---|
| $\ell_y/\ell_x$ | $f_x$ | $f_y$ | $s_x$ | $s_y$ |
| 1,0 | 33,5 | 37,3 | 16,2 | 18,3 |
| 1,1 | 28,2 | 38,7 | 14,8 | 17,7 |
| 1,2 | 24,4 | 40,4 | 13,9 | 17,5 |
| 1,3 | 21,8 | 42,7 | 13,2 | 17,5 |
| 1,4 | 19,8 | 45,1 | 12,7 | 17,5 |
| 1,5 | 18,3 | 47,5 | 12,5 | 17,5 |
| 1,6 | 17,2 | 49,5 | 12,3 | 17,5 |
| 1,7 | 16,3 | 51,4 | 12,2 | 17,5 |
| 1,8 | 15,6 | 53,3 | 12,1 | 17,5 |
| 1,9 | 15,0 | 55,1 | 12,0 | 17,5 |
| 2,0 | 14,6 | 56,9 | 12,0 | 17,5 |
| $\to \infty$ | 12,0 | ✱ | 12,0 | 17,5 |

Stützung 5

| Tafel 3.5.2 | | | | |
|---|---|---|---|---|
| $\ell_y/\ell_x$ | $f_x$ | $f_y$ | $s_x$ | $s_y$ |
| 1,0 | 37,3 | 33,6 | 18,3 | 16,2 |
| 1,1 | 30,3 | 34,1 | 15,4 | 14,8 |
| 1,2 | 25,3 | 35,1 | 13,5 | 13,9 |
| 1,3 | 22,0 | 37,3 | 12,2 | 13,3 |
| 1,4 | 19,5 | 39,8 | 11,2 | 13,0 |
| 1,5 | 17,7 | 43,1 | 10,6 | 12,7 |
| 1,6 | 16,4 | 46,6 | 10,1 | 12,6 |
| 1,7 | 15,4 | 52,3 | 9,7 | 12,5 |
| 1,8 | 14,6 | 55,5 | 9,4 | 12,4 |
| 1,9 | 13,9 | 60,5 | 9,0 | 12,3 |
| 2,0 | 13,4 | 66,1 | 8,9 | 12,3 |
| $\to \infty$ | 10,2 | ✱ | 8,0 | 11,2 |

Stützung 5'

| Tafel 3.6 | | | | |
|---|---|---|---|---|
| $\ell_y/\ell_x$ | $f_x$ | $f_y$ | $s_x$ | $s_y$ |
| 1,0 | 36,8 | 36,8 | 19,4 | 19,4 |
| 1,1 | 30,2 | 38,1 | 17,1 | 18,4 |
| 1,2 | 25,7 | 40,4 | 15,5 | 17,9 |
| 1,3 | 22,7 | 43,5 | 14,5 | 17,6 |
| 1,4 | 20,4 | 47,1 | 13,7 | 17,5 |
| 1,5 | 18,7 | 50,6 | 13,2 | 17,5 |
| 1,6 | 17,5 | 52,8 | 12,8 | 17,5 |
| 1,7 | 16,5 | 54,5 | 12,5 | 17,5 |
| 1,8 | 15,7 | 56,1 | 12,3 | 17,5 |
| 1,9 | 15,1 | 57,3 | 12,1 | 17,5 |
| 2,0 | 14,7 | 58,3 | 12,0 | 17,5 |
| $\to \infty$ | 12,0 | ✱ | 12,0 | 17,5 |

Stützung 6

**Tafel 4:** Zahlentafel zur Berechnung der Biegemomente gelenkig gelagerter Rechteckplatten infolge eines sinusförmigen Randmoments

Verlauf der Momente $m_x$ und $m_y$ im Schnitt $y = \ell_y/2$

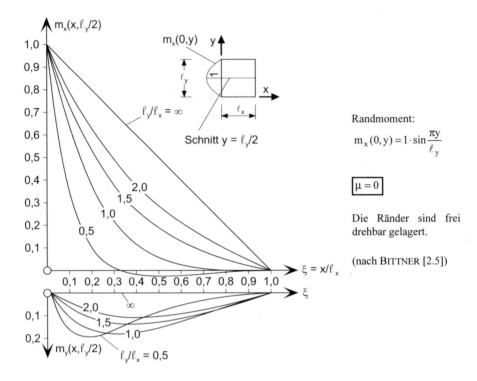

Randmoment:
$$m_x(0,y) = 1 \cdot \sin\frac{\pi y}{\ell_y}$$

$$\boxed{\mu = 0}$$

Die Ränder sind frei drehbar gelagert.

(nach BITTNER [2.5])

Zahlenwerte $m_x$ und $m_y$

| | $\xi$ / $l_y/l_x$ | 0,00 | 0,10 | 0,20 | 0,30 | 0,40 | 0,50 | 0,60 | 0,70 | 0,80 | 0,90 | 1,00 |
|---|---|---|---|---|---|---|---|---|---|---|---|---|
| $m_x$ | 0,500 | 1,000 | 0,366 | 0,106 | 0,009 | −0,021 | −0,024 | −0,020 | −0,014 | −0,008 | −0,004 | 0,000 |
| | 1,000 | 1,000 | 0,618 | 0,370 | 0,212 | 0,114 | 0,056 | 0,023 | 0,006 | −0,001 | −0,002 | 0,000 |
| | 1,500 | 1,000 | 0,730 | 0,528 | 0,378 | 0,266 | 0,185 | 0,125 | 0,081 | 0,048 | 0,023 | 0,000 |
| | 2,000 | 1,000 | 0,789 | 0,619 | 0,482 | 0,371 | 0,280 | 0,206 | 0,144 | 0,092 | 0,044 | 0,000 |
| $m_y$ | 0,500 | 0,000 | 0,168 | 0,179 | 0,143 | 0,102 | 0,068 | 0,043 | 0,026 | 0,014 | 0,006 | 0,000 |
| | 1,000 | 0,000 | 0,112 | 0,161 | 0,173 | 0,164 | 0,144 | 0,117 | 0,088 | 0,059 | 0,029 | 0,000 |
| | 1,500 | 0,000 | 0,074 | 0,117 | 0,135 | 0,137 | 0,128 | 0,110 | 0,086 | 0,059 | 0,030 | 0,000 |
| | 2,000 | 0,000 | 0,051 | 0,082 | 0,098 | 0,102 | 0,097 | 0,085 | 0,068 | 0,047 | 0,024 | 0,000 |

**Tafel 5:** Schnittgrößen von Kreisplatten mit rotationssymmetrischer Belastung

$$\rho = \frac{r}{a}$$

| Lastfall | Biegemomente | | Querkraft |
|---|---|---|---|
| $p$ ▭▭▭ <br> 2a | $m_r = \dfrac{pa^2}{16}(3+\mu)(1-\rho^2)$ <br><br> $m_\varphi = \dfrac{pa^2}{16}\left[2(1-\mu)+(1+3\mu)(1-\rho^2)\right]$ | | $q_r = -\dfrac{1}{2}pr$ |
| $p$ ▭▭ <br> 2b <br> 2a <br><br> $\beta = \dfrac{b}{a}$ | $\rho \leq \beta$ | $m_r = \dfrac{pa^2}{16}\left[\kappa - (3+\mu)\rho^2\right]$ <br><br> $m_\varphi = \dfrac{pa^2}{16}\left[\kappa - (1+3\mu)\rho^2\right]$ <br><br> $\kappa = \left[4-(1-\mu)\beta^2 - 4(1+\mu)\ln\beta\right]\beta^2$ | $q_r = -\dfrac{1}{2}pr$ |
| | $\rho \geq \beta$ | $m_r = \dfrac{pa^2}{16}\left[(1-\mu)\beta^2(\dfrac{1}{\rho^2}-1)-4(1+\mu)\ln\rho\right]\beta^2$ <br><br> $m_\varphi = \dfrac{pa^2}{16}\left[4(1-\mu)-(1-\mu)\beta^2(1+\dfrac{1}{\rho^2})\right.$ <br><br> $\left. -4(1+\mu)\ln\rho\right]\beta^2$ | $q_r = -\dfrac{1}{2}\dfrac{pb^2}{r}$ |
| $P$ ↓ <br> 2a | $m_r = -\dfrac{P}{4\pi}(1+\mu)\ln\rho$ <br><br> $m_\varphi = \dfrac{P}{4\pi}\left[(1-\mu)-(1+\mu)\ln\rho\right]$ | | $q_r = -\dfrac{P}{2\pi r}$ |
| $P$ ↓ ↓ $P$ <br> 2b <br> 2a <br><br> $\beta = \dfrac{b}{a}$ | $\rho \leq \beta$ | $m_r = m_\varphi = \dfrac{Pb}{4}\left[(1-\mu)(1-\beta^2)-2(1+\mu)\ln\beta\right]$ | $q_r = 0$ |
| | $\rho \geq \beta$ | $m_r = \dfrac{Pb}{4}\left[(1-\mu)\beta^2(\dfrac{1}{\rho^2}-1)-2(1+\mu)\ln\rho\right]$ <br><br> $m_\varphi = \dfrac{Pb}{4}\left[2(1-\mu)-(1-\mu)\beta^2(1+\dfrac{1}{\rho^2})\right.$ <br><br> $\left. -2(1+\mu)\ln\rho\right]$ | $q_r = -P\cdot\dfrac{b}{r}$ |
| $M$ ⟲ ⟳ <br> 2a | $m_r = m_\varphi = M$ | | $q_r = 0$ |

**Tafel 6:**   Verformungen von Kreisplatten mit rotationssymmetrischer Belastung

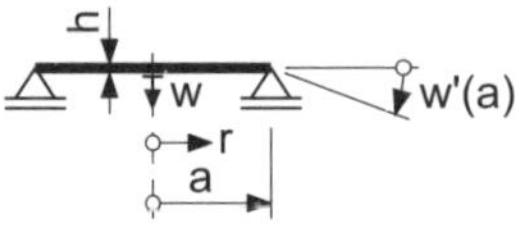

$$\rho = \frac{r}{a}$$

$$K = \frac{Eh^3}{12(1-\mu^2)}$$

| Lastfall | Durchbiegungen w | Randverdrehung w'(a) |
|---|---|---|
| 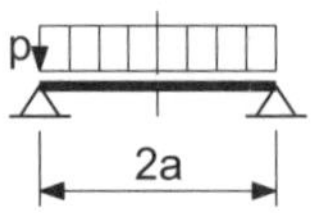 | $w(r) = \dfrac{pa^4}{64K(1+\mu)}\left[(5+\mu) - 2(3+\mu)\rho^2 + (1+\mu)\rho^4\right]$ <br><br> $w(0) = \dfrac{pa^4}{64K}\dfrac{5+\mu}{1+\mu}$ | $-\dfrac{pa^3}{8K(1+\mu)}$ |
| 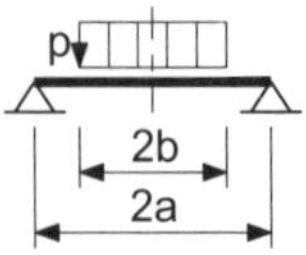 $\beta = \dfrac{b}{a}$ | $w(0) = \dfrac{pa^2b^2}{64K(1+\mu)}\left[4(3+\mu) - (7+3\mu)\beta^2 \right.$ <br> $\left. + 4(1+\mu)\beta^2\ln\beta\right]$ <br><br> $w(b) = \dfrac{pa^2b^2}{32K}\left[\dfrac{2(3+\mu)-(1-\mu)\beta^2}{1+\mu}(1-\beta^2) \right.$ <br> $\left. + 6\beta^2\ln\beta\right]$ | $-\dfrac{pab^2}{8K(1+\mu)}(2-\beta^2)$ |
| 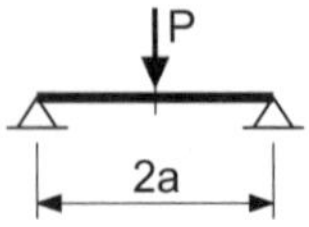 | $w(r) = \dfrac{Pa^2}{16\pi K}\left[\dfrac{3+\mu}{1+\mu}(1-\rho^2) + 2\rho^2\ln\rho\right]$ <br><br> $w(0) = \dfrac{Pa^2}{16\pi K}\dfrac{3+\mu}{1+\mu}$ | $-\dfrac{Pa}{4\pi K(1+\mu)}$ |
| 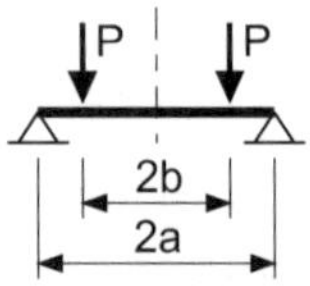 $\beta = \dfrac{b}{a}$ | $w(0) = \dfrac{Pa^2b}{8K(1+\mu)}\left[(3+\mu)(1-\beta^2) + 2(1+\mu)\beta^2\ln\beta\right]$ <br><br> $w(b) = \dfrac{Pa^2b}{8K(1+\mu)}\left\{\left[(3+\mu)-(1-\mu)\beta^2\right](1-\beta^2) \right.$ <br> $\left. + 4(1+\mu)\beta^2\ln\beta\right\}$ | $-\dfrac{Pab}{2K(1+\mu)}(1-\beta^2)$ |
| 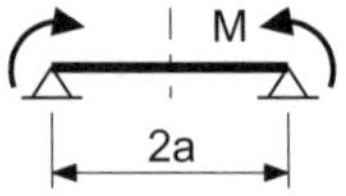 | $w(r) = \dfrac{Ma^2}{2K(1+\mu)}(1-\rho^2)$ <br><br> $w(0) = \dfrac{Ma^2}{2K(1+\mu)}$ | $-\dfrac{Ma}{K(1+\mu)}$ |

**Tafel 7:** Schnittgrößen von Kreisringplatten mit rotationssymmetrischer Belastung

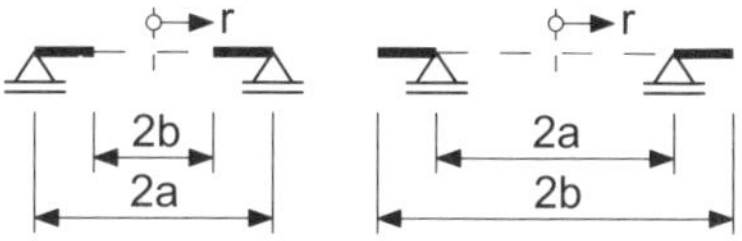

$$\rho = \frac{r}{a}, \quad \beta = \frac{b}{a}$$

| Lastfall | Biegemomente | Querkraft |
|---|---|---|
| 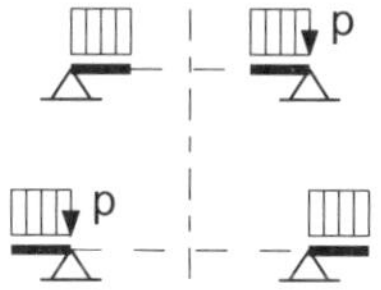 | $m_r = \frac{pa^2}{16}\left[(3+\mu)(1-\rho^2) - \beta^2\kappa_1\left(\frac{1}{\rho^2}-1\right)\right.$ $\left. + 4(1+\mu)\beta^2\ln\rho\right]$ $m_\varphi = \frac{pa^2}{16}\left[(3+\mu) - 4\beta^2(1-\mu) - (1+3\mu)\rho^2\right)$ $\left. + \kappa_1\beta^2\left(1+\frac{1}{\rho^2}\right) + 4(1+\mu)\beta^2\ln\rho\right]$ $\kappa_1 = (3+\mu) + 4(1+\mu)\frac{\beta^2}{1-\beta^2}\ln\beta$ | $q_r = -\frac{p}{2r}\left(r^2-b^2\right)$ |
| 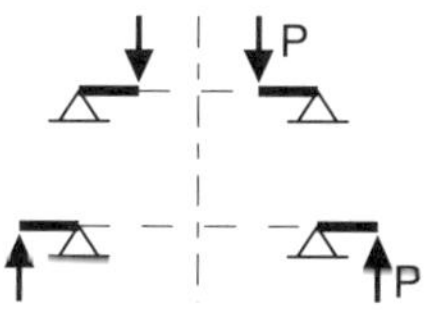 | $m_r = -\frac{Pb}{2}(1+\mu)\left[\ln\rho - \kappa_2\left(\frac{1}{\rho^2}-1\right)\right]$ $m_\varphi = -\frac{Pb}{2}(1+\mu)\left[\ln\rho + \kappa_2\left(\frac{1}{\rho^2}+1\right) - \frac{1-\mu}{1+\mu}\right]$ $\kappa_2 = \frac{\beta^2}{1-\beta^2}\ln\beta$ | $q_r = -P\frac{b}{r}$ |
| 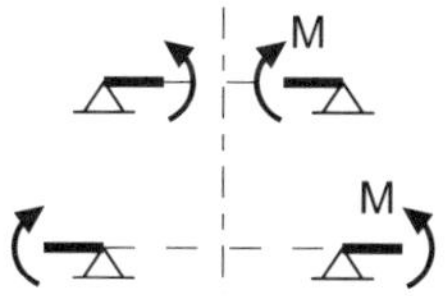 | $m_r = -M\frac{\beta^2}{1-\beta^2}\left(1-\frac{1}{\rho^2}\right)$ $m_\varphi = -M\frac{\beta^2}{1-\beta^2}\left(1+\frac{1}{\rho^2}\right)$ | $q_r = 0$ |
| 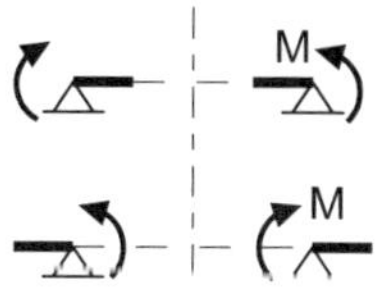 | $m_r = \frac{M}{1-\beta^2}\left(1-\frac{\beta^2}{\rho^2}\right)$ $m_\varphi = \frac{M}{1-\beta^2}\left(1+\frac{\beta^2}{\rho^2}\right)$ | $q_r = 0$ |

**Tafel 8:**   Verformungen von Kreisringplatten mit rotationssymmetrischer Belastung

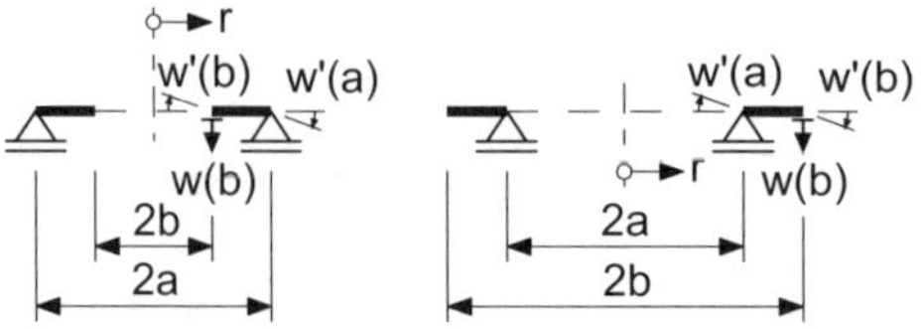

$$\rho = \frac{r}{a}, \quad \beta = \frac{b}{a}$$

$$K = \frac{Eh^3}{12(1-\mu^2)}$$

| Lastfall | Durchbiegung w(b) | Randverdrehungen w′ |
|---|---|---|
| 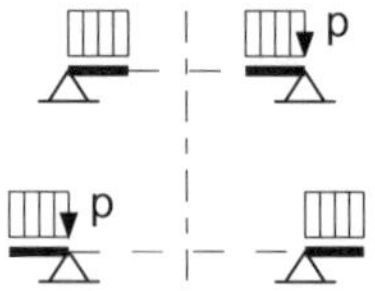 | $\dfrac{pa^4}{64K}\left\{[(5+\mu)-(7+3\mu)\beta^2]\dfrac{1-\beta^2}{1+\mu} - \left[(3+\mu)+4(1+\mu)\dfrac{\beta^2}{1-\beta^2}\right]\ln\beta\cdot\dfrac{4}{1-\mu}\beta^2\ln\beta\right\}$ | $w'(a) = -\dfrac{pa^3}{8K(1+\mu)}\left\{1-2\beta^2+\dfrac{\beta^2}{1-\mu}\cdot\left[(3+\mu)+4(1+\mu)\dfrac{\beta^2}{1-\beta^2}\ln\beta\right]\right\}$ <br><br> $w'(b) = -\dfrac{pa^2b}{8K(1+\mu)}\left\{\dfrac{1}{1-\mu}\left[(3+\mu)+4(1+\mu)\dfrac{\beta^2}{1-\beta^2}\ln\beta\right]-\beta^2\right\}$ |
| 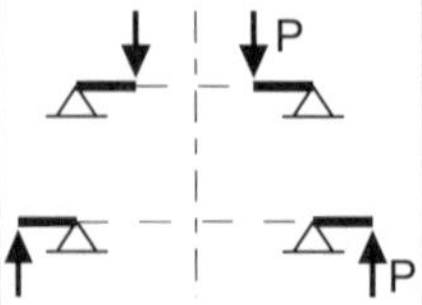 | $\dfrac{Pa^2b}{8K}\left[\dfrac{3+\mu}{1+\mu}(1-\beta^2)+4\dfrac{1+\mu}{1-\mu}\dfrac{\beta^2}{1-\beta^2}\ln^2\beta\right]$ | $w'(a) = -\dfrac{Pab}{2K(1+\mu)}\left(1-2\dfrac{1+\mu}{1-\mu}\dfrac{\beta^2}{1-\beta^2}\ln\beta\right)$ <br><br> $w'(b) = -\dfrac{Pb^2}{2K(1+\mu)}\left(1-2\dfrac{1+\mu}{1-\mu}\dfrac{\ln\beta}{1-\beta^2}\right)$ |
| 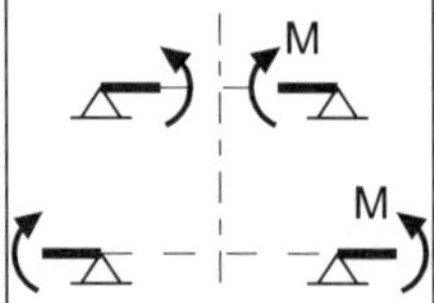 | $-\dfrac{Mb^2}{2K(1+\mu)}\left(1-2\dfrac{1+\mu}{1-\mu}\dfrac{\ln\beta}{1-\beta^2}\right)$ | $w'(a) = \dfrac{2Mb}{K(1-\mu^2)}\dfrac{\beta}{1-\beta^2}$ <br><br> $w'(b) = \dfrac{Mb}{K(1+\mu)}\dfrac{1}{1-\beta^2}\left(\beta^2+\dfrac{1+\mu}{1-\mu}\right)$ |
| 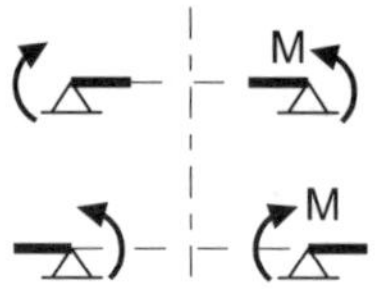 | $\dfrac{Ma^2}{2K(1+\mu)}\left(1-2\dfrac{1+\mu}{1-\mu}\dfrac{\beta^2}{1-\beta^2}\ln\beta\right)$ | $w'(a) = -\dfrac{Ma}{K(1+\mu)}\dfrac{1}{1-\beta^2}\left(1+\dfrac{1+\mu}{1-\mu}\beta^2\right)$ <br><br> $w'(b) = -\dfrac{2Mb}{K(1-\mu^2)}\dfrac{1}{1-\beta^2}$ |

**Tafel 9:** Zahlentafeln für Kreisplatten mit rotationssymmetrischer Vertikallast ($\mu = 0,2$)

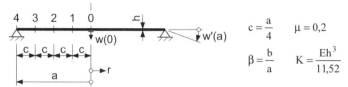

$$c = \frac{a}{4} \qquad \mu = 0,2$$

$$\beta = \frac{b}{a} \qquad K = \frac{Eh^3}{11,52}$$

| β | m_r in den Punkten | | | | | w'(a) | Lastfall |
|---|---|---|---|---|---|---|---|
| | 0 | 1 | 2 | 3 | 4 | | |
| 0,1 | 0,158 | 0,086 | 0,042 | 0,017 | 0,000 | −0,04125 | |
| 0,2 | 0,232 | 0,190 | 0,088 | 0,036 | 0,000 | −0,08000 | |
| 0,3 | 0,271 | 0,271 | 0,141 | 0,056 | 0,000 | −0,11375 | |
| 0,4 | 0,287 | 0,287 | 0,205 | 0,079 | 0,000 | −0,14000 | |
| 0,5 | 0,283 | 0,283 | 0,283 | 0,106 | 0,000 | −0,15625 | |
| 0,6 | 0,261 | 0,261 | 0,261 | 0,137 | 0,000 | −0,16000 | |
| 0,7 | 0,221 | 0,221 | 0,221 | 0,174 | 0,000 | −0,14875 | |
| 0,8 | 0,165 | 0,165 | 0,165 | 0,165 | 0,000 | −0,12000 | |
| 0,9 | 0,091 | 0,091 | 0,091 | 0,091 | 0,000 | −0,07125 | |
| 1,0 | 0,000 | 0,000 | 0,000 | 0,000 | 0,000 | −0,00000 | |
| Faktor | $P \cdot a$ | | | | | $P \cdot a^2 / K$ | |

| β | m_φ in den Punkten | | | | | w(0) | w(b) |
|---|---|---|---|---|---|---|---|
| | 0 | 1 | 2 | 3 | 4 | | |
| 0,1 | 0,158 | 0,120 | 0,081 | 0,057 | 0,040 | 0,03242 | 0,03177 |
| 0,2 | 0,232 | 0,219 | 0,155 | 0,110 | 0,077 | 0,06078 | 0,05692 |
| 0,3 | 0,271 | 0,271 | 0,218 | 0,157 | 0,109 | 0,08287 | 0,07270 |
| 0,4 | 0,287 | 0,287 | 0,262 | 0,193 | 0,134 | 0,09734 | 0,07820 |
| 0,5 | 0,283 | 0,283 | 0,283 | 0,217 | 0,150 | 0,10334 | 0,07387 |
| 0,6 | 0,261 | 0,261 | 0,261 | 0,224 | 0,154 | 0,10042 | 0,06131 |
| 0,7 | 0,221 | 0,221 | 0,221 | 0,210 | 0,143 | 0,08842 | 0,04325 |
| 0,8 | 0,165 | 0,165 | 0,165 | 0,165 | 0,115 | 0,06744 | 0,02352 |
| 0,9 | 0,091 | 0,091 | 0,091 | 0,091 | 0,068 | 0,03780 | 0,00705 |
| 1,0 | 0,000 | 0,000 | 0,000 | 0,000 | 0,000 | 0,00000 | 0,00000 |
| Faktor | $P \cdot a$ | | | | | $P \cdot a^3 / K$ | $P \cdot a^3 / K$ |

| β | $m_r$ in den Punkten | | | | | $w'(a)$ | Lastfall |
|---|---|---|---|---|---|---|---|
| | 0 | 1 | 2 | 3 | 4 | | |
| 0,1 | 0,009 | 0,004 | 0,002 | 0,001 | 0,000 | −0,00207 | |
| 0,2 | 0,029 | 0,018 | 0,009 | 0,004 | 0,000 | −0,00817 | |
| 0,3 | 0,055 | 0,042 | 0,020 | 0,008 | 0,000 | −0,01791 | |
| 0,4 | 0,083 | 0,070 | 0,037 | 0,015 | 0,000 | −0,03067 | |
| 0,5 | 0,111 | 0,099 | 0,061 | 0,024 | 0,000 | −0,04557 | |
| 0,6 | 0,139 | 0,126 | 0,089 | 0,036 | 0,000 | −0,06150 | |
| 0,7 | 0,163 | 0,150 | 0,113 | 0,052 | 0,000 | −0,07707 | |
| 0,8 | 0,182 | 0,170 | 0,132 | 0,070 | 0,000 | −0,09067 | |
| 0,9 | 0,195 | 0,183 | 0,145 | 0,083 | 0,000 | −0,10041 | |
| 1,0 | 0,200 | 0,188 | 0,150 | 0,088 | 0,000 | −0,10417 | |
| Faktor | $p \cdot a^2$ | | | | | $p \cdot a^3 / K$ | |

| β | $m_\varphi$ in den Punkten | | | | | $w(0)$ | $w(b)$ |
|---|---|---|---|---|---|---|---|
| | 0 | 1 | 2 | 3 | 4 | | |
| 0,1 | 0,009 | 0,006 | 0,004 | 0,003 | 0,002 | 0,00164 | 0,00160 |
| 0,2 | 0,029 | 0,023 | 0,016 | 0,011 | 0,008 | 0,00635 | 0,00589 |
| 0,3 | 0,055 | 0,048 | 0,035 | 0,025 | 0,017 | 0,01359 | 0,01167 |
| 0,4 | 0,083 | 0,076 | 0,059 | 0,042 | 0,029 | 0,02267 | 0,01755 |
| 0,5 | 0,111 | 0,105 | 0,086 | 0,063 | 0,044 | 0,03277 | 0,02215 |
| 0,6 | 0,139 | 0,132 | 0,114 | 0,085 | 0,059 | 0,04304 | 0,02426 |
| 0,7 | 0,163 | 0,157 | 0,138 | 0,107 | 0,074 | 0,05255 | 0,02304 |
| 0,8 | 0,182 | 0,176 | 0,157 | 0,126 | 0,087 | 0,06042 | 0,01819 |
| 0,9 | 0,195 | 0,189 | 0,170 | 0,139 | 0,096 | 0,06575 | 0,01009 |
| 1,0 | 0,200 | 0,194 | 0,175 | 0,144 | 0,100 | 0,06771 | 0,00000 |
| Faktor | $p \cdot a^2$ | | | | | $p \cdot a^4 / K$ | $p \cdot a^4 / K$ |

**Tafel 10:** Zahlentafeln für am Innenrand gelagerte Kreisringplatten mit rotationssymmetrischer Vertikallast ($\mu = 0,2$)

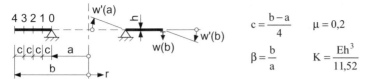

$$c = \frac{b-a}{4} \qquad \mu = 0,2$$

$$\beta = \frac{b}{a} \qquad K = \frac{Eh^3}{11,52}$$

| β | $m_r$ in den Punkten | | | | | w(b) | Lastfall |
|---|---|---|---|---|---|---|---|
| | 0 | 1 | 2 | 3 | 4 | | |
| 1,1 | 0,000 | −0,001 | −0,001 | −0,001 | 0,000 | 0,12018 | |
| 1,2 | 0,000 | −0,005 | −0,006 | −0,004 | 0,000 | 0,27391 | |
| 1,3 | 0,000 | −0,011 | −0,013 | −0,009 | 0,000 | 0,46338 | |
| 1,4 | 0,000 | −0,020 | −0,023 | −0,015 | 0,000 | 0,69070 | |
| 1,5 | 0,000 | −0,032 | −0,036 | −0,023 | 0,000 | 0,95791 | |
| 1,6 | 0,000 | −0,046 | −0,050 | −0,032 | 0,000 | 1,26701 | |
| 1,7 | 0,000 | −0,064 | −0,067 | −0,041 | 0,000 | 1,61994 | |
| 1,8 | 0,000 | −0,084 | −0,086 | −0,052 | 0,000 | 2,01864 | |
| 1,9 | 0,000 | −0,106 | −0,107 | −0,063 | 0,000 | 2,46500 | |
| 2,0 | 0,000 | −0,131 | −0,130 | −0,075 | 0,000 | 2,96091 | |
| Faktor | $P \cdot a$ | | | | | $P \cdot a^3 / K$ | |

| β | $m_\varphi$ in den Punkten | | | | | $w'(a)$ | $w'(b)$ |
|---|---|---|---|---|---|---|---|
| | 0 | 1 | 2 | 3 | 4 | | |
| 1,1 | −1,165 | −1,131 | −1,099 | −1,068 | −1,039 | 1,21344 | 1,19063 |
| 1,2 | −1,339 | −1,264 | −1,196 | −1,134 | 1,077 | 1,39503 | 1,34586 |
| 1,3 | −1,522 | −1,399 | −1,291 | −1,197 | −1,113 | 1,58590 | 1,50742 |
| 1,4 | −1,714 | −1,534 | −1,385 | −1,258 | −1,149 | 1,78552 | 1,67537 |
| 1,5 | −1,914 | −1,670 | −1,476 | −1,318 | −1,184 | 1,99344 | 1,84980 |
| 1,6 | −2,121 | −1,806 | −1,567 | −1,376 | −1,218 | 2,20924 | 2,03078 |
| 1,7 | −2,335 | −1,943 | −1,656 | −1,433 | −1,253 | 2,43252 | 2,21840 |
| 1,8 | −2,556 | −2,079 | −1,743 | −1,489 | −1,287 | 2,66293 | 2,41274 |
| 1,9 | −2,784 | −2,215 | −1,830 | −1,545 | −1,321 | 2,90013 | 2,61389 |
| 2,0 | −3,018 | −2,351 | −1,915 | −1,600 | −1,355 | 3,14382 | 2,82191 |
| Faktor | $P \cdot a$ | | | | | $P \cdot a^2 / K$ | $P \cdot a^2 / K$ |

| β | $m_r$ in den Punkten | | | | | w(b) | Lastfall |
|---|---|---|---|---|---|---|---|
|   | 0 | 1 | 2 | 3 | 4 | | |
| 1,1 | 0,000 | 0,001 | 0,001 | 0,001 | 0,000 | 0,00585 | |
| 1,2 | 0,000 | 0,003 | 0,004 | 0,003 | 0,000 | 0,02602 | |
| 1,3 | 0,000 | 0,007 | 0,009 | 0,007 | 0,000 | 0,06468 | |
| 1,4 | 0,000 | 0,012 | 0,016 | 0,011 | 0,000 | 0,12622 | |
| 1,5 | 0,000 | 0,017 | 0,023 | 0,017 | 0,000 | 0,21530 | |
| 1,6 | 0,000 | 0,023 | 0,031 | 0,023 | 0,000 | 0,33678 | |
| 1,7 | 0,000 | 0,029 | 0,039 | 0,029 | 0,000 | 0,49577 | |
| 1,8 | 0,000 | 0,035 | 0,048 | 0,036 | 0,000 | 0,69760 | |
| 1,9 | 0,000 | 0,040 | 0,056 | 0,043 | 0,000 | 0,94780 | |
| 2,0 | 0,000 | 0,044 | 0,065 | 0,051 | 0,000 | 1,25213 | |
| Faktor | $p \cdot a^2$ | | | | | $p \cdot a^4 / K$ | |

| β | $m_\varphi$ in den Punkten | | | | | w'(a) | w'(b) |
|---|---|---|---|---|---|---|---|
|   | 0 | 1 | 2 | 3 | 4 | | |
| 1,1 | −0,057 | −0,055 | −0,053 | −0,052 | −0,051 | 0,05906 | 0,05787 |
| 1,2 | −0,128 | −0,120 | −0,113 | −0,107 | −0,102 | 0,13285 | 0,12752 |
| 1,3 | −0,214 | −0,194 | −0,178 | −0,165 | −0,155 | 0,22250 | 0,20930 |
| 1,4 | −0,316 | −0,279 | −0,249 | −0,226 | −0,208 | 0,32903 | 0,30359 |
| 1,5 | −0,435 | −0,373 | −0,326 | −0,289 | −0,263 | 0,45342 | 0,41078 |
| 1,6 | −0,573 | −0,478 | −0,407 | −0,355 | −0,319 | 0,59656 | 0,53129 |
| 1,7 | −0,729 | −0,593 | −0,494 | −0,424 | −0,376 | 0,75931 | 0,66553 |
| 1,8 | −0,905 | −0,717 | −0,586 | −0,495 | −0,434 | 0,94247 | 0,81397 |
| 1,9 | −1,101 | −0,851 | −0,683 | −0,569 | −0,494 | 1,14679 | 0,97705 |
| 2,0 | −1,318 | −0,995 | −0,785 | −0,645 | −0,555 | 1,37299 | 1,15525 |
| Faktor | $p \cdot a^2$ | | | | | $p \cdot a^3 / K$ | $p \cdot a^3 / K$ |

**Tafel 11:** Zahlentafeln für am Innenrand gelagerte Kreisringplatten mit Randmomenten ($\mu = 0{,}2$)

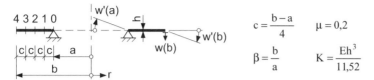

$$c = \frac{b-a}{4} \qquad \mu = 0{,}2$$

$$\beta = \frac{b}{a} \qquad K = \frac{Eh^3}{11{,}52}$$

| $\beta$ | $m_r$ in den Punkten * | | | | | $w(b)$ | Lastfall |
|---|---|---|---|---|---|---|---|
| | 0 | 1 | 2 | 3 | 4 | | |
| 1,1 | 0,000 | 0,278 | 0,536 | 0,776 | 1,000 | −1,19063 | |
| 1,2 | 0,000 | 0,304 | 0,568 | 0,798 | 1,000 | −1,34586 | |
| 1,3 | 0,000 | 0,330 | 0,597 | 0,817 | 1,000 | −1,50742 | |
| 1,4 | 0,000 | 0,354 | 0,624 | 0,834 | 1,000 | −1,67537 | |
| 1,5 | 0,000 | 0,378 | 0,648 | 0,848 | 1,000 | −1,84980 | |
| 1,6 | 0,000 | 0,400 | 0,670 | 0,861 | 1,000 | −2,03078 | |
| 1,7 | 0,000 | 0,422 | 0,690 | 0,872 | 1,000 | −2,21840 | |
| 1,8 | 0,000 | 0,442 | 0,708 | 0,881 | 1,000 | −2,41274 | |
| 1,9 | 0,000 | 0,461 | 0,725 | 0,890 | 1,000 | −2,61389 | |
| 2,0 | 0,000 | 0,480 | 0,741 | 0,898 | 1,000 | −2,82191 | |
| Faktor | M | | | | | $M \cdot a^2 / K$ | |

| $\beta$ | $m_\varphi$ in den Punkten * | | | | | $w'(a)$ | $w'(b)$ |
|---|---|---|---|---|---|---|---|
| | 0 | 1 | 2 | 3 | 4 | | |
| 1,1 | 11,524 | 11,246 | 10,988 | 10,748 | 10,524 | −12,00397 | −11,82937 |
| 1,2 | 6,545 | 6,241 | 5,977 | 5,747 | 5,545 | −6,81818 | −6,68182 |
| 1,3 | 4,899 | 4,569 | 4,301 | 4,081 | 3,899 | −5,10266 | −5,00845 |
| 1,4 | 4,083 | 3,729 | 3,459 | 3,250 | 3,083 | −4,25347 | −4,20486 |
| 1,5 | 3,600 | 3,222 | 2,952 | 2,752 | 2,600 | −3,75000 | −3,75000 |
| 1,6 | 3,282 | 2,882 | 2,612 | 2,422 | 2,282 | −3,41880 | −3,47009 |
| 1,7 | 3,058 | 2,637 | 2,368 | 2,187 | 2,058 | −3,18563 | −3,29056 |
| 1,8 | 2,893 | 2,451 | 2,184 | 2,011 | 1,893 | −3,01339 | −3,17411 |
| 1,9 | 2,766 | 2,305 | 2,041 | 1,876 | 1,766 | −2,88155 | −3,09994 |
| 2,0 | 2,667 | 2,187 | 1,926 | 1,769 | 1,667 | −2,77778 | −3,05556 |
| Faktor | M | | | | | $M \cdot a / K$ | $M \cdot a / K$ |

\* $m_r$ und $m_\varphi$ sind unabhängig von $\mu$

| β | $m_r$ in den Punkten * | | | | | w(b) | Lastfall |
|---|---|---|---|---|---|---|---|
| | 0 | 1 | 2 | 3 | 4 | | |
| 1,1 | 1,000 | 0,722 | 0,464 | 0,224 | 0,000 | 1,10313 | |
| 1,2 | 1,000 | 0,696 | 0,432 | 0,202 | 0,000 | 1,16253 | |
| 1,3 | 1,000 | 0,670 | 0,403 | 0,183 | 0,000 | 1,21992 | |
| 1,4 | 1,000 | 0,646 | 0,376 | 0,166 | 0,000 | 1,27537 | |
| 1,5 | 1,000 | 0,622 | 0,352 | 0,152 | 0,000 | 1,32896 | |
| 1,6 | 1,000 | 0,600 | 0,330 | 0,139 | 0,000 | 1,38078 | |
| 1,7 | 1,000 | 0,578 | 0,310 | 0,128 | 0,000 | 1,43090 | |
| 1,8 | 1,000 | 0,558 | 0,292 | 0,119 | 0,000 | 1,47941 | |
| 1,9 | 1,000 | 0,539 | 0,275 | 0,110 | 0,000 | 1,52639 | |
| 2,0 | 1,000 | 0,520 | 0,259 | 0,102 | 0,000 | 1,57191 | |
| Faktor | M | | | | | $M \cdot a^2 / K$ | |

| β | $m_\varphi$ in den Punkten * | | | | | w'(a) | w'(b) |
|---|---|---|---|---|---|---|---|
| | 0 | 1 | 2 | 3 | 4 | | |
| 1,1 | −10,524 | −10,246 | −9,988 | −9,748 | −9,524 | 11,17063 | 10,91270 |
| 1,2 | −5,545 | −5,241 | −4,977 | −4,747 | −4,545 | 5,98485 | 5,68182 |
| 1,3 | −3,899 | −3,569 | −3,301 | −3,081 | −2,899 | 4,26932 | 3,92512 |
| 1,4 | −3,083 | −2,729 | −2,459 | −2,250 | −2,083 | 3,42014 | 3,03819 |
| 1,5 | −2,600 | −2,222 | −1,952 | −1,752 | −1,600 | 2,91667 | 2,50000 |
| 1,6 | −2,282 | −1,882 | −1,612 | −1,422 | −1,282 | 2,58547 | 2,13675 |
| 1,7 | −2,058 | −1,637 | −1,368 | −1,187 | −1,058 | 2,35229 | 1,87390 |
| 1,8 | −1,893 | −1,451 | −1,184 | −1,011 | −0,893 | 2,18006 | 1,67411 |
| 1,9 | −1,766 | −1,305 | −1,041 | −0,876 | −0,766 | 2,04821 | 1,51660 |
| 2,0 | −1,667 | −1,187 | −0,926 | −0,769 | −0,667 | 1,94444 | 1,38889 |
| Faktor | M | | | | | $M \cdot a / K$ | $M \cdot a / K$ |

* $m_r$ und $m_\varphi$ sind unabhängig von μ

**Tafel 12:** Zahlentafeln für am Außenrand gelagerte Kreisringplatten mit Vertikalbelastung ($\mu = 0,2$)

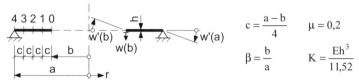

$$c = \frac{a-b}{4} \qquad \mu = 0,2$$

$$\beta = \frac{b}{a} \qquad K = \frac{Eh^3}{11,52}$$

| $\beta$ | $m_r$ in den Punkten | | | | | w(b) | Lastfall |
|---|---|---|---|---|---|---|---|
| | 0 | 1 | 2 | 3 | 4 | | |
| 0,1 | 0,000 | 0,056 | 0,033 | 0,014 | 0,000 | 0,03702 | |
| 0,2 | 0,000 | 0,068 | 0,047 | 0,022 | 0,000 | 0,08019 | |
| 0,3 | 0,000 | 0,060 | 0,048 | 0,025 | 0,000 | 0,12326 | |
| 0,4 | 0,000 | 0,047 | 0,042 | 0,023 | 0,000 | 0,15998 | |
| 0,5 | 0,000 | 0,033 | 0,032 | 0,019 | 0,000 | 0,18506 | |
| 0,6 | 0,000 | 0,021 | 0,022 | 0,014 | 0,000 | 0,19405 | |
| 0,7 | 0,000 | 0,011 | 0,013 | 0,008 | 0,000 | 0,18317 | |
| 0,8 | 0,000 | 0,005 | 0,006 | 0,004 | 0,000 | 0,14911 | |
| 0,9 | 0,000 | 0,001 | 0,001 | 0,001 | 0,000 | 0,08894 | |
| Faktor | | | $P \cdot a$ | | | $P \cdot a^3 / K$ | |

| $\beta$ | $m_\varphi$ in den Punkten | | | | | $w'(a)$ | $w'(b)$ |
|---|---|---|---|---|---|---|---|
| | 0 | 1 | 2 | 3 | 4 | | |
| 0,1 | 0,319 | 0,122 | 0,082 | 0,059 | 0,043 | −0,04457 | −0,03324 |
| 0,2 | 0,482 | 0,248 | 0,172 | 0,127 | 0,096 | −0,10010 | −0,10049 |
| 0,3 | 0,596 | 0,370 | 0,270 | 0,208 | 0,163 | −0,16965 | −0,18634 |
| 0,4 | 0,684 | 0,484 | 0,373 | 0,299 | 0,244 | −0,25393 | −0,28483 |
| 0,5 | 0,755 | 0,588 | 0,479 | 0,400 | 0,339 | −0,35274 | −0,39298 |
| 0,6 | 0,815 | 0,683 | 0,585 | 0,509 | 0,447 | −0,46550 | −0,50917 |
| 0,7 | 0,867 | 0,771 | 0,691 | 0,625 | 0,568 | −0,59152 | −0,63253 |
| 0,8 | 0,915 | 0,852 | 0,796 | 0,746 | 0,701 | −0,73003 | −0,76254 |
| 0,9 | 0,959 | 0,928 | 0,899 | 0,871 | 0,845 | −0,88031 | −0,89896 |
| Faktor | | | $P \cdot a$ | | | $P \cdot a^2 / K$ | $P \cdot a^2 / K$ |

| $\beta$ | $m_r$ in den Punkten | | | | | w(b) | Lastfall |
|---|---|---|---|---|---|---|---|
| | 0 | 1 | 2 | 3 | 4 | | |
| 0,1 | 0,000 | 0,159 | 0,133 | 0,078 | 0,000 | 0,07161 | |
| 0,2 | 0,000 | 0,119 | 0,109 | 0,065 | 0,000 | 0,07568 | |
| 0,3 | 0,000 | 0,084 | 0,084 | 0,052 | 0,000 | 0,07576 | |
| 0,4 | 0,000 | 0,056 | 0,060 | 0,039 | 0,000 | 0,07063 | |
| 0,5 | 0,000 | 0,036 | 0,041 | 0,027 | 0,000 | 0,06053 | |
| 0,6 | 0,000 | 0,021 | 0,025 | 0,017 | 0,000 | 0,04669 | |
| 0,7 | 0,000 | 0,011 | 0,013 | 0,009 | 0,000 | 0,03103 | |
| 0,8 | 0,000 | 0,004 | 0,006 | 0,004 | 0,000 | 0,01603 | |
| 0,9 | 0,000 | 0,001 | 0,001 | 0,001 | 0,000 | 0,00460 | |
| Faktor | | | $p \cdot a^2$ | | | $p \cdot a^4 / K$ | |

| β | $m_\varphi$ in den Punkten | | | | | $w'(a)$ | $w'(b)$ |
|---|---|---|---|---|---|---|---|
| | 0 | 1 | 2 | 3 | 4 | | |
| 0,1 | 0,385 | 0,204 | 0,174 | 0,142 | 0,102 | −0,10610 | −0,04011 |
| 0,2 | 0,356 | 0,217 | 0,177 | 0,144 | 0,106 | −0,11082 | −0,07412 |
| 0,3 | 0,320 | 0,220 | 0,178 | 0,145 | 0,112 | −0,11622 | −0,09986 |
| 0,4 | 0,279 | 0,211 | 0,174 | 0,144 | 0,115 | −0,12005 | −0,11637 |
| 0,5 | 0,236 | 0,192 | 0,163 | 0,139 | 0,115 | −0,12015 | −0,12311 |
| 0,6 | 0,192 | 0,165 | 0,145 | 0,127 | 0,110 | −0,11452 | −0,11975 |
| 0,7 | 0,145 | 0,131 | 0,119 | 0,108 | 0,097 | −0,10130 | −0,10601 |
| 0,8 | 0,098 | 0,092 | 0,087 | 0,081 | 0,076 | −0,07882 | −0,08165 |
| 0,9 | 0,049 | 0,048 | 0,047 | 0,045 | 0,044 | −0,04553 | −0,04641 |
| Faktor | $p \cdot a^2$ | | | | | $p \cdot a^3 / K$ | $p \cdot a^3 / K$ |

**Tafel 13:** Zahlentafeln für am Außenrand gelagerte Kreisringplatten mit Randmomenten $(\mu = 0,2)$

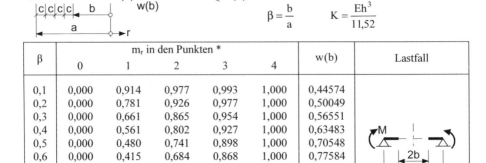

$$c = \frac{a - b}{4} \qquad \mu = 0,2$$

$$\beta = \frac{b}{a} \qquad K = \frac{Eh^3}{11,52}$$

| β | $m_r$ in den Punkten * | | | | | $w(b)$ | Lastfall |
|---|---|---|---|---|---|---|---|
| | 0 | 1 | 2 | 3 | 4 | | |
| 0,1 | 0,000 | 0,914 | 0,977 | 0,993 | 1,000 | 0,44574 | |
| 0,2 | 0,000 | 0,781 | 0,926 | 0,977 | 1,000 | 0,50049 | |
| 0,3 | 0,000 | 0,661 | 0,865 | 0,954 | 1,000 | 0,56551 | |
| 0,4 | 0,000 | 0,561 | 0,802 | 0,927 | 1,000 | 0,63483 | |
| 0,5 | 0,000 | 0,480 | 0,741 | 0,898 | 1,000 | 0,70548 | |
| 0,6 | 0,000 | 0,415 | 0,684 | 0,868 | 1,000 | 0,77584 | |
| 0,7 | 0,000 | 0,361 | 0,631 | 0,838 | 1,000 | 0,84503 | |
| 0,8 | 0,000 | 0,317 | 0,583 | 0,808 | 1,000 | 0,91254 | |
| 0,9 | 0,000 | 0,281 | 0,539 | 0,779 | 1,000 | 0,97813 | |
| Faktor | $M$ | | | | | $M \cdot a^2 / K$ | |

\* $m_r$ und $m_\varphi$ sind unabhängig von $\mu$

| β | $m_\varphi$ in den Punkten * | | | | | $w'(a)$ | $w'(b)$ |
|---|---|---|---|---|---|---|---|
| | 0 | 1 | 2 | 3 | 4 | | |
| 0,1 | 2,020 | 1,106 | 1,043 | 1,027 | 1,020 | −0,85438 | −0,21044 |
| 0,2 | 2,083 | 1,302 | 1,157 | 1,107 | 1,083 | −0,92014 | −0,43403 |
| 0,3 | 2,198 | 1,537 | 1,333 | 1,244 | 1,198 | −1,03938 | −0,68681 |
| 0,4 | 2,381 | 1,820 | 1,579 | 1,454 | 1,381 | −1,23016 | −0,99206 |
| 0,5 | 2,667 | 2,187 | 1,926 | 1,769 | 1,667 | −1,52778 | −1,38889 |
| 0,6 | 3,125 | 2,710 | 2,441 | 2,257 | 2,125 | −2,00521 | −1,95312 |
| 0,7 | 3,922 | 3,560 | 3,291 | 3,084 | 2,922 | −2,83497 | −2,85948 |
| 0,8 | 5,556 | 5,238 | 4,973 | 4,748 | 4,556 | −4,53704 | −4,62963 |
| 0,9 | 10,526 | 10,246 | 9,987 | 9,748 | 9,526 | −9,71491 | −9,86842 |
| Faktor | M | | | | | $M \cdot a / K$ | $M \cdot a / K$ |

| β | $m_r$ in den Punkten * | | | | | $w(b)$ | Lastfall |
|---|---|---|---|---|---|---|---|
| | 0 | 1 | 2 | 3 | 4 | | |
| 0,1 | 1,000 | 0,086 | 0,023 | 0,007 | 0,000 | −0,03324 | |
| 0,2 | 1,000 | 0,219 | 0,074 | 0,023 | 0,000 | −0,10049 | |
| 0,3 | 1,000 | 0,339 | 0,135 | 0,046 | 0,000 | −0,18634 | |
| 0,4 | 1,000 | 0,439 | 0,198 | 0,073 | 0,000 | −0,28483 | |
| 0,5 | 1,000 | 0,520 | 0,259 | 0,102 | 0,000 | −0,39298 | |
| 0,6 | 1,000 | 0,585 | 0,316 | 0,132 | 0,000 | −0,50917 | |
| 0,7 | 1,000 | 0,639 | 0,369 | 0,162 | 0,000 | −0,63253 | |
| 0,8 | 1,000 | 0,683 | 0,417 | 0,192 | 0,000 | −0,76254 | |
| 0,9 | 1,000 | 0,719 | 0,461 | 0,221 | 0,000 | −0,89896 | |
| Faktor | M | | | | | $M \cdot a^2 / K$ | |

| β | $m_\varphi$ in den Punkten * | | | | | $w'(a)$ | $w'(b)$ |
|---|---|---|---|---|---|---|---|
| | 0 | 1 | 2 | 3 | 4 | | |
| 0,1 | −1,020 | −0,106 | −0,043 | −0,027 | −0,020 | 0,02104 | 0,12710 |
| 0,2 | −1,083 | −0,302 | −0,157 | −0,107 | −0,083 | 0,08681 | 0,26736 |
| 0,3 | −1,198 | −0,537 | −0,333 | −0,244 | −0,198 | 0,20604 | 0,43681 |
| 0,4 | −1,381 | −0,820 | −0,579 | −0,454 | −0,381 | 0,39683 | 0,65873 |
| 0,5 | −1,667 | −1,187 | −0,926 | −0,769 | −0,667 | 0,69444 | 0,97222 |
| 0,6 | −2,125 | −1,710 | −1,441 | −1,257 | −1,125 | 1,17188 | 1,45313 |
| 0,7 | −2,922 | −2,560 | −2,291 | −2,084 | −1,922 | 2,00163 | 2,27614 |
| 0,8 | −4,556 | −4,238 | −3,973 | −3,748 | −3,556 | 3,70370 | 3,96296 |
| 0,9 | −9,526 | −9,246 | −8,987 | −8,748 | −8,526 | 8,88158 | 9,11842 |
| Faktor | M | | | | | $M \cdot a / K$ | $M \cdot a / K$ |

* $m_r$ und $m_\varphi$ sind unabhängig von $\mu$

**Tafel 14:** Schnittgrößen und Verformungen des Kreisrings mit Rechteckquerschnitt infolge rotationssymmetrischer Belastung

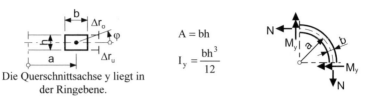

$$A = bh$$

$$I_y = \frac{bh^3}{12}$$

Die Querschnittsachse y liegt in der Ringebene.

| Lastfall | N | $M_y$ | $\Delta r_u$ | $\Delta r_o$ | $\varphi$ |
|---|---|---|---|---|---|
| R, a | $Ra$ | $0$ | $\dfrac{Ra^2}{Ebh}$ | $\dfrac{Ra^2}{Ebh}$ | $0$ |
| M, a | $0$ | $Ma$ | $\dfrac{6Ma^2}{Ebh^2}$ | $-\dfrac{6Ma^2}{Ebh^2}$ | $\dfrac{12Ma^2}{Ebh^3}$ |
| R, a, $\bar{a}$ | $R\bar{a}$ | $0$ | $\dfrac{Ra\bar{a}}{Ebh}$ | $\dfrac{Ra\bar{a}}{Ebh}$ | $0$ |
| R, a | $Ra$ | $\dfrac{Rah}{2}$ | $\dfrac{4Ra^2}{Ebh}$ | $-\dfrac{2Ra^2}{Ebh}$ | $\dfrac{6Ra^2}{Ebh^2}$ |
| R, a, $\bar{a}$ | $R\bar{a}$ | $\dfrac{R\bar{a}h}{2}$ | $\dfrac{4Ra\bar{a}}{Ebh}$ | $-\dfrac{2Ra\bar{a}}{Ebh}$ | $\dfrac{6Ra\bar{a}}{Ebh^2}$ |
| R, a, $\bar{a}$, c | $R\bar{a}$ | $R\bar{a}c$ | $\dfrac{Ra\bar{a}}{Ebh}\left(1+\dfrac{6c}{h}\right)$ | $\dfrac{Ra\bar{a}}{Ebh}\left(1-\dfrac{6c}{h}\right)$ | $\dfrac{12Ra\bar{a}c}{Ebh^3}$ |
| M, a, $\bar{a}$ | $0$ | $M\bar{a}$ | $\dfrac{6Ma\bar{a}}{Ebh^2}$ | $-\dfrac{6Ma\bar{a}}{Ebh^2}$ | $\dfrac{12Ma\bar{a}}{Ebh^3}$ |

**Tafel 15:** Schnittgrößen und Randverformungen von Zylinderschalen im Membranzustand

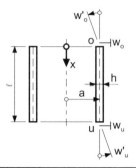

| | konstanter Innendruck | hydrostatischer Druck | Auflast | Eigengewicht |
|---|---|---|---|---|
| $n_x$ | 0 | 0 | $-V_o$ | $-gx$ |
| $n_\vartheta$ | $ap_i$ | $\gamma_f ax$ | 0 | 0 |
| $w_o$ | $\dfrac{a^2 p_i}{Eh}$ | 0 | $\dfrac{\mu a}{Eh} V_o$ | 0 |
| $w_o{}'$ | 0 | $\dfrac{a^2}{Eh}\gamma_f$ | 0 | $\dfrac{\mu a}{Eh} g$ |
| $w_u$ | $\dfrac{a^2 p_i}{Eh}$ | $\dfrac{a^2 \ell}{Eh}\gamma_f$ | $\dfrac{\mu a}{Eh} V_o$ | $\dfrac{\mu a \ell}{Eh} g$ |
| $w_u{}'$ | 0 | $\dfrac{a^2}{Eh}\gamma_f$ | 0 | $\dfrac{\mu a}{Eh} g$ |

**Tafel 16:** Membrankräfte in Kugelschalen infolge ausgewählter Lastfälle

| Lastfall und System | Meridiankräfte $n_\varphi$ | Ringkräfte $n_\vartheta$ |
|---|---|---|
| **Eigengewicht g = const.** | 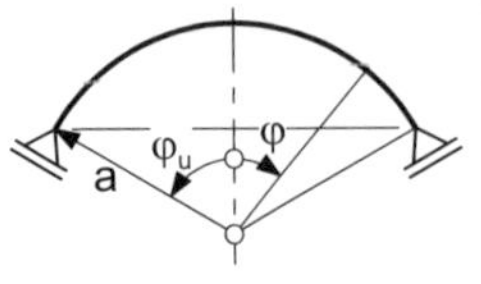 $-\dfrac{ga}{1+\cos\varphi}$ | $+ga\left(\dfrac{1}{1+\cos\varphi}-\cos\varphi\right)$ |
| 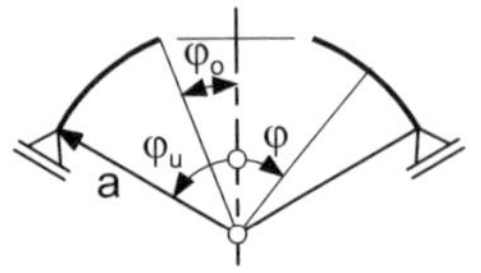 | $-\dfrac{ga(\cos\varphi_o-\cos\varphi)}{\sin^2\varphi}$ | $+ga\left(\dfrac{\cos\varphi_o-\cos\varphi}{\sin^2\varphi}-\cos\varphi\right)$ |
| **Randlast $V_o$** | 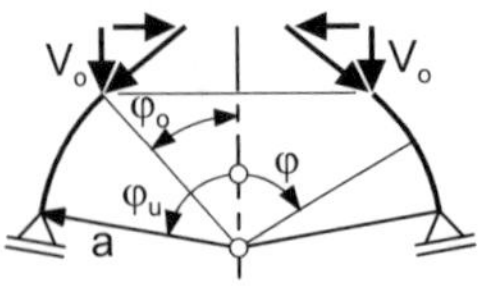 $-V_o\dfrac{\sin\varphi_o}{\sin^2\varphi}$ | $+V_o\dfrac{\sin\varphi_o}{\sin^2\varphi}$ |
| | Hierin ist nur die tangential eingeleitete Komponente von $V_o$ berücksichtigt. Die Horizontalkomponente ist zusätzlich nach der Biegetheorie durch $R=-V_o\cot\varphi_o$ zu erfassen. | |
| **Schneelast $p_s$** | 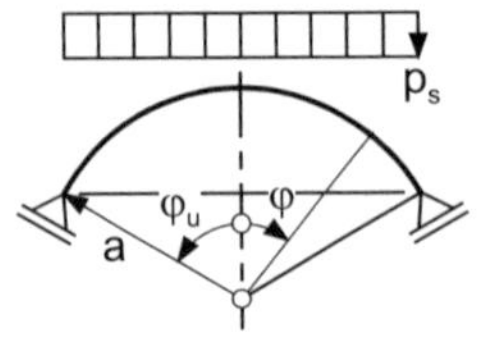 $-\dfrac{1}{2}ap_s$ | $-\dfrac{1}{2}ap_s\cos2\varphi$ |
| **Innendruck $p_i$** | 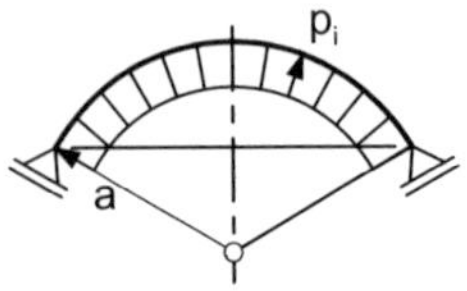 $+\dfrac{1}{2}ap_i$ | $+\dfrac{1}{2}ap_i$ |
| 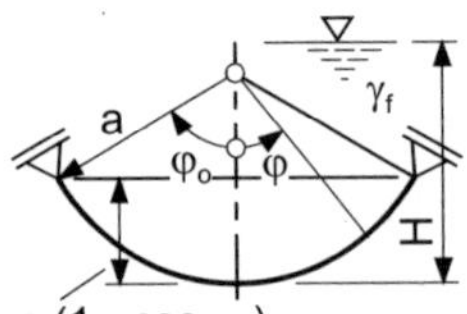 **Fülldruck** $\quad$ a (1 - cos $\varphi_o$) $\quad$ H $\geq$ a(1 - cos $\varphi_o$) | $\dfrac{1}{6}\gamma_f a^2\left[2\cdot\dfrac{1-\cos^3\varphi}{\sin^2\varphi}+3\left(\dfrac{H}{a}-1\right)\right]$ $\qquad n_\varphi(0)=n_\vartheta(0)=\dfrac{1}{2}\gamma_f aH$ | $\dfrac{1}{6}\gamma_f a^2\left[2\cdot\dfrac{3\cos\varphi-2\cos^3\varphi-1}{\sin^2\varphi}+3\left(\dfrac{H}{a}-1\right)\right]$ |

Bei hängender Schale Vorzeichen von $n_\varphi$ und $n_\vartheta$ umkehren.

**Tafel 17:** Membranverformungen von Kugelschalen konstanter Wandstärke infolge ausgewählter Lastfälle

| | Lastfall und System | Radialverschiebung $\Delta r$ | Meridianverdrehung $\psi$ |
|---|---|---|---|
| **Eigengewicht g = const.** | 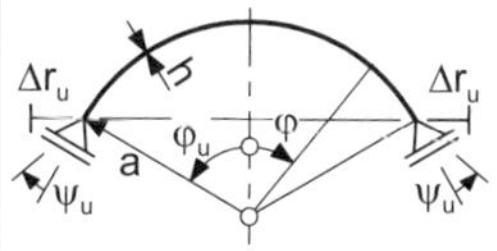 | $\dfrac{ga^2}{Eh}\sin\varphi\left(\dfrac{1+\mu}{1+\cos\varphi}-\cos\varphi\right)$ | $\dfrac{ga}{Eh}(2+\mu)\sin\varphi$ |
| | 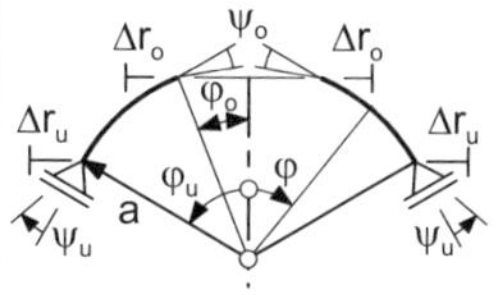 | $\dfrac{ga^2}{Eh}\sin\varphi\Big[(1+\mu)\dfrac{\cos\varphi_o-\cos\varphi}{\sin^2\varphi}$ $-\cos\varphi\Big]$ | $\dfrac{ga}{Eh}(2+\mu)\sin\varphi$ |
| **Randlast V$_o$** | 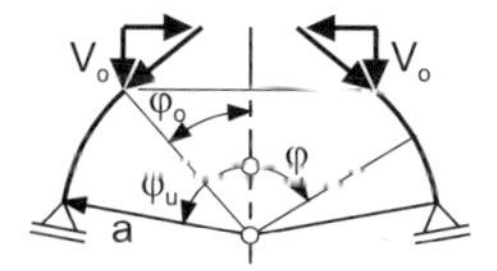 | $\dfrac{V_o a}{Eh}(1+\mu)\dfrac{\sin\varphi_o}{\sin\varphi}$<br><br>Hierin ist nur die tangential eingeleitete Komponente von $V_o$ berücksichtigt. Die Horizontalkomponente ist zusätzlich nach der Biegetheorie durch $R = -V_o\cot\varphi_o$ zu erfassen. | $0$ |
| **Schneelast p$_s$** | 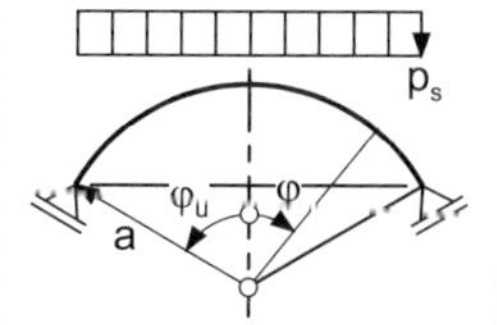 <br>$\Delta r$ und $\psi$ siehe oben | $\dfrac{a^2 p_s}{2Eh}\sin\varphi\,(\mu-\cos 2\varphi)$ | $\dfrac{ap_s}{Eh}(3+\mu)\cos\varphi\sin\varphi$ |
| **Innendruck p$_i$** | 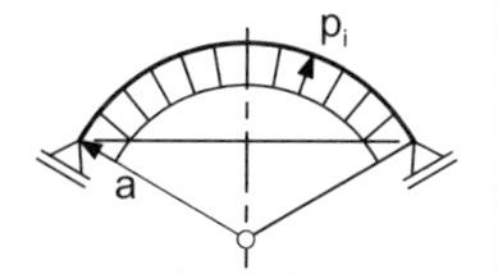 <br>$\Delta r$ und $\psi$ siehe oben | $\dfrac{a^2 p_i}{2Eh}(1-\mu)\sin\varphi$ | $0$ |
| **Fülldruck** | 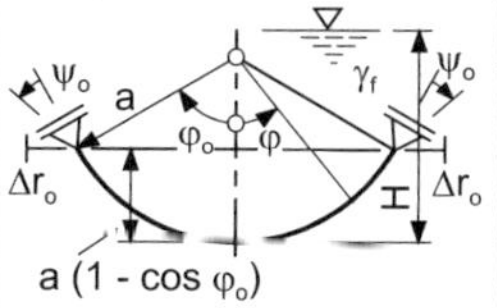 <br>$a(1-\cos\varphi_o)$<br>$H \geq a(1-\cos\varphi_o)$<br>$\Delta r$ und $\psi$ siehe oben | $\dfrac{\gamma_f a^3}{6Eh}\sin\varphi\,\big[6\cos\varphi$ $-2(1+\mu)\cdot\dfrac{1-\cos^3\varphi}{\sin^2\varphi}$ $+3(1-\mu)(H/a-1)\big]$ | $-\dfrac{\gamma_f a^2}{Eh}\sin\varphi$ |

Bei hängender Schale Vorzeichen von $\Delta r$ und $\psi$ umkehren

**Tafel 18:** Membrankräfte in Kegelschalen infolge ausgewählter Lastfälle

| Lastfall und System | Meridiankräfte $n_\varphi$ | Ringkräfte $n_\vartheta$ |
|---|---|---|
| Eigengewicht g = const. | 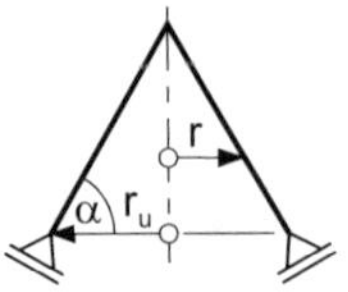 $-\dfrac{gr}{\sin 2\alpha}$ | $-gr\cot\alpha$ |
| 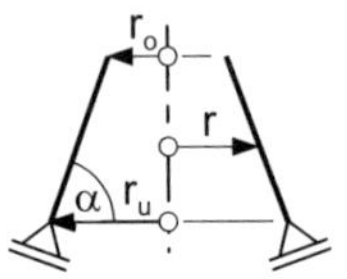 Eigengewicht g = const. | $-\dfrac{g\left(r^2-r_o^2\right)}{r\sin 2\alpha}$ | $-gr\cot\alpha$ |
| Randlast $V_o$ | $-\dfrac{V_o r_o}{r\sin\alpha}$<br><br>Hierin ist nur die tangential eingeleitete Komponente von $V_o$ berücksichtigt. Die Horizontalkomponente ist zusätzlich nach der Biegetheorie durch R = -V_o cot α zu erfassen. | $0$ |
| Schneelast $p_s$ | 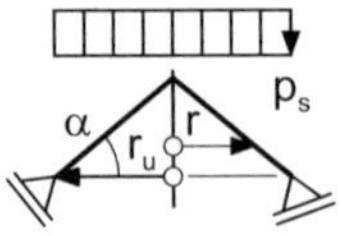 $-\dfrac{r\,p_s}{2\sin\alpha}$ | $-r\,p_s\cos\alpha\cot\alpha$ |
| Innendruck $p_i$ | 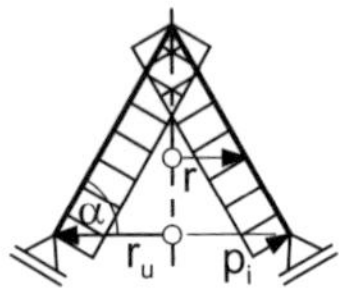 $+\dfrac{r\,p_i}{2\sin\alpha}$ | $+\dfrac{r\,p_i}{\sin\alpha}$ |
| 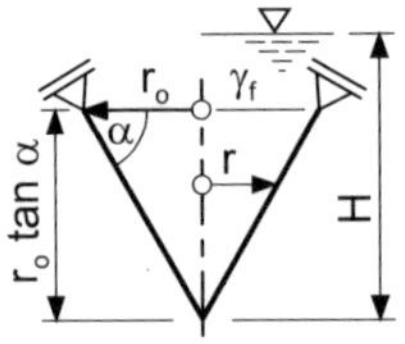 Fülldruck <br>$H \ge r_o\tan\alpha$ | $\dfrac{\gamma_f r}{6\sin\alpha}\left(3H-2r\tan\alpha\right)$ | $\dfrac{\gamma_f r}{\sin\alpha}\left(H-r\tan\alpha\right)$ |

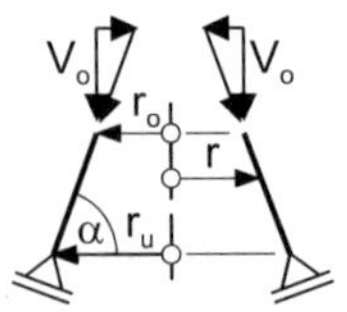

Bei hängender Schale Vorzeichen von $n_\varphi$ und $n_\vartheta$ umkehren

**Tafel 19:** Membranverformungen von Kegelschalen konstanter Wandstärke infolge ausgewählter Lastfälle

| Lastfall und System | Radialverschiebung $\Delta r$ | Meridianverdrehung $\psi$ |
|---|---|---|
| **Eigengewicht g = const.** | 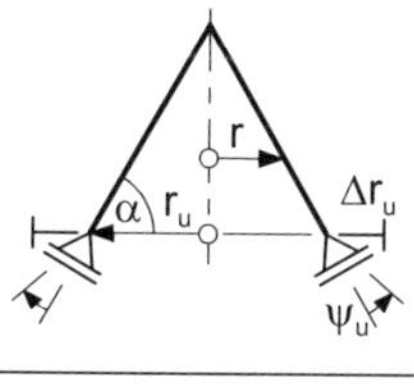 $-\dfrac{gr^2}{Eh\sin 2\alpha}\left(2\cos^2\alpha-\mu\right)$ | $-\dfrac{gr}{2Eh\sin^2\alpha}\left[2(2+\mu)\cos^2\alpha-1-2\mu\right]$ |
| 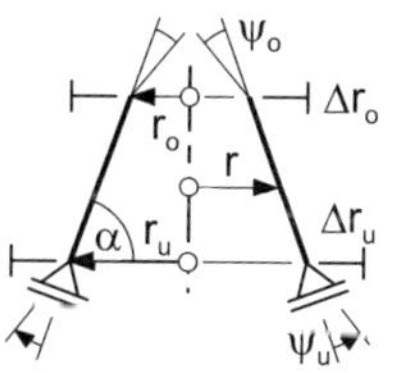 | $-\dfrac{gr^2}{Eh\sin 2\alpha}\left[2\cos^2\alpha-\mu\left(1-\dfrac{r_o^2}{r^2}\right)\right]$ | $-\dfrac{gr}{2Eh\sin^2\alpha}\left[2(2+\mu)\cos^2\alpha-1-2\mu+\dfrac{r_o^2}{r^2}\right]$ |
| 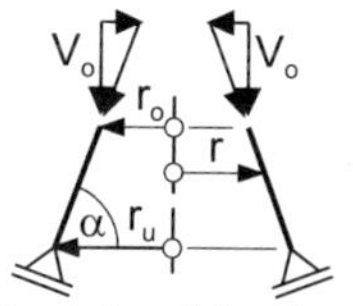 **Randlast $V_o$** $\Delta r$ und $\psi$ siehe oben | $\dfrac{\mu V_o r_o}{Eh\sin\alpha}$ <br><br> Hierin ist nur die tangential eingeleitete Komponente von $V_o$ berücksichtigt. Die Horizontalkomponente ist zusätzlich nach der Biegetheorie durch R = -V₀ cot α zu erfassen. | $\dfrac{V_o r_o}{Ehr}\cdot\dfrac{\cos\alpha}{\sin^2\alpha}$ |
| 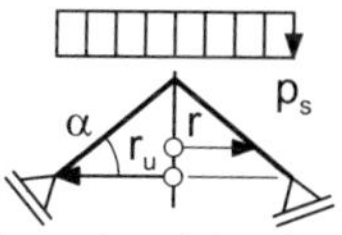 **Schneelast $p_s$** $\Delta r$ und $\psi$ siehe oben | $-\dfrac{p_s r^2}{2Eh\sin\alpha}\left(2\cos^2\alpha-\mu\right)$ | $-\dfrac{p_s r\cos\alpha}{2Eh\sin^2\alpha}\left[2(2+\mu)\cos^2\alpha-1-2\mu\right]$ |
| 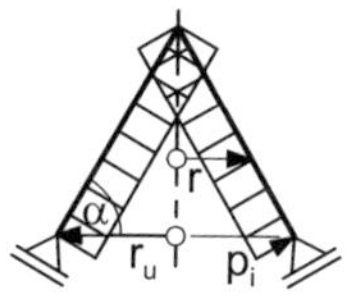 **Innendruck $p_i$** $\Delta r$ und $\psi$ siehe oben | $\dfrac{p_i\,r^2}{2Eh\sin\alpha}(2-\mu)$ | $\dfrac{3p_i r\cos\alpha}{2Eh\sin^2\alpha}$ |
| 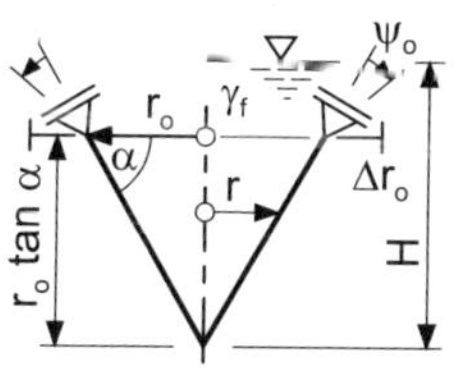 **Fülldruck** $H \geq r_o\tan\alpha$ | $\dfrac{\gamma_f r^2}{Eh\sin\alpha}\left[H-r\tan\alpha-\dfrac{\mu}{6}\left(3H-2r\tan\alpha\right)\right]$ | $\dfrac{\gamma_f r\cos\alpha}{Eh\sin^2\alpha}\left(\dfrac{3}{2}H-\dfrac{8}{3}r\tan\alpha\right)$ |

Bei hängender Schale Vorzeichen von $\Delta r$ und $\psi$ umkehren

**Tafel 20:** Tafel der Funktionen $\eta$, $\eta'$, $\eta''$ und $\eta'''$

$$\eta = e^{-\xi}(\cos\xi + \sin\xi)$$
$$\eta' = e^{-\xi}\sin\xi$$
$$\eta'' = e^{-\xi}(\cos\xi - \sin\xi)$$
$$\eta''' = e^{-\xi}\cos\xi$$

Diese Funktionen beschreiben den Verlauf der Randstörungen von Rotationsschalen sowie des elastisch gebetteten Balkens.

| $\xi$ | $\eta$ | $\eta'$ | $\eta''$ | $\eta'''$ |
|---|---|---|---|---|
| 0,0 | 1,0000 | 0,0000 | 1,0000 | 1,0000 |
| 0,1 | 0,9907 | 0,0903 | 0,8100 | 0,9003 |
| 0,2 | 0,9651 | 0,1627 | 0,6398 | 0,8024 |
| 0,3 | 0,9267 | 0,2189 | 0,4888 | 0,7077 |
| 0,4 | 0,8784 | 0,2610 | 0,3564 | 0,6174 |
| 0,5 | 0,8231 | 0,2908 | 0,2415 | 0,5323 |
| 0,6 | 0,7628 | 0,3099 | 0,1431 | 0,4530 |
| 0,7 | 0,6997 | 0,3199 | 0,0599 | 0,3798 |
| 0,8 | 0,6354 | 0,3223 | -0,0093 | 0,3131 |
| 0,9 | 0,5712 | 0,3185 | -0,0657 | 0,2527 |
| 1,0 | 0,5083 | 0,3096 | -0,1108 | 0,1988 |
| 1,1 | 0,4476 | 0,2967 | -0,1457 | 0,1510 |
| 1,2 | 0,3899 | 0,2807 | -0,1716 | 0,1091 |
| 1,3 | 0,3355 | 0,2626 | -0,1897 | 0,0729 |
| 1,4 | 0,2849 | 0,2430 | -0,2011 | 0,0419 |
| 1,5 | 0,2384 | 0,2226 | -0,2068 | 0,0158 |
| 1,6 | 0,1959 | 0,2018 | -0,2077 | -0,0059 |
| 1,7 | 0,1576 | 0,1812 | -0,2047 | -0,0235 |
| 1,8 | 0,1234 | 0,1610 | -0,1985 | -0,0376 |
| 1,9 | 0,0932 | 0,1415 | -0,1899 | -0,0484 |
| 2,0 | 0,0667 | 0,1231 | -0,1794 | -0,0563 |
| 2,1 | 0,0439 | 0,1057 | -0,1675 | -0,0618 |
| 2,2 | 0,0244 | 0,0896 | -0,1548 | -0,0652 |
| 2,3 | 0,0080 | 0,0748 | -0,1416 | -0,0668 |
| 2,4 | -0,0056 | 0,0613 | -0,1282 | -0,0669 |
| 2,5 | -0,0166 | 0,0491 | -0,1149 | -0,0658 |
| 2,6 | -0,0254 | 0,0383 | -0,1019 | -0,0636 |
| 2,7 | -0,0320 | 0,0287 | -0,0895 | -0,0608 |
| 2,8 | -0,0369 | 0,0204 | -0,0777 | -0,0573 |
| 2,9 | -0,0403 | 0,0132 | -0,0666 | -0,0534 |
| 3,0 | -0,0423 | 0,0070 | -0,0563 | -0,0493 |
| 3,1 | -0,0431 | 0,0019 | -0,0469 | -0,0450 |
| 3,2 | -0,0431 | -0,0024 | -0,0383 | -0,0407 |
| 3,3 | -0,0422 | -0,0058 | -0,0306 | -0,0364 |
| 3,4 | -0,0408 | -0,0085 | -0,0237 | -0,0323 |
| 3,5 | -0,0389 | -0,0106 | -0,0177 | -0,0283 |
| 3,6 | -0,0366 | -0,0121 | -0,0124 | -0,0245 |
| 3,7 | -0,0341 | -0,0131 | -0,0079 | -0,0210 |
| 3,8 | -0,0314 | -0,0137 | -0,0040 | -0,0177 |
| 3,9 | -0,0286 | -0,0139 | -0,0008 | -0,0147 |
| 4,0 | -0,0258 | -0,0139 | 0,0019 | -0,0120 |

**Tafel 21:** Schnittgrößen und Randverformungen langer Zylinderschalen ($\lambda\ell \geq 4$) infolge rotationssymmetrischer Randlasten R und M

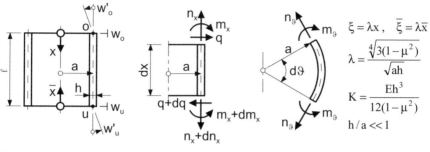

$$\xi = \lambda x, \quad \bar{\xi} = \lambda\bar{x}$$

$$\lambda = \frac{\sqrt[4]{3(1-\mu^2)}}{\sqrt{ah}}$$

$$K = \frac{Eh^3}{12(1-\mu^2)}$$

$$h/a \ll 1$$

|  | ←─┤├─→R | ↶┤├↷M | ←─┤├─→R | ↶┤├↷M |
|---|---|---|---|---|
| $n_x$ | 0 | 0 | 0 | 0 |
| $n_\vartheta$ | $2Ra\lambda \cdot \eta'''(\xi)$ | $2Ma\lambda^2 \cdot \eta''(\xi)$ | $2Ra\lambda \cdot \eta'''(\bar{\xi})$ | $2Ma\lambda^2 \cdot \eta''(\bar{\xi})$ |
| $m_x$ | $\dfrac{R}{\lambda} \cdot \eta'(\xi)$ | $M \cdot \eta(\xi)$ | $\dfrac{R}{\lambda} \cdot \eta'(\bar{\xi})$ | $M \cdot \eta(\bar{\xi})$ |
| $m_\vartheta$ | $\mu m_x$ | $\mu m_x$ | $\mu m_x$ | $\mu m_x$ |
| $q$ | $R \cdot \eta''(\xi)$ | $-2M\lambda \cdot \eta'(\xi)$ | $-R \cdot \eta''(\bar{\xi})$ | $+2M\lambda \cdot \eta'(\bar{\xi})$ |
| $w_o$ | $\dfrac{R}{2K\lambda^3}$ | $\dfrac{M}{2K\lambda^2}$ | 0 | 0 |
| $w'_o$ | $-\dfrac{R}{2K\lambda^2}$ | $-\dfrac{M}{K\lambda}$ | 0 | 0 |
| $w_u$ | 0 | 0 | $\dfrac{R}{2K\lambda^3}$ | $\dfrac{M}{2K\lambda^2}$ |
| $w'_u$ | 0 | 0 | $\dfrac{R}{2K\lambda^2}$ | $\dfrac{M}{K\lambda}$ |

Die Zahlenwerte von $\eta$, $\eta'$, $\eta''$ und $\eta'''$ für $0 \leq \xi \leq 4{,}0$ sind Tafel 20 zu entnehmen.

**Tafel 22:** Tafel der Funktionen $F_1$ bis $F_4$ für kurze Zylinder

$F_1(\xi) = \cosh\xi \cos\xi$

$F_2(\xi) = \sinh\xi \sin\xi$

$F_3(\xi) = \cosh\xi \sin\xi$

$F_4(\xi) = \sinh\xi \cos\xi$

Diese Funktionen beschreiben den Schnittkraftverlauf in kurzen Zylinderschalen.

| $\xi$ | $F_1$ | $F_2$ | $F_3$ | $F_4$ |
|---|---|---|---|---|
| 0 | 1,0000 | 0,0000 | 0,0000 | 0,0000 |
| 0,1 | 1,0000 | 0,0100 | 0,1003 | 0,0997 |
| 0,2 | 0,9997 | 0,0400 | 0,2027 | 0,1973 |
| 0,3 | 0,9987 | 0,0900 | 0,3089 | 0,2909 |
| 0,4 | 0,9957 | 0,1600 | 0,4210 | 0,3783 |
| 0,5 | 0,9896 | 0,2498 | 0,5406 | 0,4573 |
| 0,6 | 0,9784 | 0,3595 | 0,6694 | 0,5255 |
| 0,7 | 0,9600 | 0,4887 | 0,8086 | 0,5802 |
| 0,8 | 0,9318 | 0,6371 | 0,9594 | 0,6187 |
| 0,9 | 0,8908 | 0,8041 | 1,1226 | 0,6381 |
| 1,0 | 0,8337 | 0,9889 | 1,2985 | 0,6350 |
| 1,1 | 0,7568 | 1,1903 | 1,4870 | 0,6058 |
| 1,2 | 0,6561 | 1,4069 | 1,6876 | 0,5470 |
| 1,3 | 0,5272 | 1,6365 | 1,8991 | 0,4543 |
| 1,4 | 0,3656 | 1,8766 | 2,1196 | 0,3237 |
| 1,5 | 0,1664 | 2,1239 | 2,3465 | 0,1506 |
| 1,6 | -0,0753 | 2,3746 | 2,5764 | -0,0694 |
| 1,7 | -0,3644 | 2,6236 | 2,8047 | -0,3409 |
| 1,8 | -0,7060 | 2,8652 | 3,0262 | -0,6685 |
| 1,9 | -1,1049 | 3,0927 | 3,2342 | -1,0566 |
| 2,0 | -1,5656 | 3,2979 | 3,4210 | -1,5093 |
| 2,1 | -2,0922 | 3,4717 | 3,5774 | -2,0304 |
| 2,2 | -2,6882 | 3,6036 | 3,6931 | -2,6230 |
| 2,3 | -3,3562 | 3,6815 | 3,7563 | -3,2894 |
| 2,4 | -4,0977 | 3,6922 | 3,7535 | -4,0308 |
| 2,5 | -4,9128 | 3,6209 | 3,6700 | -4,8471 |
| 2,6 | -5,8003 | 3,4511 | 3,4894 | -5,7366 |
| 2,7 | -6,7566 | 3,1653 | 3,1940 | -6,6958 |
| 2,8 | -7,7759 | 2,7442 | 2,7646 | -7,7186 |
| 2,9 | -8,8499 | 2,1675 | 2,1807 | -8,7965 |
| 3,0 | -9,9669 | 1,4137 | 1,4207 | -9,9176 |
| 3,1 | -11,1119 | 0,4606 | 0,4624 | -11,0669 |
| 3,2 | -12,2657 | -0,7148 | -0,7172 | -12,2250 |
| 3,3 | -13,4048 | -2,1355 | -2,1414 | -13,3684 |
| 3,4 | -14,5008 | -3,8243 | -3,8328 | -14,4685 |
| 3,5 | -15,5197 | -5,8029 | -5,8135 | -15,4915 |
| 3,6 | -16,4221 | -8,0917 | -8,1038 | -16,3976 |
| 3,7 | -17,1622 | -10,7087 | -10,7218 | -17,1412 |
| 3,8 | -17,6874 | -13,6685 | -13,6822 | -17,6697 |
| 3,9 | -17,9388 | -16,9817 | -16,9956 | -17,9241 |
| 4,0 | -17,8499 | -20,6531 | -20,6669 | -17,8379 |

**Tafel 23:** Hilfswerte zur Berechnung der Randverformungen und Integrationskonstanten kurzer Zylinderschalen ($\lambda \ell \le 4$)

| $\lambda \ell$ | $H_1$ | $H_2$ | $H_3$ | $H_4$ | $H_5$ | $H_6$ | $H_7$ | $H_8$ |
|---|---|---|---|---|---|---|---|---|
| 0,1 | 20,000 | 10,000 | 300,001 | 150,000 | 3000,037 | 2999,987 | 149,501 | 150,501 |
| 0,2 | 10,000 | 5,000 | 75,004 | 37,499 | 375,074 | 374,974 | 37,002 | 38,002 |
| 0,3 | 6,667 | 3,333 | 33,343 | 16,664 | 111,223 | 111,073 | 16,171 | 17,171 |
| 0,4 | 5,001 | 2,499 | 18,767 | 9,370 | 47,024 | 46,824 | 8,883 | 9,883 |
| 0,5 | 4,002 | 1,998 | 12,026 | 5,992 | 24,186 | 23,936 | 5,513 | 6,513 |
| 0,6 | 3,337 | 1,664 | 8,371 | 4,156 | 14,112 | 13,812 | 3,686 | 4,686 |
| 0,7 | 2,864 | 1,424 | 6,174 | 3,046 | 9,006 | 8,657 | 2,587 | 3,587 |
| 0,8 | 2,510 | 1,243 | 4,754 | 2,324 | 6,156 | 5,757 | 1,877 | 2,877 |
| 0,9 | 2,236 | 1,101 | 3,788 | 1,827 | 4,449 | 4,000 | 1,394 | 2,394 |
| 1,0 | 2,019 | 0,986 | 3,104 | 1,469 | 3,370 | 2,873 | 1,052 | 2,052 |
| 1,1 | 1,843 | 0,890 | 2,605 | 1,203 | 2,660 | 2,115 | 0,803 | 1,803 |
| 1,2 | 1,699 | 0,809 | 2,232 | 0,998 | 2,178 | 1,585 | 0,616 | 1,616 |
| 1,3 | 1,580 | 0,739 | 1,949 | 0,837 | 1,843 | 1,203 | 0,475 | 1,475 |
| 1,4 | 1,480 | 0,676 | 1,731 | 0,707 | 1,606 | 0,920 | 0,366 | 1,366 |
| 1,5 | 1,395 | 0,621 | 1,562 | 0,600 | 1,435 | 0,706 | 0,281 | 1,281 |
| 1,6 | 1,325 | 0,570 | 1,430 | 0,511 | 1,312 | 0,540 | 0,215 | 1,215 |
| 1,7 | 1,265 | 0,523 | 1,327 | 0,436 | 1,223 | 0,410 | 0,163 | 1,163 |
| 1,8 | 1,215 | 0,479 | 1,246 | 0,372 | 1,157 | 0,306 | 0,123 | 1,123 |
| 1,9 | 1,173 | 0,438 | 1,183 | 0,316 | 1,110 | 0,223 | 0,092 | 1,092 |
| 2,0 | 1,138 | 0,400 | 1,134 | 0,268 | 1,076 | 0,155 | 0,067 | 1,067 |
| 2,1 | 1,108 | 0,363 | 1,097 | 0,225 | 1,052 | 0,100 | 0,048 | 1,048 |
| 2,2 | 1,084 | 0,329 | 1,068 | 0,188 | 1,035 | 0,056 | 0,034 | 1,034 |
| 2,3 | 1,065 | 0,296 | 1,047 | 0,155 | 1,023 | 0,020 | 0,023 | 1,023 |
| 2,4 | 1,049 | 0,265 | 1,031 | 0,125 | 1,015 | -0,009 | 0,016 | 1,016 |
| 2,5 | 1,037 | 0,235 | 1,020 | 0,100 | 1,010 | -0,032 | 0,010 | 1,010 |
| 2,6 | 1,027 | 0,207 | 1,012 | 0,077 | 1,007 | -0,050 | 0,006 | 1,006 |
| 2,7 | 1,020 | 0,181 | 1,007 | 0,058 | 1,005 | -0,064 | 0,003 | 1,003 |
| 2,8 | 1,014 | 0,156 | 1,003 | 0,041 | 1,004 | -0,074 | 0,002 | 1,002 |
| 2,9 | 1,010 | 0,134 | 1,001 | 0,026 | 1,004 | -0,081 | 0,001 | 1,001 |
| 3,0 | 1,007 | 0,113 | 1,000 | 0,014 | 1,004 | -0,085 | 0,000 | 1,000 |
| 3,1 | 1,004 | 0,094 | 1,000 | 0,004 | 1,004 | -0,086 | 0,000 | 1,000 |
| 3,2 | 1,003 | 0,077 | 1,000 | -0,005 | 1,004 | -0,086 | 0,000 | 1,000 |
| 3,3 | 1,002 | 0,061 | 1,000 | -0,012 | 1,004 | -0,085 | 0,000 | 1,000 |
| 3,4 | 1,001 | 0,048 | 1,001 | -0,017 | 1,004 | -0,082 | 0,000 | 1,000 |
| 3,5 | 1,001 | 0,035 | 1,001 | -0,021 | 1,003 | -0,078 | 0,000 | 1,000 |
| 3,6 | 1,001 | 0,025 | 1,001 | -0,024 | 1,003 | -0,073 | 0,001 | 1,001 |
| 3,7 | 1,001 | 0,016 | 1,001 | -0,026 | 1,003 | -0,068 | 0,001 | 1,001 |
| 3,8 | 1,001 | 0,008 | 1,002 | -0,027 | 1,003 | -0,063 | 0,001 | 1,001 |
| 3,9 | 1,001 | 0,002 | 1,002 | -0,028 | 1,002 | -0,057 | 0,001 | 1,001 |
| 4,0 | 1,001 | -0,004 | 1,002 | -0,028 | 1,002 | -0,052 | 0,001 | 1,001 |

Für $\lambda \ell > 4$ gilt mit ausreichender Genauigkeit

$$H_1 = H_3 = H_5 = H_8 = 1$$
$$H_2 = H_4 = H_6 = H_7 = 0 \,.$$

**Tafel 24:** Randverformungen kurzer Zylinderschalen ($\lambda\ell \leq 4$) infolge rotationssymmetrischer Randlasten R und M

$$K = \frac{Eh^3}{12(1-\mu^2)}$$

$$\lambda = \frac{\sqrt[4]{3(1-\mu^2)}}{\sqrt{ah}}$$

$$h/a \ll 1$$

$w_o = w(0)$

$w'_o = w'(0)$

$w_u = w(\lambda\ell)$

$w'_u = w'(\lambda\ell)$

|  | Lastfall R | Lastfall M |
|---|---|---|
| $w_o$ | $\dfrac{R}{2K\lambda^3}\dfrac{\cosh\lambda\ell\sinh\lambda\ell-\cos\lambda\ell\sin\lambda\ell}{\sinh^2\lambda\ell-\sin^2\lambda\ell}$ | $\dfrac{M}{2K\lambda^2}\dfrac{\sinh^2\lambda\ell+\sin^2\lambda\ell}{\sinh^2\lambda\ell-\sin^2\lambda\ell}$ |
| $w'_o$ | $-\dfrac{R}{2K\lambda^2}\dfrac{\sinh^2\lambda\ell+\sin^2\lambda\ell}{\sinh^2\lambda\ell-\sin^2\lambda\ell}$ | $-\dfrac{M}{K\lambda}\dfrac{\cosh\lambda\ell\sinh\lambda\ell+\cos\lambda\ell\sin\lambda\ell}{\sinh^2\lambda\ell-\sin^2\lambda\ell}$ |
| $w_u$ | $-\dfrac{R}{2K\lambda^3}\dfrac{\cosh\lambda\ell\sin\lambda\ell-\sinh\lambda\ell\cos\lambda\ell}{\sinh^2\lambda\ell-\sin^2\lambda\ell}$ | $-\dfrac{M}{K\lambda^2}\dfrac{\sinh\lambda\ell\sin\lambda\ell}{\sinh^2\lambda\ell-\sin^2\lambda\ell}$ |
| $w'_u$ | $-\dfrac{R}{K\lambda^2}\dfrac{\sinh\lambda\ell\sin\lambda\ell}{\sinh^2\lambda\ell-\sin^2\lambda\ell}$ | $-\dfrac{M}{K\lambda}\dfrac{\cosh\lambda\ell\sin\lambda\ell+\sinh\lambda\ell\cos\lambda\ell}{\sinh^2\lambda\ell-\sin^2\lambda\ell}$ |

Zur Vereinfachung werden die von $\lambda\ell$ abhängigen Quotienten mit $H_1$ bis $H_6$ bezeichnet. Für die vier möglichen Randangriffe ergibt sich damit die folgende Tabelle.

|  | ← ☐ → R | ↰ ☐ ↱ M | ← ☐ → R | ↰ ☐ ↱ M |
|---|---|---|---|---|
| $w_o$ | $\dfrac{R}{2K\lambda^3}\cdot H_1$ | $\dfrac{M}{2K\lambda^2}\cdot H_3$ | $-\dfrac{R}{2K\lambda^3}\cdot H_2$ | $-\dfrac{M}{K\lambda^2}\cdot H_4$ |
| $w'_o$ | $-\dfrac{R}{2K\lambda^2}\cdot H_3$ | $-\dfrac{M}{K\lambda}\cdot H_5$ | $\dfrac{R}{K\lambda^2}\cdot H_4$ | $\dfrac{M}{K\lambda}\cdot H_6$ |
| $w_u$ | $-\dfrac{R}{2K\lambda^3}\cdot H_2$ | $-\dfrac{M}{K\lambda^2}\cdot H_4$ | $\dfrac{R}{2K\lambda^3}\cdot H_1$ | $\dfrac{M}{2K\lambda^2}\cdot H_3$ |
| $w'_u$ | $-\dfrac{R}{K\lambda^2}\cdot H_4$ | $-\dfrac{M}{K\lambda}\cdot H_6$ | $\dfrac{R}{2K\lambda^2}\cdot H_3$ | $\dfrac{M}{K\lambda}\cdot H_5$ |

In Tafel 23 ist eine Zahlentafel für die Hilfswerte $H_1$ bis $H_6$ gegeben.

**Tafel 25:** Schnittgrößen und Randverformungen von Kugel- und Kugelzonenschalen infolge rotationssymmetrischer Randlasten R und M

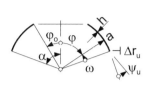

Voraussetzungen:

$h / a \ll 1$

$\kappa(\alpha - \varphi_o) \ge 4$

$\alpha \ge \dfrac{\pi}{6} \hat{=} 30°$

$$\kappa = \sqrt{\frac{a}{h}} \sqrt[4]{3(1-\mu^2)}$$

$$K = \frac{Eh^3}{12(1-\mu^2)}$$

$\eta, \eta', \eta''$ und $\eta'''$ nach Tafel 20

|  |  R | M |
|---|---|---|
| $n_\varphi$ | $R \sin\alpha \cot\varphi \cdot \eta''(\kappa\omega)$ | $-\dfrac{2M\kappa}{a} \cot\varphi \cdot \eta'(\kappa\omega)$ |
| $n_\vartheta$ | $2R\kappa \sin\alpha \cdot \eta'''(\kappa\omega)$ | $\dfrac{2M\kappa^2}{a} \cdot \eta''(\kappa\omega)$ |
| $m_\varphi$ | $\dfrac{Ra}{\kappa} \sin\alpha \cdot \eta'(\kappa\omega)$ | $M \cdot \eta(\kappa\omega)$ |
| $m_\vartheta$ | $\dfrac{Ra}{2\kappa^2} \sin\alpha \cot\varphi \cdot \eta(\kappa\omega) + \mu m_\varphi$ | $\dfrac{M}{\kappa} \cot\varphi \cdot \eta'''(\kappa\omega) + \mu m_\varphi$ |
| $q$ | $-R \sin\alpha \cdot \eta''(\kappa\omega)$ | $\dfrac{2M\kappa}{a} \cdot \eta'(\kappa\omega)$ |
| $\Delta r_u$ | $\dfrac{a\kappa \sin^2\alpha}{Eh} \cdot \left(2 - \dfrac{\mu}{\kappa}\cot\alpha\right) \cdot R \approx \dfrac{2a\kappa \sin^2\alpha}{Eh} \cdot R$ | $\dfrac{2\kappa^2 \sin\alpha}{Eh} \cdot M$ |
| $\psi_u$ | $\dfrac{2\kappa^2 \sin\alpha}{Eh} \cdot R$ | $\dfrac{a}{\kappa K} \cdot M$ |

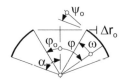

Voraussetzungen:

$h/a \ll 1$

$\kappa(\alpha - \varphi_o) \geq 4$

$\varphi_o \geq \dfrac{\pi}{6} \triangleq 30°$

| | $R$ | $M$ |
|---|---|---|
| $n_\varphi$ | $-R \sin \varphi_o \cot \varphi \cdot \eta''(\kappa\omega)$ | $\dfrac{2M\kappa}{a} \cot \varphi \cdot \eta'(\kappa\omega)$ |
| $n_\vartheta$ | $2R\kappa \sin \varphi_o \cdot \eta'''(\kappa\omega)$ | $\dfrac{2M\kappa^2}{a} \cdot \eta''(\kappa\omega)$ |
| $m_\varphi$ | $\dfrac{Ra}{\kappa} \sin \varphi_o \cdot \eta'(\kappa\omega)$ | $M \cdot \eta(\kappa\omega)$ |
| $m_\vartheta$ | $-\dfrac{Ra}{2\kappa^2} \sin \varphi_o \cot \varphi \cdot \eta(\kappa\omega) + \mu m_\varphi$ | $-\dfrac{M}{\kappa} \cot \varphi \cdot \eta'''(\kappa\omega) + \mu m_\varphi$ |
| $q$ | $R \sin \varphi_o \cdot \eta''(\kappa\omega)$ | $-\dfrac{2M\kappa}{a} \cdot \eta'(\kappa\omega)$ |
| $\Delta r_o$ | $\dfrac{a\kappa \sin^2 \varphi_o}{Eh} \cdot \left(2 + \dfrac{\mu}{\kappa} \cot \varphi_o\right) \cdot R \approx \dfrac{2a\kappa \sin^2 \varphi_o}{Eh} \cdot R$ | $\dfrac{2\kappa^2 \sin \varphi_o}{Eh} \cdot M$ |
| $\psi_o$ | $-\dfrac{2\kappa^2 \sin \varphi_o}{Eh} \cdot R$ | $-\dfrac{a}{\kappa K} \cdot M$ |

**Tafel 26:** Schnittgrößen und Randverformungen von Kegel- und Kegelzonenschalen infolge rotationssymmetrischer Randlasten R und M

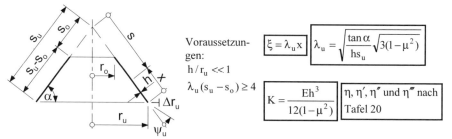

Voraussetzungen:

$h / r_u \ll 1$

$\lambda_u (s_u - s_o) \geq 4$

$\xi = \lambda_u x$

$\lambda_u = \sqrt{\dfrac{\tan \alpha}{h s_u}} \sqrt{3(1 - \mu^2)}$

$K = \dfrac{E h^3}{12(1 - \mu^2)}$

$\eta, \eta', \eta''$ und $\eta'''$ nach Tafel 20

|  | ← R | M ↗ |
|---|---|---|
| $n_\varphi$ | $R \cos \alpha \cdot \eta''(\xi)$ | $-2 M \lambda_u \cot \alpha \cdot \eta'(\xi)$ |
| $n_\vartheta$ | $2 R \lambda_u s \cos \alpha \cdot \eta'''(\xi)$ | $2 M \lambda_u^2 s \cot \alpha \cdot \eta''(\xi)$ |
| $m_\varphi$ | $\dfrac{R \sin \alpha}{\lambda_u} \cdot \eta'(\xi)$ | $M \cdot \eta(\xi)$ |
| $m_\vartheta$ | $\dfrac{R \sin \alpha}{2 \lambda_u^2 s} \cdot \eta(\xi) + \mu m_\varphi$ | $\dfrac{M}{\lambda_u s} \cdot \eta''(\xi) + \mu m_\varphi$ |
| $q$ | $-R \sin \alpha \cdot \eta''(\xi)$ | $2 M \lambda_u \cdot \eta'(\xi)$ |
| $\Delta r_u$ | $\dfrac{R s_u}{E h} \cos^2 \alpha \cdot (2 \lambda_u s_u - \mu) \approx \dfrac{R \sin^2 \alpha}{2 \lambda_u^3 K}$ | $\dfrac{M \sin \alpha}{2 \lambda_u^2 K}$ |
| $\psi_u$ | $\dfrac{R \sin \alpha}{2 \lambda_u^2 K}$ | $\dfrac{M}{\lambda_u K}$ |

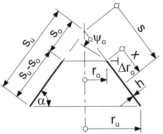

Voraussetzungen:

$\xi = \lambda_o x$

$h / r_o \ll 1$

$\lambda_o (s_u - s_o) \geq 4$

$\lambda_o s_o \geq 4$

$\lambda_o = \sqrt{\dfrac{\tan\alpha}{h s_o}} \sqrt[4]{3(1-\mu^2)}$

| | R | M |
|---|---|---|
| $n_\varphi$ | $-R\cos\alpha \cdot \eta''(\xi)$ | $2M\lambda_o \cot\alpha \cdot \eta'(\xi)$ |
| $n_\vartheta$ | $2R\lambda_o s \cos\alpha \cdot \eta'''(\xi)$ | $2M\lambda_o^2 s \cot\alpha \cdot \eta'(\xi)$ |
| $m_\varphi$ | $\dfrac{R\sin\alpha}{\lambda_o} \cdot \eta'(\xi)$ | $M \cdot \eta(\xi)$ |
| $m_\vartheta$ | $-\dfrac{R\sin\alpha}{2\lambda_o^2 s} \cdot \eta(\xi) + \mu m_\varphi$ | $-\dfrac{M}{\lambda_o s} \cdot \eta'''(\xi) + \mu m_\varphi$ |
| $q$ | $R\sin\alpha \cdot \eta''(\xi)$ | $-2M\lambda_o \cdot \eta'(\xi)$ |
| $\Delta r_o$ | $\dfrac{R s_o}{Eh}\cos^2\alpha \cdot (2\lambda_o s_o + \mu) \approx \dfrac{R\sin^2\alpha}{2\lambda_o^3 K}$ | $\dfrac{M\sin\alpha}{2\lambda_o^2 K}$ |
| $\psi_o$ | $-\dfrac{R\sin\alpha}{2\lambda_o^2 K}$ | $-\dfrac{M}{\lambda_o K}$ |

# 7 Programm Flächentragwerke (CD-ROM)

## 7.1
## Allgemeines

Das Programm „Flächentragwerke" besteht aus den beiden Teilprogrammen „Rechteckplatten" und „Kreisplatten und Rotationsschalen". Es dient der Berechnung von Schnittgrößen und Verformungen der genannten Flächenträger infolge verschiedener Belastungen.

Die Auswahl des Tragwerkstyps und die Eingabe der System- und Lastdaten erfolgt interaktiv am Bildschirm. Als Dezimalzeichen muß der Punkt verwendet werden. Das Programm enthält einige sinnvolle Plausibilitätsprüfungen, die gegebenenfalls zu Fehlermeldungen führen. Das Programm läuft nur korrekt, wenn sämtliche benötigten Daten eingegeben wurden.

Die Rechenergebnisse für die Rechteckplatten werden im Eingabeformular angezeigt. Für die rotationssymmetrischen Platten und Scheiben werden sie in eine Datei geschrieben, die sich automatisch öffnet. Name und Verzeichnispfad der Datei sind dem entsprechenden Feld im Formular zu entnehmen, können jedoch nach Wunsch geändert werden.

Die Vorzeichendefinitionen der Lasten, Schnittgrößen und Verformungen entsprechen den in diesem Buch getroffenen Annahmen.

Als Systemvoraussetzungen für die Nutzung der CD-ROM sind zu nennen:

- PC mit Windows 98/NT/XP als Betriebssystem, CD-ROM-Laufwerk und Maus,
- mindestens 32 MB Kernspeicher,
- 2 MB freie Festplattenkapazität,
- Grafikkarte mit einer Mindestauflösung von 1024 x 768.

Der Installationsvorgang des Programms besteht aus folgenden Schritten:

1. Legen Sie die CD-ROM in das entsprechende Laufwerk.
2. Wählen Sie aus der Windows-Start-Menüleiste den Befehl „Ausführen".

3.  Geben Sie „CD-Laufwerkbezeichnung":Setup ein (z.B. „G:Setup").
4.  Folgen Sie den Installationshinweisen auf dem Bildschirm. Das Programm „Flächentragwerke" und die zugehörigen Dateien werden in das gewählte Laufwerk kopiert und dort entpackt. Das vorcingestellte Verzeichnis lautet „C:\Programme\Flaechentragwerke".
5.  Das Programm „Flächentragwerke" kann nun aus dem Menü Start>Programme durch Anklicken gestartet werden.

Bei Fragen im Zusammenhang mit der Benutzung der CD-ROM wenden Sie sich bitte an meskouris@lbb.rwth-aachen.de oder www.lbb.rwth-aachen.de.

# 7.2
# Anwendungsbereich

## 7.2.1
## Rechteckplatten

Es werden Rechteckplatten mit vierseitig (a) und dreiseitig (b) gelenkiger Lagerung behandelt. Letztere haben einen freien Rand (siehe Bild 7.2-1).

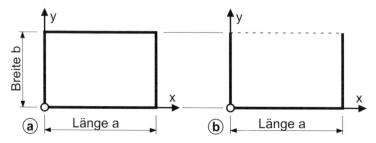

**Bild 7.2-1:**    Behandelte Rechteckplatten

Für die vierseitig gelagerte Platte berücksichtigt das Programm folgende Lastfälle:

-   Vollbelastung mit konstanter Flächenlast p,
-   rechteckige, konstante Teilflächenlast p in beliebiger Anordnung,
-   in x-Richtung zunehmende Dreieckslast p(x),
-   in y-Richtung zunehmende Dreieckslast p(y),
-   konstantes Moment M an jedem der vier Ränder.

Für die dreiseitig gelagerte Platte, deren freier Rand, wie in Bild 7.2-1 dargestellt, oben angenommen wird, behandelt das Programm die Lastfälle

- Vollbelastung mit konstanter Flächenlast p,
- in x-Richtung zunehmende Dreieckslast p(x),
- in y-Richtung zunehmende Dreieckslast p(y),
- in y-Richtung abnehmende Dreieckslast p(y),
- konstante Linienlast P am freien (oberen) Rand,
- konstantes Moment M am unteren Rand,
- konstantes Moment M am oberen (freien) Rand.

## 7.2.2
## Kreisplatten

Das Programm behandelt rotationssymmetrische Lastfälle an den in Bild 7.2-2 dargestellten, statisch bestimmt gelagerten Kreis- und Kreisringplatten.

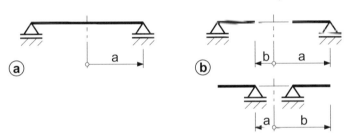

**Bild 7.2-2:**    Behandelte Kreis- und Kreisringplatten

Für Kreisplatten (a) berücksichtigt das Programm die Lastfälle (vgl. Tafel 5 und 6)

- Vollbelastung mit konstanter Flächenlast p,
- konstante Flächenlast p mit beliebigem Radius,
- ringförmige Linienlast P mit beliebigem Radius,
- Einzellast P in Plattenmitte,
- konstantes Randmoment M.

Kreisringplatten (b) werden für folgende Lasten berechnet (vgl. Tafel 7 und 8):

- Vollbelastung mit konstanter Flächenlast p,
- ringförmige Linienlast P am freien Rand,
- konstantes Moment M an jedem der beiden Ränder.

## 7.2.3
## Rotationsschalen

Das Programm berechnet Kreiszylinderschalen (a), Kugelschalen (b) und Kegel-schalen (c) (siehe Bild 7.2-3) unter rotationssymmetrischer Beanspruchung.

Für den unten gelagerten Zylinder mit vertikaler Achse werden entsprechend Tafel 15 die Membranlastfälle

- Eigengewicht g,
- vertikale Linienlast P am oberen Rand,
- hydrostatischer Innendruck (Spiegel an der Oberkante) und
- konstanter Innendruck

behandelt. Die Randstörungslastfälle (vgl. Tafel 21)

- Radialkraft R an jedem der beiden Ränder und
- Moment M an jedem der beiden Ränder

werden nach der Theorie der langen Zylinderschale berechnet. Die Ergebnisse sind deshalb nur verwendbar, wenn der Wert $\lambda\ell$ mindestens 4 beträgt.

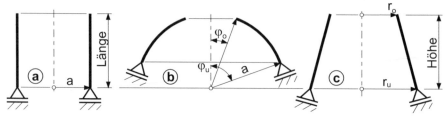

**Bild 7.2-3:**    Behandelte Rotationsschalen

Auch bei Kugel und Kegel wird vorausgesetzt, daß es sich um „lange" Schalen handelt. Deshalb muß das Produkt $\kappa \cdot \Delta\phi$ bzw. $\lambda \cdot \Delta s$ mindestens den Wert 4 ha-ben, damit die Ergebnisse der Biegetheorie als ausreichend genau angesehen wer-den können. Außerdem ist bei der Kugelschale zu beachten, daß Randstörungen nur an steilen Rändern, d.h. bei $\phi \geq 30°$, auftreten dürfen. Außer den Randstö-rungslastfällen R und M werden für die stehende Schale entsprechend den Tafeln 16 bis 19 die Lastfälle

- Eigengewicht g,
- Vertikallast P auf dem oberen Rand,
- Schneelast $p_s$,
- konstanter Innendruck $p_i$ und
- hydrostatischer Innendruck

behandelt, der letztgenannte Lastfall auch für die hängende Schale.

# 7.3
# Anwendung

Beim Start des Programms „Flächentragwerke" erscheint auf dem Bildschirm das Formular ‚Hauptmenü'. Dort kann der Benutzer zwischen den beiden Programmen „Rechteckplatten" und „Kreisplatten und Rotationsschalen" wählen. Mit ‚Beenden' wird das Programm verlassen.

## 7.3.1
## Rechteckplatten

Im Formular ist zunächst zwischen vierseitiger und dreiseitiger Lagerung zu wählen. Unter dem Sammelbegriff ‚Geometrie' sind die Abmessungen der Platte und die Ortskoordinaten X,Y des Punktes einzugeben, für den die Durchbiegung und die Momente $m_x$, $m_y$ und $m_{xy}$ gesucht sind. Durch Anklicken des Kästchens vor einem Lastfall wird dieser aktiviert. Mit ‚Berechnung' wird die Berechnung gestartet. Die Ergebnisse, die in den entsprechenden Feldern im Formular unten angezeigt werden, stellen jeweils die Superposition der gleichzeitig angeklickten Lastfälle dar. Das bedeutet, daß die Berechnung für jeden Plattenpunkt und für jede Lastfallkombination getrennt durchzuführen ist. Mit ‚Schließen' kehrt man zum Hauptmenü zurück.

## 7.3.2
## Kreis- und Kreisringplatten

Im Formular ‚Kreisplatten und Rotationsschalen' ist zunächst unter dem Sammelbegriff ‚Geometrie' zwischen Kreisplatte und Kreisringplatte zu wählen. Außer den Baustoffkennwerten und Plattenabmessungen ist die Anzahl der gewünschten, äquidistanten Stützstellen für die Ergebnisse einzugeben, wenn nicht entsprechend dem vorgegebenen Wert 10 die Zehntelspunkte gewünscht werden. Es können beliebig viele der genannten Lastfälle gleichzeitig berechnet werden. Die Ausgabe erfolgt jedoch getrennt für die ausgewählten Lastfälle.

Die Ergebnisse erscheinen automatisch auf dem Bildschirm und sind in der Ausgabedatei abgelegt, deren Name und Verzeichnispfad am unteren Rand des Formulars angezeigt wird. Außer den Schnittgrößen $m_t$, $m_\varphi$ und $q_r$ werden die Plattenrandverdrehungen und die Durchbiegung in Plattenmitte bzw. am freien Rand ausgegeben, für die Kreisplatte gegebenenfalls zusätzlich die Durchbiegungen am Rand der Teilflächenlast und unter der Linienlast. Superpositionen der Ergebnisse können z.B. mit dem Programm Excel durchgeführt werden.

Mit ‚Schließen' kehrt man zum Hauptmenü zurück.

### 7.3.3
### Rotationsschalen

Je nach gewünschtem Schalentyp klickt man im Formular ‚Kreisplatten und Rotationsschalen' unter dem Sammelbegriff ‚Geometrie' den Kreiszylinder, die Kugelschale oder die Kegelschale an. Wie bei den Kreisplatten ist die Stützstellenunterteilung vorbelegt. Auch Ein- und Ausgabe erfolgen analog. Bei den Lastfällen Innendruck und hydrostatischer Druck wird angenommen, daß die Belastung auf die Schalenmittelfläche bezogen ist.

Die unten gelagerte Kugel- und Kegelschale dürfen für alle behandelten Lastfälle oben offen sein. Die hängende Schale, für die der Lastfall hydrostatischer Innendruck untersucht wird, ist unten geschlossen (siehe Bild 7.3-1). Dementsprechend ist $\varphi_u = 0$ bzw. $r_u = 0$ einzugeben.

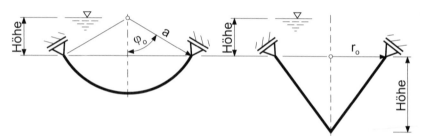

**Bild 7.3-1:**     Lastfall hydrostatischer Innendruck an hängender Kugel- und Kegelschale

Falls in der Berechnung festgestellt wird, daß es sich um eine „kurze" Schale handelt, d.h. wenn

- bei einer Zylinderschale     $\lambda \cdot \ell < 4$,
- bei einer Kugelschale     $\kappa \cdot |\varphi_u - \varphi_o| < 4$,
- bei einer Kegelschale     $\lambda_o \cdot |s_u - s_o| < 4$ oder $\lambda_u \cdot |s_u - s_o| < 4$

ist, so wird durch eine 'WARNUNG' darauf hingewiesen, daß die Ergebnisse der Biegetheorie ungenau sind.

Die Ausgabedatei enthält für die gewählten Stützstellen außer den Schnittgrößen beim Zylinder die Verformungen w und w′, bei Kugel- und Kegelschale die Radialverschiebung $\Delta r$ und die Meridianverdrehung $\psi$. Die Vorzeichendefinitionen für die Verformungen sind den Tafeln 15, 17 und 19 zu entnehmen.

# Literatur

## 1. Lehrbücher

[1.1]   K. GIRKMANN: Flächentragwerke, 6. Auflage. Wien 1963, Springer-Verlag.

[1.2]   H. ESCHENAUER und W. SCHNELL: Elastizitätstheorie.
        Teil I: Grundlagen, Scheiben und Platten, 2. Auflage, 1986.
        Teil II: Schalen, 1984.
        München, Bibliographisches Institut.

[1.3]   A. PFLÜGER: Elementare Schalenstatik, 5. Auflage. Berlin/Göttingen/Heidelberg
        1980, Springer-Verlag.

[1.4]   W. FLÜGGE: Statik und Dynamik der Schalen, 3. Auflage. Berlin/Göttingen
        /Heidelberg 1962, Springer-Verlag.

[1.5]   W.S. WLASSOW: Allgemeine Schalentheorie und ihre Anwendung in der Technik.
        Berlin 1958, Akademie-Verlag.

[1.6]   S. TIMOSHENKO und S. WOINOWSKY-KRIEGER: Theory of Plates and Shells, 2. Auf-
        lage. New York 1959, McGraw-Hill Book Company.

[1.7]   F. HAMPE: Rotationssymmetrische Flächentragwerke. Einführung in das Tragverhal-
        ten. Berlin/München 1981, Verlag von W. Ernst & Sohn.

[1.8]   P.L. GOULD: Analysis of Shells and Plates. New York/Berlin/Heidelberg/London
        /Paris/Tokyo 1988, Springer-Verlag.

[1.9]   Y. BAŞAR und W.B. KRÄTZIG: Mechanik der Flächentragwerke. Braunschweig
        /Wiesbaden 1985, Friedr. Vieweg & Sohn.

[1.10]  R. SZILARD: Finite Berechnungsmethoden der Strukturmechanik.
        Band 1 – Stabwerke, 1982.
        Band 2 – Flächentragwerke im Bauwesen, 1990.
        Berlin, Ernst & Sohn.

[1.11]  O.C. ZIENKIEWICZ: Methode der finiten Elemente, 2. Auflage. München/Wien 1984,
        Carl Hanser Verlag.

[1.12]  M. LINK: Finite Elemente in der Statik und Dynamik, 3. Auflage. Stuttgart 2000, B.G.
        Teubner.

[1.13]  H.G. HAHN: Methode der finiten Elemente in der Festigkeitslehre, 2. Auflage. Wies-
        baden 1982, Akademische Verlagsgesellschaft.

[1.14]  H.R. SCHWARZ: Methode der finiten Elemente, 3. Auflage. Stuttgart 1991, B.G.
        Teubner.

[1.15]  F. HARTMANN: Methode der Randelemente. Berlin/Heidelberg/New York 1987,
        Springer-Verlag.

[1.16]  K. HIRSCHFELD: Baustatik – Theorie und Beispiele, 4. Auflage. Berlin/Heidelberg
        /New York 1998, Springer-Verlag.

[1.17]  K. MESKOURIS und E. HAKE: Statik der Stabtragwerke. Berlin/Heidelberg/New York
        1999, Springer-Verlag.

[1.18]   L. COLLATZ : Numerische Behandlung von Differentialgleichungen, 2. Auflage.
         Berlin /Göttingen/Heidelberg 1955, Springer-Verlag.
[1.19]   H.R. SCHWARZ: Numerische Mathematik, 4. Auflage. Stuttgart 1997, B.G. Teubner.
[1.20]   K. ZWEILING: Biharmonische Polynome. Berlin 1952, Verlag Technik.

## 2. Praxisorientierte Literatur

[2.1]    G. MARKUS: Theorie und Berechnung rotationssymmetrischer Bauwerke, 3. Auflage.
         Düsseldorf 1978, Werner-Verlag.
[2.2]    E. HAMPE: Statik rotationssymmetrischer Flächentragwerke.
         Band 1: Allgemeine Rotationsschale, Kreis- und Kreisringscheibe, Kreis- und Kreis-
         ringplatte, 3. Auflage 1968.
         Band 2: Kreiszylinderschale, 3. Auflage 1969.
         Band 3: Kegelschale, Kugelschale, 3. Auflage 1970.
         Band 4: Zusammengesetzte Flächentragwerke, Zahlentafeln, 3. Auflage 1972.
         Band 5: Hyperbelschalen, 1973.
         Berlin, VEB Verlag für Bauwesen.
[2.3]    W. SCHLEEH: Bauteile mit zweiachsigem Spannungszustand (Scheiben). Betonkalen-
         der 1983, Teil II, S. 713-848.  Berlin/München, Verlag von W. Ernst & Sohn.
[2.4]    F. ANDERMANN: Statik der rechteckigen Scheiben. Düsseldorf 1968, Werner-Verlag.
[2.5]    E. BITTNER: Momententafeln und Einflußflächen für kreuzweise bewehrte Eisenbe-
         tonplatten. Wien 1938, Verlag von J. Springer.
[2.6]    E. BITTNER: Platten und Behälter. Wien/New York 1965, Springer-Verlag.
[2.7]    J. BORN: Praktische Schalenstatik, Band 1, 2. Auflage. Berlin/München 1968, Verlag
         von W. Ernst & Sohn.
[2.8]    A. BELES und M. SOARE: Berechnung von Schalentragwerken. Wiesbaden 1972,
         Bauverlag.
[2.9]    E. HAMPE: Flüssigkeitsbehälter, Band 1 – Grundlagen. Berlin 1979, Verlag für Bau-
         wesen.
[2.10]   E. HAMPE: Behälter. Betonkalender 1986, Teil II, S. 671-833. Berlin, W. Ernst &
         Sohn.
[2.11]   K. PIEPER und P. MARTENS: Durchlaufende gestützte Platten im Hochbau. Beton- und
         Stahlbetonbau 61 (1966), S. 158-162, und 62 (1967), S. 150-151.
[2.12]   K. STIGLAT und H. WIPPEL: Massive Platten – Ausgewählte Kapitel der Schnittkraft-
         ermittlung und Bemessung.
         Betonkalender 2000, Teil II, S. 211 – 290.
         Betonkalender 1997, Teil I, S. 283 – 362.
         Berlin, Ernst & Sohn.

## 3. Tabellenwerke

[3.1]    R. BARES: Berechnungstafeln für Platten und Wandscheiben, 3. Auflage. Wiesbaden
         1979, Bauverlag.
[3.2]    O.F. THEIMER: Hilfstafeln zur Berechnung wandartiger Stahlbetonträger, 5. Auflage.
         Berlin 1975, Verlag von W. Ernst & Sohn.
[3.3]    G. MARKUS: Kreis- und Kreisringplatten unter antimetrischer Belastung. Budapest
         1973, Verlag der ungarischen Akademie der Wissenschaften.
[3.4]    A. PUCHER: Einflußfelder elastischer Platten, 5. Auflage. Wien/New York 1977,
         Springer-Verlag.

[3.5]    K. STIGLAT und H. WIPPEL: Platten, 3. Auflage. Berlin/München/Düsseldorf 1983,
         Verlag von W. Ernst & Sohn.

[3.6]    F. CZERNY: Tafeln für Rechteckplatten.
         Betonkalender 1996, Teil I, S. 277-330.
         Betonkalender 1999, Teil I, S. 277-330.
         Berlin, W. Ernst & Sohn.

[3.7]    H. BRUCKNER: Elastische Platten. Braunschweig 1977, Vieweg-Verlag.

[3.8]    H. RÜSCH: Berechnungstafeln für rechtwinklige Fahrbahnplatten von Straßenbrücken,
         7. Auflage. Deutscher Ausschuß für Stahlbeton, Heft 106. Berlin 1981, Verlag von W.
         Ernst & Sohn.

# 4. Vorschriften

[4.1]    DIN 1045: Beton und Stahlbeton – Bemessung und Ausführung, Juli 1988.

[4.2]    DIN 1055 Blatt 3: Lastannahmen für Bauten – Verkehrslasten, Juni 1971.

[4.3]    DIN 1072: Straßen- und Wegbrücken – Lastannahmen, Dezember 1985.

[4.4]    DIN 1075: Betonbrücken – Bemessung und Ausführung, April 1981.

[4.5]    DIN 4108: Wärmeschutz im Hochbau.
         Teil 2: Wärmedämmung und Wärmespeicherung; Anforderungen und Hinweise für
         Planung und Ausführung, August 1981.
         Teil 4: Wärme- und feuchteschutztechnische Kennwerte, November 1991.

[4.6]    STANAG 2021 (Standardization Agreement): Norm für militärische Fahrzeuge und
         Brückenbelastungen (Fassung 1969). Abgedruckt in H. HOMBERG: Berechnung von
         Brücken unter Militärlasten, Band 1. Düsseldorf 1970, Werner-Verlag.

[4.7]    Heft 240 des Deutschen Ausschusses für Stahlbeton: Hilfsmittel zur Berechnung der
         Schnittgrößen und Formänderungen von Stahlbetontragwerken nach DIN 1045, Aus-
         gabe Juli 1988, 3. Auflage. Bearbeitet von E. GRASSER und G. THIELEN. Berlin/Köln
         1991, Beuth Verlag.

# Sachverzeichnis

Druck: Krips bv, Meppel
Verarbeitung: Stürtz, Würzburg